Der Positiv-Effekt

Sven C. Voelpel ist Professor für Betriebswirtschaftslehre an der Jacobs University Bremen sowie Gründungspräsident der WISE Group und des WDN –WISE Demografie Netzwerks. Der Spiegel-Bestseller-Autor engagierte sich in zahlreichen Gastprofessuren an renommierten Universitäten, darunter INSEAD, Tsinghua und St. Gallen sowie Visiting Fellowships an der Harvard University. Seine Erkenntnisse setzt Deutschlands führender Chefstratege in Beratungsprojekten und Keynotes für DAX-Unternehmen, wie unter anderem Allianz und Daimler, Regierungen, sowie Hidden Champions zur massiven Wertschöpfung um. Seine Arbeiten verändert die Wirklichkeit in den Unternehmen von Grund auf nachhaltig. Kontakt: svoelpel@post.harvard.edu / www.svenvoelpel.com / www.facebook.com/sven.voelpel

Fabiola H. Gerpott arbeitet als wissenschaftliche Beraterin in den Themenfeldern Einstellungswandel, Strategie und innovatives HR. Sie absolvierte ein Doktorandenprogramm in Betriebswirtschaftslehre an der Jacobs University Bremen sowie Organisationspsychologie an der Vrijen Universiteit Amsterdam. Neben wissenschaftlichen Publikationen widmet sie sich dem Transfer von Forschungsergebnissen in die Praxis mittels Beratungsprojekten, Vorträgen und anwendungsorientierten Veröffentlichungen.
Kontakt: f.gerpott@jacobs-university.de

Wir freuen uns über Kontakt und Feedback: www.positiv-effekt.de

Sven C. Voelpel, Fabiola H. Gerpott

Der Positiv-Effekt

Mit einer Umstellung der Einstellung
das Management revolutionieren

Campus Verlag
Frankfurt/New York

ISBN 978-3-593-50666-1 Print
ISBN 978-3-593-43589-3 E-Book (PDF)
ISBN 978-3-593-43608-1 E-Book (EPUB)

Copyright © 2017 Campus Verlag GmbH, Frankfurt am Main
Umschlaggestaltung: total italic, Thierry Wijnberg, Amsterdam/Berlin
Umschlagmotive: Shutterstock
Satz: Publikations Atelier, Dreieich
Gesetzt aus der Sabon und der DIN
Druck und Bindung: Umschlaggestaltung: Beltz Bad Langensalza
Printed in Germany

www.campus.de

Inhalt

Vorwort

Wenn Sie Ihr Geld bei der Bank anlegen, erhalten Sie heutzutage magere oder schlimmstenfalls gar keine Zinsen. In puncto geistige Einstellung können Sie jedoch – und das ist wissenschaftlich erwiesen – mit einer wesentlich höheren »Rendite« rechnen: Studien zu Placeboeffekten zeigen, dass nur durch eine vermutete medizinische Behandlung körperliche Verbesserungen zwischen 34 Prozent und 100 Prozent eintreten können.[1] Sie nehmen also eine Pille, von der Sie denken, dass diese Medizin enthält – und Ihnen geht es mit hoher Wahrscheinlichkeit besser, auch wenn die Pille nur ein Placebo ohne Wirkstoffe ist. Ihre Einstellung, also der Glaube an die Wirksamkeit, ruft einen positiven Effekt hervor, der messbar ist. Wie wäre es, wenn sich dieser Effekt auch auf das Management von Unternehmen übertragen ließe?

Nicht nur in der Medizin, auch in anderen Disziplinen wie der Psychologie, der Betriebswirtschaftslehre, der Pädagogik sowie den Sportwissenschaften werden erstaunliche Wirkungen einer optimistischen Einstellung festgestellt. Doch selbst wenn Schlagworte wie positives Denken in aller Munde sind, wird dieses Wissen in einem Bereich bis jetzt erstaunlich wenig genutzt: in der Arbeitswelt.

In diesem Buch stellen wir den Positiv-Effekt als Mechanismus vor, der hinter den ermutigenden Forschungsergebnissen in verschiedenen Disziplinen steckt. Wir zeigen, wie seine Wirkung alle Ebenen des Managements revolutioniert. In unseren Studien und Beratungsprojekten[2] stellten wir immer wieder erstaunt fest, wie viele wissenschaftliche Befunde in der Praxis völlig unbekannt sind. Bisher setzten Manager zur Erreichung von Produktivitätssteigerungen vor allem an objektiven Leistungstreibern an, wie zum Beispiel an Benchmarking-Programmen, Initiativen zum Qualitätsmanagement oder der Beteiligung von Mitarbeitern am Unternehmensergebnis.[3] Die Effekte dieser Aktivitäten sind jedoch schwach und liegen, wenn überhaupt, im niedrigen Prozentbereich. Durch die Umstellung der Einstellung lässt sich dagegen eine um bis zu 100 Prozent höhere Leistung erreichen!

Unser Buch richtet sich an jeden, der die Arbeitswelt verändern möchte. Insbesondere hilft es Führungskräften[4] und Persönlichkeiten mit Gestaltungswillen, die ein Handbuch mit konkreten Empfehlungen für die Praxis suchen. Daher verfolgen wir zwei Ziele: Erstens – getreu dem Motto »Wissen ist Macht« – fassen wir leicht verständlich den aktuellen Forschungsstand aus verschiedenen Fachgebieten zusammen und übertragen diesen auf das Management. Damit lernen Sie die wissenschaftlichen Belege für die Wirksamkeit des Positiv-Effekts kennen und verstehen dessen Wirkmechanismen. Zweitens bietet dieses Buch praktische Tipps und Anwendungsbeispiele, mit denen Sie Ihren Arbeitsalltag und Ihre Führungsrolle in Richtung maximale Wertschöpfung transformieren können.

Um sich das Ausmaß zu verdeutlichen, stellen Sie sich ein Maßband mit einem Meter Länge vor. Diese 100 Zentimeter symbolisieren die Zeit, die Sie für Ihre berufliche Karriere haben. Wie viele Millimeter werden Sie wohl für das Lesen dieses Buchs brauchen? In der Gesamtbetrachtung vermutlich nicht mehr als einen Millimeter. Welchen Nutzen können Sie daraus ziehen? Sie steigern Ihre Leistungsfähigkeit auf *jedem* verbleibenden Zentimeter um bis zu 100 Prozent. Erscheint Ihnen dieser enorme Nutzenzuwachs lohnend? Dann nehmen Sie sich die Zeit, sich mit den Auswirkungen einer positiven Einstellung auseinanderzusetzen!

Das Wichtigste an dieser Stelle: Es geht nicht darum, Probleme zu ignorieren und negative Ereignisse auszublenden. Vielmehr möchten wir Sie mitnehmen auf eine Reise durch die verschiedenen Managementgebiete und zeigen, wie Sie den Positiv-Effekt gezielt nutzen können.

Wir widmen dieses Buch Ihnen, weil Sie den Mut haben, Ihre Gestaltungsmacht für eine positive Veränderung Ihrer Arbeitswelt einzusetzen. Viel Spaß bei der Lektüre!

Kapitel 1

Der positive Effekt durch den Positiv-Effekt

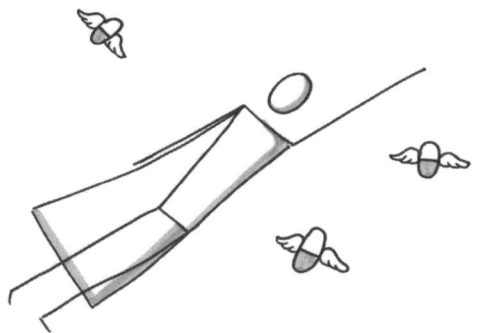

Wer wünscht sich nicht, die Welt durch die eigene Arbeit zu verändern, dabei Spaß und Motivation zu verbreiten und trotz aller Höhen und Tiefen die Zahl der positiven Erlebnisse überwiegen zu lassen? Der Arbeitsalltag sieht dagegen oft anders aus: geringe Entscheidungsspielräume durch strikte Unternehmenshierarchien, zunehmende Beschleunigung durch schnellere Produktlebenszyklen, Arbeitsplatzwegfall durch Standardisierung und Digitalisierung, ständiger Erreichbarkeitsdruck durch moderne Kommunikationstechnologien, Burn-out durch Überlastung – die Liste der Negativereignisse ließe sich endlos fortsetzen. Damit sind wir auch schon bei der Kernorientierung des heutigen Managements angekommen: Wir befinden uns in einer Welt des »Management by Problems«, einem Management durch Problemfokussierung. Dies spiegelt sich nicht nur im Unternehmensalltag, sondern auch in der Managementliteratur wider: Es gilt, Probleme im Führungsalltag möglichst genau vorherzusehen, zu analysieren und zu beheben, um erfolgreich zu sein und optimistisch in die Zukunft blicken zu können.

Unser Buch stellt diesen Zusammenhang vom Kopf auf die Füße: Wir möchten Ihnen beweisen, dass eine positive Grundeinstellung den Führungsalltag grundlegend verändern kann! Es geht dabei nicht um eine Realitätsentfremdung, esoterisches Denken oder gar Gehirnwäsche. Wir behaupten nicht, dass sich durch positive Suggestionen wie »Jeden Tag wird es für unser Unternehmen Stück für Stück aufwärtsgehen« alles zum Besten wendet. Vielmehr stellen wir heraus, wie eine veränderte innere Haltung alle Bereiche des Managements nachhaltig revolutioniert. Unternehmenskrisen, Niederlagen und die Auswirkungen ungünstiger Wirtschaftslagen lassen sich durch ein optimistisches Mindset oft nicht verhindern – aber die Vorbereitung und die Reaktion darauf lassen sich positiv beeinflussen.

Der Positiv-Effekt tritt nicht nur in verschiedenen Disziplinen auf, er ruft auch vielfältigen Nutzen hervor. Angefangen bei Ihnen selbst über Ihre Mitarbeiter bis hin zum Kunden: Wie beim Dominoeffekt können Sie eine Reaktionskette durch Ihren Impuls in Bewegung setzen. Wir möchten Ihnen mit diesem Buch den nötigen Anstoß geben. Wie intensiv der Impuls sein wird, liegt in Ihrer Hand. Stellen Sie sich den Positiv-Effekt als eine Art imaginäres und universelles Werkzeug vor, das Sie überallhin mitnehmen können. Machen Sie daraus ein Konzept, das für Sie persönlich, für Ihre Arbeitsumgebung und für Ihr Unternehmen passt.

Was ist der Positiv-Effekt?

Jedes Jahr werden unzählige wissenschaftliche Untersuchungen durchgeführt. Als Forscher setzen wir uns mit neuen Ideen auseinander, diskutieren unsere Resultate und die Befunde von Kollegen auf Konferenzen und bemühen uns, die Ergebnisse für die Praxis nutzbar zu machen. Dabei fiel uns eine Tatsache auf: Egal in welcher Fachrichtung, immer wieder gibt es beeindruckende Belege dafür, dass die Einstellung von Menschen – also das, was sie für wahr und wichtig halten – einen Einfluss auf das Ergebnis hat. Diese an sich einfache Erkenntnis wird jedoch weder unter einem Gesamtkonzept betrachtet noch systematisch für den Managementalltag genutzt. Und so gaben wir dem grundlegenden Wirkmechanismus zahlreicher einflussreicher Theorien einen Namen: *Positiv-Effekt*.

Unter dem Positiv-Effekt verstehen wir eine wertschöpfende Veränderung eines Individuums, einer Gruppe von Menschen oder Organisationen, die durch die bewusste oder unbewusste Verarbeitung von (eigenen oder fremden) optimistischen Einstellungen, Emotionen und/oder Handlungen hervorgerufen wird. Mit anderen Worten: Das, wovon wir selbst und/oder unsere Vorgesetzten, Kollegen und Mitarbeiter (positiv) überzeugt sind, beeinflusst unser Verhalten und damit den langfristigen Erfolg des Unternehmens. Der Begriff »Wertschöpfung« kann sich dabei sowohl auf messbare Zielgrößen wie Effizienz oder Leistung als auch auf immaterielle Resultate wie Motivation oder Zufriedenheit beziehen. Dieser wertschöpfende »Placeboeffekt« der Einstellung ist umfassend nachgewiesen. Er durchdringt auf subtile Weise alle Bereiche des Lebens, was wir anhand der folgenden fünf Beispiele erläutern wollen.

Beispiel 1: Medizin – Glaube macht gesund

Ursprünglich stammt der Begriff des Placeboeffekts aus der Medizin. Wie bereits erwähnt, können nur durch eine vermutete medikamentöse Behandlung Verbesserungen des Patientenzustands zwischen 34 Prozent und 100 Prozent erzielt werden. Es klingt wie in einem Roman, ist allerdings die Realität, die durch Metaanalysen – eine Zusammenfassung aller weltweit durchgeführten Studien – wissenschaftlich belegt ist. Auch (unwirksame) Operationen haben eine vergleichbare Wirkung: Es kommt immer wieder vor, dass neue Operationsmethoden eine Zeit lang ausprobiert werden, bis ihre Nutzlosigkeit festgestellt wird. Erstaunlicherweise berichten aber bis zu 70 Prozent der operierten Patienten von einer Verringerung der Schmerzen. Der Eingriff kann demnach nur über den Erwartungseffekt gewirkt haben.

Die Verbesserungen des Patientenwohls hängen allerdings nicht allein von den Hoffnungen des Behandelten selbst, sondern auch von den Erwartungen der Umgebung ab. Der Wissenschaftler Ted Kaptchuk nennt dieses Phänomen »Placebo by proxy«, der sogenannte *Stellvertretereffekt*.[1] Er wurde zunächst bei der Genesung kleiner Kinder beobachtet, die an Placebostudien teilnahmen. Die Eltern waren nach dem Arztbesuch erleichtert und erhofften sich Linderung durch das (angebliche) Medikament. Je stärker diese positive Veränderung der Eltern eintrat, desto höher war die Wahrscheinlichkeit der Gesundung des Kindes – auch wenn der Sprössling nur mit Placebos behandelt wurde.

Übertragen auf die Managementwelt heißt das: Glauben Sie oder Ihr organisationales Umfeld an die Wirksamkeit eines neuen Management-Tools, so stehen die Chancen gut, dass der Ansatz tatsächlich Erfolg bringt. Umgekehrt funktioniert der Effekt jedoch genauso (»Noceboeffekt«): Wer glaubt, dass er krank ist oder werden wird, der erkrankt mit deutlich höherer Wahrscheinlichkeit tatsächlich.[2] In den Worten mit Henry Ford bedeutet dies für das Management: »Ob du denkst, du kannst es oder du kannst es nicht: Du wirst auf jeden Fall recht behalten.«

Beispiel 2: Sportwissenschaften – Denken Sie sich fit

Stellen Sie sich vor, Sie machen Sport und merken es nicht. Haben Sie dann ein Problem? Nach den Stanford- und Harvard-Professorinnen Alia J. Crum und Ellen J. Langer schon. Sie untersuchten 84 Zimmermädchen, die in amerikanischen Hotels arbeiteten.[3] Während die eine Hälfte der Zimmermädchen von den Forschern darüber informiert wurde, dass ihre Arbeit die Fitness erhöht und den Empfehlungen für einen aktiven Lebensstil genügt, erhielt die Kontrollgruppe keine weitere Information. Vor und nach der Intervention nahmen alle Zimmermädchen an Tests teil, in denen unter anderem die wahrgenommene Häufigkeit von sportlicher Aktivität, das Gewicht und der Blutdruck gemessen wurden. Die Zimmermädchen, die keine weitere Information zu der sportlichen Komponente ihrer Tätigkeit erhalten hatten, zeigten keine Veränderung der Indikatoren. Diejenigen, die auf die positiven Fitnesseffekte ihrer Arbeit hingewiesen worden waren, gaben hingegen nach vier Wochen ein höheres körperliches Aktivitätslevel an, hatten an Gewicht verloren und zeigten einen niedrigeren Blutdruck. Die Forscher fragten nach, ob diese Gruppe ihr Verhalten geändert habe – doch die Zimmermädchen aßen nicht weniger als ihre Kolleginnen, tranken nicht weniger Alkohol oder Kaffee und gaben auch nicht mehr sportliche Aktivitäten außerhalb der Arbeit an. Allein die Veränderung des Bewusstseins hatte also enorme Auswirkungen auf die objektiv gemessene Fitness!

Wenn Sport durch den Placeboeffekt Auswirkungen auf die körperliche Verfassung hat – wie steht es dann mit den (angenommenen) Auswirkungen auf die Psyche? Um diese Fragestellung zu untersuchen, teilte eine Forschergruppe 48 junge Erwachsene in zwei Gruppen ein.[4] Beide

Gruppen nahmen an einem zehnwöchigen Sporttraining teil. Der ersten Gruppe wurde vor dem Start des Programms erklärt, dass dieses eine positive Wirkung auf das psychische Wohlbefinden habe. Die zweite Gruppe absolvierte das gleiche Sportprogramm, ohne auf die vorteilhaften psychischen Auswirkungen hingewiesen zu werden. Vor, während und nach dem zehnwöchigen Training maßen die Forscher die Fitness anhand der maximalen Sauerstoffaufnahmefähigkeit sowie das Selbstbewusstsein der Probanden. Während beide Gruppen ihre körperliche Fitness gleichermaßen verbesserten, zeigte nur die erste Gruppe einen Anstieg des Selbstbewusstseins nach Abschluss des Trainings. Die innere Überzeugung kann also sowohl dem Körper als auch der Seele Flügel verleihen!

Zusammengefasst wissen wir natürlich alle, dass Sport gut für den Menschen ist. Einen großen Teil ihrer Wirkung entfaltet körperliche Aktivität aber durch den Placeboeffekt: Dadurch, dass wir an eine Steigerung des körperlichen und geistigen Wohlbefindens *glauben,* tritt sie tatsächlich ein. Wenn Sie also das nächste Mal in die Laufschuhe schlüpfen oder die Yogamatte ausrollen, nutzen Sie diesen Effekt: Stellen Sie sich vor, wie gut Sie sich dabei oder danach fühlen werden!

Beispiel 3: Sozialpsychologie – Ich denke mir die Welt, wie sie mir gefällt

Mit der richtigen Einstellung lässt sich der Körper besonders gut in Form bringen. Doch wie steht es mit dem berüchtigten »Schöntrinken« von Menschen? Auch hier wirkt der Placeboeffekt zuverlässig. Es ist bekannt, dass mit zunehmendem Alkoholkonsum die wahrgenommene Attraktivität der eigenen sowie anderer Personen steigt. Ein internationales Forscherteam konnte belegen, dass dieser Effekt auch auftritt, wenn man nur denkt, man habe Alkohol getrunken.[5] Die Wissenschaftler boten Versuchsteilnehmern Getränke an, während diese eine Rede vorbereiteten. Die eine Gruppe erhielt alkoholfreie Getränke, die andere Gruppe durfte sich mit alkoholischen Getränken erfrischen. In beiden Gruppen informierten die Forscher jeweils die Hälfte darüber, dass sie alkoholische Getränke bekämen, die andere Hälfte darüber, dass sie keine alkoholischen Getränke zur Verfügung hätten. In beiden Gruppen waren also 50 Prozent richtig informiert (das heißt die Information entsprach dem tatsächlichen Alkoholgehalt der angebotenen Getränke),

50 Prozent befanden sich in Bezug auf die Getränke im falschen Glauben. Nach dem Ablauf der Vorbereitungszeit hielten die Versuchsteilnehmer ihre Reden. Nach Abschluss des Vortrags bewerteten sie, wie intelligent, lustig und kreativ sie ihren Auftritt einschätzten. Diejenigen, die dachten, dass sie Alkohol getrunken hätten, gaben sich deutlich positivere Selbsturteile – egal ob sie tatsächlich alkoholische Getränke konsumiert hatten oder nicht. Damit waren sie allerdings weit weg von der Realität. Objektive Juroren bewerteten die Reden der Teilnehmer ebenfalls: Die Leistung der (eingebildeten) Angetrunkenen war keinesfalls besser als die der nüchternen Versuchsteilnehmer. Der Placeboeffekt hatte auch hier zugeschlagen.

Doch nicht nur in der Bar fallen wir auf Selbstdarsteller herein. Auch Manager lassen sich gern einen guten Rat geben – am liebsten von jemandem, der überzeugend ist. Unternehmensberatungen haben das verstanden: Ein guter Consultant hat eine klare Meinung zu den Dingen, er ist schließlich der Experte. Kann auch hier der Placeboeffekt wirken? In einem Experiment der University of Southern California wurde genau das getestet.[6] Den Probanden wurde ein Schauspieler als Dr. Myron L. Fox, Experte in der Anwendung mathematischer Verfahren auf das menschliche Verhalten, vorgestellt. In einleitenden Worten informierte man die Gruppe hoch qualifizierter Fachkräfte über seinen beeindruckenden – aber fiktiven – Lebenslauf. Anschließend durfte Dr. Fox seinen mit Widersprüchen und Fehlern gespickten Vortrag halten. Nach einer anregenden Frage- und Diskussionsrunde baten die Forscher die Zuhörer um eine Bewertung des Vortrags. Das Feedback fiel sehr positiv aus: Die Probanden berichteten über eine interessante und lehrreiche Rede, die sie zum Nachdenken gebracht habe. Die meisten Zuhörer bemerkten und hinterfragten weder die (offensichtlichen) Fehler noch die logischen Widersprüche. Die Erwartungshaltung der Zuhörer allein reichte also aus, um einen Schauspieler als Experten auszuzeichnen!

Wenn Sie also das nächste Mal eine Präsentation vor der Geschäftsführung, Ihrem Bereich oder einer anderen wichtigen Zielgruppe halten müssen, denken Sie an Dr. Fox. Trauen Sie sich: In Ihrem Bereich sind Sie bestimmt deutlich erfahrener als Dr. Fox in seinem Vortrag. Glauben Sie an Ihre Fähigkeiten und erwecken Sie damit eine positive Erwartung, die Ihre Kollegen und Mitarbeiter zur konstruktiven Diskussion Ihrer Vorschläge animiert.

Beispiel 4: Marketing – Hauptsache, der Preis stimmt?

Als Manager wissen Sie, dass es nicht nur auf die Verpackung ankommt. Auch die Qualität muss stimmen. Doch können Sie Ihrem Urteil wirklich trauen? Der Placeboeffekt im Marketing beweist das Gegenteil: Ihre Erwartung an ein Produkt beeinflusst Ihre Sinneswahrnehmung und Ihr Verhalten – unabhängig von der objektiven Qualität des Produkts. Diese Tendenz lässt sich zum Beispiel in einer Studie über Weinverkostungen beobachten.[7] Den Teilnehmern wurde vermittelt, dass sie verschiedene Weine unterschiedlicher Preisklassen bewerten sollten. In Wirklichkeit wurde aber die ganze Zeit die gleiche Sorte eingeschenkt. Erstaunlicherweise schmeckte den Versuchspersonen der »teure« Wein deutlich besser als der angeblich »billige Fusel«. Der frei erfundene Preis als Qualitätsmerkmal konnte ihre Geschmacksempfindung beeinflussen.

In einem anderen Experiment verkauften Forscher einen bekannten Energydrink an Studenten zu unterschiedlichen Preisen.[8] Einer Gruppe wurde der reguläre Preis des Drinks in Rechnung gestellt, die zweite Gruppe konnte das Getränk zum Discounterpreis erwerben. In diesem Versuch wussten die Probanden ganz genau, um welches Produkt es sich handelte – die Marke war schließlich bekannt. Der Unterschied lag einzig und allein im Verkaufspreis. Dennoch fielen die anschließenden Denksportaufgaben zur Messung der geistigen Leistungsfähigkeit der Probanden verschieden aus. Die Gruppe, die das Getränk zu einem niedrigen Preis erworben hatte, schnitt in dem Test deutlich schlechter ab als die andere Gruppe.

Ob Wein, Energydrink, Kaffee oder Schokolade – der Placeboeffekt wurde für verschiedene Produkte nachgewiesen. Übertragen auf das Management lautet die klare Schlussfolgerung: Verkaufen Sie sich niemals unter Wert. Führungskräfte, die ein hohes Gehalt verlangen, setzen damit immer auch ein Qualitätssignal: Ich bin es wert – meine Arbeit wird Ihnen schmecken!

Beispiel 5: Pädagogik – Schein oder Sein?

Stellen Sie sich vor, Sie hätten die besten Mitarbeiter der Welt. Wie würden Sie sich verhalten? Vermutlich anders – erwartungsvoller, mit hohem Vertrauen und viel Zuversicht. Schade nur, dass Ihnen noch niemand gesagt hat, was für ein Topteam Sie jeden Tag vor sich sitzen haben.

Dann würde es Ihnen und Ihren Mitarbeitern vielleicht genauso ergehen wie einer Gruppe von Schülern, die in den 1960er Jahren an einer Studie der Forscher Robert Rosenthal und Lenore F. Jacobson teilnahmen.[9] Die Wissenschaftler teilten den Lehrern mit, dass bestimmte (nach dem Zufallsprinzip ausgewählte) Schüler hoch begabt wären und mit besonderen Leistungsschüben zu rechnen sei. Ein Schuljahr später war der Anstieg des Intelligenzquotienten bei den »Hochbegabten« tatsächlich deutlich höher als in der Kontrollgruppe. Die Erwartungen der Lehrer wirkten sich also langfristig auf die Leistungen der Schüler aus – auch wenn die Lehrer der Meinung waren, sich allen Schülern gegenüber gleich zu verhalten.

Dieser Effekt funktioniert auch andersherum: In einem Experiment ließen sich acht gesunde Menschen in eine psychiatrische Anstalt einweisen.[10] Nach der Aufnahme verhielten sie sich völlig normal. Nichtsdestotrotz behielten die Mediziner die Pseudopatienten für durchschnittlich 19 Tage in der Einrichtung und diagnostizierten eine Vielzahl von Störungen. Interessanterweise bemerkten die anderen Patienten die Täuschung ziemlich schnell. Die Grenze zwischen »normal« und »psychopathisch« ist eben doch nicht so objektiv, wie Sie vielleicht denken …

Übertragen wir auch dieses letzte Beispiel für den Placeboeffekt auf das Management. Wenn Sie sich die besten Mitarbeiter wünschen, dann sollten Sie sich unbedingt die Frage stellen: Sind es Ihre Mitarbeiter, die keine höheren Leistungen erbringen können? Oder sind Sie womöglich selbst nicht ganz von den Fähigkeiten Ihrer Unterstellten überzeugt? Die Wahrheit liegt vermutlich irgendwo dazwischen. Denken Sie einmal darüber nach.

Vier Managertypen

Die Erkenntnisse zum Placeboeffekt in den verschiedensten Disziplinen sind so beeindruckend wie einfach: Sie alle beruhen auf einer Veränderung der Einstellung zu den Dingen. In den folgenden Kapiteln werden Sie eine Reihe weiterer Phänomene und Studien kennen lernen, die zeigen, wie hochgradig beeinflussbar unser Handeln durch psychologische Mechanismen ist. Auch wenn dieses Wissen einleuchtend erscheint – die Herausforderung besteht darin, den Positiv-Effekt für das Management zu nutzen. Ziel jedes erfolgreichen Managers muss es sein, zum Wertschöpfer zu werden, indem er klassische Managementkompetenzen mit der Kraft des Positiv-Effekts verknüpft. Abbildung 1 verdeutlicht diese Positionierung des Wertschöpfers und zeigt gleichzeitig, dass wir es zumeist mit drei anderen Managertypen zu tun haben.[11]

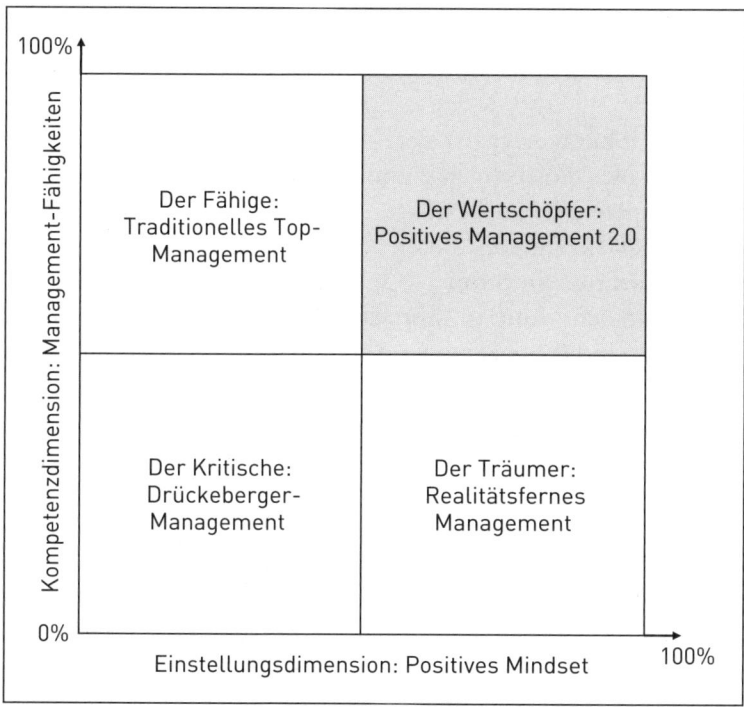

Abbildung 1: Vier Managertypen

Erstens gibt es Manager, die eine hohe Ausprägung in der Kompetenzdimension haben, aber in der Einstellungsdimension im Sinne des positiven Managements niedrige Werte aufweisen. Sie kennen die wichtigsten Instrumente der Unternehmensführung, können diese anwenden und erzielen durch ihre Ergebnisorientierung hervorragende Resultate. Sie treten überzeugend auf und managen Strukturen, Aufgabenzuordnungen, Personen, Prozesse – kurzum: Sie sind der traditionelle Topmanager. Dieser Typus ist exzellent darin, Konzepte charmant vorzutragen und mittels zuvorkommender Umgangsformen das Vertrauen seiner Mitmenschen zu gewinnen. Dahinter steckt aber noch lange keine Verinnerlichung des Positiv-Effekts, sondern häufig lediglich angeeignete Verhaltensweisen. Der »Fähige« erzielt mit diesen Kompetenzen sehr wohl Erfolge, ist aber kaum zufrieden mit sich selbst und mit seinen Mitarbeitern. Ihm fehlt die Ergänzung seiner fachlichen Exzellenz durch die Gestaltungskraft der positiven Psychologie. Dabei geht es nicht um Eindrucksmanagement, sondern um eine Veränderung der inneren Einstellung zu den Dingen. Das Verständnis des Positiv-Effekts kann an dieser Stelle helfen, indem er eine Gebrauchsanleitung für die Entwicklung einer optimistischeren Grundhaltung im Management liefert.

Ein zweiter Managertyp ist der »Kritische«. Dazu zählen Führungskräfte, die in ihre Position gekommen sind, ohne entsprechende Managementkompetenzen zu besitzen. Auch in der Einstellungsdimension befinden sie sich im unteren Bereich: Sie neigen zu Kritikausübung und zeigen selten positive Emotionen. Optimismus ist ein Fremdwort für diesen Typus, mit dem Aufbau wertschöpfender Beziehungen tut er sich schwer. Häufig sind diese Personen Opfer hierarchisch organisierter Karrierelogiken geworden: Sie waren oftmals gefragte Fachexperten, denen durch eine Beförderung Anerkennung ausgesprochen werden sollte. Doch nun versauern sie in einer Managementposition und reagieren passiv, statt aktiv zu gestalten.

Um solche Führungskräfte aus der »dunklen Ecke« herauszuholen, braucht es (1) den Aufbau klassischer Managementkompetenzen über Personalentwicklungsmaßnahmen und/oder (2) das Nachdenken über alternative Karrierewege. Managern dieses Typs hilft im Hinblick auf die Entscheidung für einen der beiden Wege ein Überdenken der eigenen Einstellung. Eine Verinnerlichung des Positiv-Effekts unterstützt sie dabei, ihre Stärken zu erkennen und ihre Rolle in der Arbeitswelt wieder in den Griff zu bekommen. Auf dieser Basis lässt sich für jeden Menschen ein passender Platz innerhalb oder außerhalb des Managements finden, der eine optimale Nutzung seiner Ressourcen ermöglicht.

Der dritte Managementtypus hat viel vor – zumindest in seiner Vorstellung. Der »Träumer« beschreibt große Visionen und ist äußerst positiv, was die Zukunftsperspektiven betrifft. Leider kombiniert er diese optimistische Sichtweise nicht mit fundierten Managementkompetenzen. Damit fehlt eine plausible Umsetzungsorientierung, sodass die Vorschläge schnell realitätsfern werden. Positives Denken allein reicht nicht aus – eine Abstimmung mit der Realität ist notwendig. Mögliche Widerstände müssen erkannt und eine fundierte Strategie zur Umsetzung von Ideen entwickelt werden. Um das enorme Potenzial eines optimistischen

Mindsets für eine Veränderung des Unternehmens zu nutzen, bedarf es einer Balance mit der sachlichen Realitätsorientierung: Nur durch die optimale Mischung aus Emotio (rechte Gehirnhälfte, emotionales Denken) und Ratio (linke Gehirnhälfte, analytisches Denken) können nachhaltig tragbare Lösungen entstehen.

Damit sind wir beim vierten Quadranten unserer Klassifizierung: dem »Wertschöpfer«. Dieser Typus kombiniert Managementkompetenzen mit einer positiven Einstellung – eine optimale Mischung. Ausgeprägte fachliche Fähigkeiten gepaart mit einer optimistischen Ausstrahlung sind die Zutaten des Gelingens.

Kreieren Sie in den nächsten Kapiteln Ihr eigenes Kochrezept für dieses Ziel! Das Zielbild eines optimistischen Realisten mag auf den ersten Blick paradox wirken – doch gerade diese Vereinigung von Intuition und Rationalität, von intensiven Gefühlen und Fokus, von Optimismus und Umsetzungsorientierung ist es, die nachhaltige Kreativität und Zufriedenheit entstehen lässt.[12] Lassen Sie uns an dieser Stelle noch einmal betonen: Die positive Einstellung ist eine notwendige, aber keine hinreichende Bedingung für Managementerfolg. Eine konstruktive innere Haltung muss mit dem Unternehmensalltag verknüpft werden, um maximale Leistungsfähigkeit hervorzurufen.

Selbsttest: Mindset Optimismus[13]

Wie steht es um Ihre positive Einstellung? Testen Sie sich selbst!

Bitte beantworten Sie die folgenden Fragen mit dem für Sie wahrscheinlichsten inneren Monolog. Markieren Sie Ihre Antwort mit einem X. Übertragen Sie Ihre Antworten am Ende in den Auswertungsbogen. Jede Antwort ergibt einen Punkt.

Beispiel:

9. Sie haben das Gleichgewicht verloren. Weil:
    D. Ich auf Glatteis ausgerutscht bin.
    H. Ich nicht richtig aufgepasst habe.

Falls Sie Antwort D gewählt haben, markieren Sie im Antwortbogen die Spalte D unter Frage Nummer 9.

1. Sie fühlen sich in letzter Zeit ausgelaugt. Weil:

I. Ich nie die Gelegenheit habe zu entspannen.

A. Ich diese Woche beschäftigter war als sonst.

2. Sie haben schon des Öfteren beim Erzählen von Witzen schlechte Erfahrungen gemacht. Häufig können Sie Ihren Arbeitskollegen nur ein Höflichkeitslächeln abringen. Dieses Mal erzählen Sie einen Witz und alle lachen. Weil:

K. Es dieses Mal ein wirklich lustiger Witz gewesen sein muss.

E. Ich den Witz genau richtig ausgeführt habe, sowohl was das Timing als auch was die Betonung angeht.

3. Sie erhalten nach einem Führungskräftetraining im Vergleich zu den anderen Teilnehmern recht kritisches Feedback. Weil:

F. Ich nicht so talentiert bin wie die anderen.

L. Ich nicht so ausgeruht war und mich nur schwer konzentrieren konnte.

4. Sie veranstalten bei sich zu Hause eine erfolgreiche Party. Weil:

J. Ich an diesem Abend besonders charmant war.

H. Ich ein hervorragender Gastgeber bin.

5. Sie halten eine tolle Präsentation und gewinnen einen Kunden für Ihr Unternehmen zurück, der eigentlich schon als verloren galt. Ihre Kollegen feiern Sie als Retter in der Not. Weil:

G. Ich die geeigneten Techniken gelernt habe und zur richtigen Zeit am richtigen Ort war.

B. Ich weiß, was in einer solchen Situation zu tun ist.

6. Sie wollen abnehmen und probieren eine neue Diät aus. Leider zeigt sich nach drei Wochen auf Ihrer Waage keine Veränderung. Weil:

I. Diäten langfristig nicht funktionieren.

A. Die Diät nicht funktioniert hat.

7. Sie präsentieren Ihren Kollegen einen Entwurf für einen Marketingflyer Ihres Unternehmens. Niemand findet den Entwurf überzeugend. Weil:

F. Ich kein guter Marketingexperte bin.

L. Ich wohl wichtige Informationen vergessen haben muss oder bei der Vorbereitung in Eile war.

Der Positiv-Effekt

8. Sie erhalten ein neues Dienst-Smartphone. Sie versuchen wiederholt, das Gerät zum Laufen zu bekommen, jedoch ohne Erfolg. Weil:

D. Ich nicht gut in technischen Dingen bin.
C. Die Bedienungsanleitung schlecht geschrieben ist.

9. Sie bemerken einen betrunkenen Fahrer Schlangenlinien fahrend auf der Straße und rufen die Polizei an. Dies passierte weil:

E. Ich besonders aufmerksam war.
K. Ich das Auto genau im richtigen Moment bemerkt habe.

10. Sie vergessen den Geburtstag Ihres Partners. Weil:

I. Ich nicht gut darin bin, mir Dinge zu merken.
A. Ich zu beschäftigt mit anderen Dingen war.

11. Bei der letzten Firmenfeier scharten sich die Kollegen um Sie. Weil:

J. Ich an diesem Abend besonders charmant war.
H. Ich auf Partys sehr gesellig bin.

12. Sie streiten sich oft mit Ihrem Partner. Weil:

D. Ich zurzeit stark unter Stress stehe.
C. Es schwierig ist, mit ihm/ihr auszukommen.

13. Ihre Kollegen beglückwünschen Sie zu einer sehr gelungenen Präsentation. Weil:

G. Ich eine großartige Präsentationsvorlage bekommen habe.
B. Ich ein exzellenter Redner bin.

14. Sie erhalten eine prestigeträchtige Auszeichnung Ihres Unternehmens. Weil:

G. Ich ein wichtiges Problem gelöst oder einen wichtigen Beitrag geleistet habe.
B. Ich der beste Manager war.

15. Sie haben in Ihrem Beruf seit zwei Jahren nicht mehr aufgrund von Krankheit gefehlt. Weil:

K. Ich gute Gene habe.
E. Ich mich gesund ernähre und darauf achte, genügend Schlaf zu bekommen.

16. Sie müssen zu einem wichtigen Meeting und haben sich rechtzeitig auf den Weg gemacht. Eigentlich kennen Sie sich in der Stadt aus, aber die Straße kommt Ihnen nicht bekannt vor und Sie sind sich nicht sicher, ob Sie richtig fahren. Unglücklicherweise hat Ihr Auto kein Navigationssystem und bei Ihrem Smartphone ist der Akku leer. Sie halten an einer Tankstelle an und erkundigen sich nach dem Weg. Sie befolgen die erhaltenen Anweisungen und merken erst nach zehn Minuten, dass Sie in die falsche Richtung fahren. Sie drehen um, doch jetzt sind Sie natürlich zu spät für das Meeting. Sie haben sich verfahren. Weil:

D. Ich eine Abbiegung übersehen habe.
C. Der Mann an der Tankstelle mir keine klaren Anweisungen gegeben hat.

17. Sie waren dieses Jahr äußerst erfolgreich an der Börse. Weil:

J. Mein Broker eine neue Anlagestrategie ausprobiert hat, die funktionierte.
H. Mein Broker spitze ist, wenn es um Investitionen geht.

18. Ihr neuer Partner möchte eine Beziehungspause einlegen. Weil:

F. Ich zu egozentrisch bin.
L. Ich nicht genügend Zeit mit ihm/ihr verbracht habe.

19. Der Geschäftsführer einer großen Firma bittet Sie um Rat. Weil:

G. Ich ein Experte auf dem gefragten Gebiet bin.
B. Ich nützliche und praktische Ratschläge gebe, daher werde ich oft um Rat gefragt.

20. Sie hatten ein Vorstellungsgespräch für einen Geschäftsführerposten. Es ist hervorragend gelaufen, sodass Sie in die zweite Vorstellungsrunde eingeladen werden. Weil:

J. Ich mich während des Gesprächs sehr zuversichtlich fühlte.
H. Ich gut in solchen Situationen bin.

21. Sie gewinnen ein Tennisturnier. Weil:

G. Ich viel Zeit in meine Fähigkeiten und das Training investiert habe.
B. Ich in allem gut bin, wenn ich es wirklich will.

22. Ihr Arzt empfiehlt Ihnen, weniger Zucker zu essen. Ihre Reaktion darauf ist:

D. Ich muss anfangen disziplinierter zu essen.
C. Das lässt sich nicht vermeiden. Zucker ist überall enthalten.

23. Nach vielen Versuchen gewinnen Sie eine Million Euro im Lotto. Weil:

K. Wenn ich nur oft genug spiele, werde ich irgendwann etwas gewinnen.
E. Ich dieses Mal einfach die richtigen Zahlen angekreuzt habe oder den Schein im richtigen Geschäft erworben habe.

24. Sie werden darum gebeten, ein wichtiges Projekt zu leiten. Weil:

J. Ich gerade zuvor ein Projekt beendet habe, das viel Aufmerksamkeit auf sich gezogen hat.
H. Ich in dem, was ich mache, sehr gut bin. Was ich anfasse, gelingt mir.

25. Sie haben lange trainiert, um ein guter Golfer zu werden. Beim jährlichen Golfturnier mit den Kollegen liefern Sie allerdings auch dieses Jahr ein schlechtes Spiel ab. Der Grund:

L. Ich bin in diesem Sport nicht gut.
F. Ich bin kein talentierter Sportler.

26. Sie sind wütend auf einen Freund. Weil:

I. Er einen schlechten Charakterzug hat.
A. Er an diesem Tag schlecht gelaunt war.

27. Sie beschließen, sich in der Politik einzubringen und kandidieren als Bürgermeister. Ein anderer Kandidat gewinnt die Wahl. Weil:

D. Ich nicht genug Werbung für mich gemacht habe.
C. Der andere Kandidat mehr Leute kennt.

28. Wenn Sie ehrlich zu sich selbst sind, war das Projekt, für welches Sie verantwortlich waren, erfolgreich weil:

E. Ich die Arbeit der Mitarbeiter eng überwacht und angeleitet habe.
K. Alle Beteiligten viel Zeit und Energie auf das Projekt verwendet haben.

29. Ihre Aktien stehen auf den niedrigsten Werten aller Zeiten. Weil:

F. Ich keine guten Aktien ausgewählt habe.
L. Ich das Wertpapiergeschäft nicht verstehe.

30. Sie schaffen es beim besten Willen nicht, die finanziellen Ziele für Ihren Verantwortungsbereich im Unternehmen zu erreichen. Weil:

    I. Ich und/oder meine Mitarbeiter in Bezug auf das Einhalten von Ressourcenrestriktionen nicht diszipliniert genug sind.

    A. Ich meinen Verantwortungsbereich gerade durch eine Krise führe.

Selbsttest: Auswertung

	A	B	C	D	E	F	G	H	I	J	K	L
1												
2												
3												
4												
5												
6												
7												
8												
9												
10												
11												
12												
13												
14												
15												
16												
17												
18												
19												
20												
21												
22												
23												
24												
25												
26												
27												
28												
29												
30												
Summe												

Addieren Sie die Punkte der Spalten D, F und I. Dieser Wert gibt Ihren *Pessimismus-Score* bei schlechten Ereignissen an.

☐

0–6 Punkte: Sie bleiben auch bei schlechten Ereignissen optimistisch.
8–9 Punkte: Ihr Pessimismuswert bei schlechten Ereignissen liegt im Durchschnitt.
10–15 Punkte: Sie sind bei schlechten Ereignissen pessimistisch.

Addieren Sie die Punkte der Spalten B, E und H. Dieser Wert gibt Ihren *Optimismus-Score* bei erfreulichen Ereignissen an.

☐

10–15 Punkte: Sie sind bei erfreulichen Ereignissen optimistisch.
8–9 Punkte: Ihr Optimismuswert bei erfreulichen Ereignissen liegt im Durchschnitt.
0–7 Punkte: Sie sind bei erfreulichen Ereignissen pessimistisch.

Ziehen Sie Ihren Pessimismus-Score von Ihrem Optimismus-Score ab. Dieser Wert gibt Ihren *allgemeinen Optimismus-Score* an.

☐ – ☐ = ☐

4 Punkte und mehr: Sie verfügen über ein überdurchschnittlich positives Mindset.
2–3 Punkte: Sie liegen im Durchschnitt.
0–1 Punkte: Sie neigen zum Pessimismus.

Addieren Sie die Punkte der Spalten F und I. Dieser Wert gibt Ihren *Hoffnungs-Score* an und zeigt, wie hoffnungsvoll Sie sind, wenn negative Ereignisse auftreten.

☐

0–4 Punkte: Sie sind hoffnungsvoll.
5 Punkte: Sie liegen im Durchschnitt.
6–10 Punkte: Sie neigen zur Hoffnungslosigkeit.

Die drei Ebenen: Aufbau des Buchs

Wie sieht Ihr Testergebnis aus? Bleiben Sie bei guten und schlechten Ereignissen optimistisch und glauben an Ihre Fähigkeiten – oder neigen Sie eher zur Schwarzmalerei? Egal wo Sie stehen: Dieses Buch wird Ihnen helfen, nicht nur selbst positiver zu denken, sondern die Kraft dieses Effekts auch auf Ihren Erfolg als Manager zu übertragen. Werden Sie mithilfe der folgenden Kapitel zum Wertschöpfer, der seine Managementkompetenzen mit der Macht des Positiv-Effekts verknüpft.

Unser Buch gibt Ihnen konkrete Handlungsimpulse, indem es an drei Ebenen ansetzt: der Individual-, Team- und Organisationsebene. Dieser Aufbau folgt einer inneren Logik, nach der wir uns von der kleinen zur großen Analyseebene vorarbeiten. Abbildung 2 verdeutlicht diese Argumentationslinie. Stellen Sie sich das eigene Selbst wie einen Stein vor, den Sie ins Wasser werfen. Wie Sie diesen Stein werfen, bestimmen Sie ganz allein – und damit beeinflussen Sie, welche Kreise der Stein zieht. Zunächst direkt für Ihre Mitarbeiter, aber auch darüber hinaus für die Zusammenarbeit, die Unternehmens- und Innovationskultur sowie das vermittelte Außenbild.

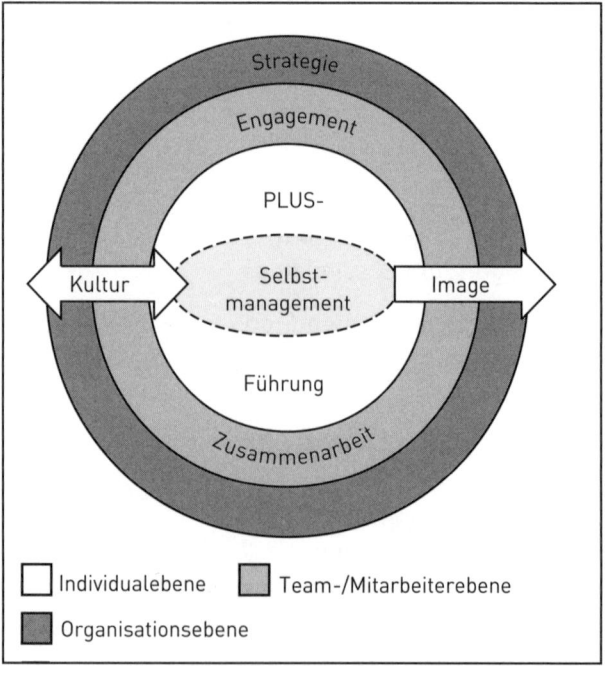

Abbildung 2: Drei Betrachtungsebenen

Ausgehend von den drei Betrachtungsebenen beginnt Kapitel 2 auf der individuellen Ebene mit dem Thema Selbstmanagement. In Kapitel 3 geht es um das Verstehen und die Veränderung des eigenen Führungsstils. Sie lernen dort mit dem Konzept der PLUS-Führung einen Managementansatz kennen, der auf dem Prinzip des positiven Primings beruht. In Kapitel 4 und 5 begeben Sie sich auf die Mitarbeiter- beziehungsweise Teamebene. Sie erfahren, wie Sie unter Nutzung des Positiv-Effekts das Arbeitsengagement Ihrer Mitarbeiter und die Teamarbeit auf ein neues Level heben können. In den nachfolgenden Kapiteln befassen Sie sich mit der organisationalen Ebene: Unter Anwendung des Positiv-Effekts beschäftigt sich Kapitel 6 mit der Gestaltung einer positiven Unternehmenskultur und Kapitel 7 mit der übergeordneten strategischen Ebene. Sie erfahren, wie Sie die langfristige Ausrichtung Ihres Unternehmens unter Anwendung des Positiv-Effekts erfolgreich gestalten können. Kapitel 8 richtet den Blick nach außen und zeigt, wie Sie das neue Unternehmensimage durch veränderte Kommunikations- und Marketingmaßnahmen in der Öffentlichkeit verankern können. Abschließend nutzen wir Kapitel 9, um die Chancen und Herausforderungen des Managements mit dem Positiv-Effekt zusammenzufassen. Wir stellen drei Thesen zur Zukunft der Arbeitswelt auf, die verdeutlichen, warum es höchste Zeit für eine neue Ära von Wertschöpfern im Management wird.

Zusammenfassung 💊 Die schnelle Dosis Vitamin +

- Der Positiv-Effekt bezeichnet eine wertschöpfende Veränderung eines Individuums, einer Gruppe von Menschen oder von Organisationen, die durch die bewusste oder unbewusste Verarbeitung von (eigenen oder fremden) optimistischen Einstellungen, Emotionen und/oder Handlungen hervorgerufen wird.
- Ein Beispiel für den Wirkmechanismus des Positiv-Effekts ist der Placeboeffekt, der in den unterschiedlichsten Bereichen nachgewiesen wurde: Ein angeblich wirksames Medikament oder Produkt, ein vorgeschobener Titel oder ein gefälschtes Etikett sowie Fehlinformationen können das Verhalten und den objektiven Zustand von Menschen verändern.

- Der klassische Topmanager verfügt über exzellente Managementkompetenzen, hat den Positiv-Effekt aber häufig nicht verinner-
  licht. Der träumende Manager denkt sich dagegen die Welt rosarot,
  hat aber bei den notwendigen fachlichen Fähigkeiten Verbesserungsbedarf. Der Manager der Zukunft benötigt beide Aspekte:
  hohe Werte in der Kompetenz- wie auch in der Einstellungsdimension.

Kapitel 2

Sich selbst managen: Es kommt anders, wenn man denkt

»Das Glück deines Lebens hängt von
der Beschaffenheit deiner Gedanken ab.
Unser Leben ist das Produkt
unserer Gedanken.«

Marc Aurel,
römischer Kaiser und Philosoph

Viele Kompetenzen von Managern können sich nur im Kontext mit anderen Personen entfalten. Führungskompetenzen zum Beispiel kommen in der Interaktion mit Mitarbeitern zum Tragen und brauchen einen sozialen Kontext, damit sie sichtbar werden. Um Durchsetzungsstärke zeigen zu können, muss es jemanden geben, gegen den Sie sich durchsetzen können.

Der Positiv-Effekt dagegen kann auch in der Isolation wirken, das heißt ohne die Anwesenheit anderer Personen. Viel mehr noch: Sie müssen sich sogar zunächst mit Ihren individuellen Grundeinstellungen und Denkmustern auseinandersetzen, um Ihre Umwelt positiv beeinflussen zu können. Ihre tiefen Überzeugungen stoßen sowohl bewusste als auch unbewusste Wirkungskreise an, die einen großen Einfluss auf Ihre Wahrnehmungsstrukturen und Handlungsoptionen ausüben. Der Umgang mit Erfolgen und Niederlagen repräsentiert Ihre Selbstmanagementkompetenzen, welche das Ausmaß Ihrer Wertschöpfung im Managementalltag entscheidend beeinflussen.

In diesem Kapitel erfahren Sie, wie Sie den Positiv-Effekt nutzen können, um sich auf maximalen Erfolg zu programmieren.

Die Macht des Unbewussten

Stellen Sie sich vor, Sie wären auf einem Schiff, mit dem Sie ein geplantes Ziel erreichen wollen. Wie erreichen Sie es am besten? Logisch, mit dem Kapitän! Er hat jahrelange Erfahrung in seiner Tätigkeit. Also können Sie ihm ruhig vertrauen und sich zwischenzeitlich um »wichtigere« Dinge kümmern. Sie überlassen ihm das Steuer, freiwillig sogar. Ab und an greifen Sie vielleicht für Kurskorrekturen ein, aber im Großen und Ganzen lassen Sie den Kapitän walten.

So ähnlich wie in dieser imaginären Schiffssituation verhält es sich mit unserem Gehirn. Angeborene und über viele Jahre angesammelte Erfahrungen bestimmen Ihre Handlungen und Sie vertrauen blind darauf. Zwar versuchen Sie oft bewusst, Ihr Verhalten zu kontrollieren, wie beispielsweise beim Verzicht auf den Griff in die Chipstüte oder bei der Selbstbeherrschung in einer Auseinandersetzung. Die meiste Zeit lenkt das Gehirn uns jedoch mehr, als wir bewusst wahrnehmen – und das ergibt Sinn. Würden wir über jede automatisch ablaufende Handlung lange nachgrübeln, kämen wir mit der Bewältigung unseres Alltags kaum zurecht. Unser Gehirn ist ein Wunderwerk der Natur, das viele Dinge erkennt, bevor sie in unsere bewusste Wahrnehmung drängen.

Die Macht des Unbewussten wird auch in der Forschung immer öfter belegt. So befasst sich der deutsch-britische Forscher John-Dylan Haynes, Professor an der Humboldt Universität zu Berlin sowie am Bernstein Center for Computational Neuroscience, intensiv mit der Thematik der Entscheidungsfindung. Er baut dabei auf das bekannte Libet-Experiment des gleichnamigen Forschers Benjamin Libet auf, welches im Jahr 1979 intensive Diskussionen um den freien Willen des Menschen hervorgerufen hat. Libet fand damals heraus, dass im Gehirn bereits einige Millisekunden vor der bewusst ausgesprochenen Entscheidung Nervenaktivitäten im motorischen Kortex auftreten.[1] Haynes und seine Mitarbeiter erweiterten diesen Versuchsaufbau unter Verwendung neuster Technik:

Ihre Probanden wurden in einen Kernspintomografen geschoben. Anhand der Analyse der aktivierten Hirnareale der Testpersonen konnten die Forscher bereits sieben Sekunden, bevor ein Proband sich bewusst dazu entschieden hatte, einen Knopf zu drücken, voraussagen, ob dies mit der linken oder der rechten Hand geschehen würde.[2] Neuronale Aktivitäten offenbarten also eine bewusste Entscheidung, noch bevor sich die Probanden selbst ihrer Entscheidung bewusst geworden waren. Diese Beobachtung ist erstaunlich!

Nun handelt es sich bei den Inhalten von Haynes' durchgeführten Studien nicht um komplexe Prozesse der Entscheidungsfindung; ob ein Knopf mit der rechten oder linken Hand gedrückt wird, bietet nicht allzu viel Freiraum. Wenn aber bereits sieben (!) Sekunden vor der bewussten Entscheidung feststeht, welche Hand zum Einsatz kommen wird, ist es naheliegend, dass auch komplexere Abwägungsprozesse und Handlungen, denen wir bewusst nachgehen, durch unbewusste Tendenzen beeinflusst werden. In diese Richtung gehen die Studien des amerikanischen Forscherduos Piotr Winkielman und Kent Berridge. Sie wagen sich mit ihren Arbeiten in das Gebiet der Emotionen, also der Beeinflussung der aktuellen Gefühlslage. In der klassischen Betrachtung werden Gefühle per Definition als etwas Bewusstes angesehen: Wie Sie sich fühlen, ob Sie glücklich, neutral oder traurig gestimmt sind, sollten Sie für gewöhnlich benennen können. Die Forscher ließen ihre Probanden auf einem Computerbildschirm Fotos von neutralen Gesichtern betrachten, die als männlich oder weiblich klassifiziert werden mussten. Unbewusst für die Teilnehmer blendeten die Wissenschaftler zwischen den zu klassifizierenden Gesichtern für 16 Millisekunden traurige, neutrale oder fröhliche Gesichter ein. Eine derart kurze Einblendzeit kann vom Menschen nicht bewusst wahrgenommen werden.

Nachdem die Teilnehmer die Klassifizierungsaufgabe beendet hatten, bewerteten sie ihre Emotionen auf verschiedenen Skalen, die zum Beispiel von schlechter bis guter Laune oder sehr wütend bis gar nicht wütend reichten. Die bewusste Bewertung der Gefühle unterschied sich zwischen den Probanden nicht, egal ob sie unbewusst mit wütenden, neutralen oder fröhlichen Gesichtern konfrontiert worden waren. Interessant wurde die Manipulation erst, als die Forscher das Trinkverhalten bei einem im Anschluss angebotenen Getränk analysierten: Diejenigen, die unbewusst frohe Gesichter wahrgenommen hatten, tranken mehr und zahlten einen höheren Preis für die Erfrischung als die Gruppe von Teilnehmern, die wütende Gesichter gesehen hatten. Der Effekt war besonders stark, wenn die Teilnehmer sich durstig fühlten. Die Wissenschaftler schlussfolgerten aus der Studie, dass die Entscheidung für unser Konsumverhalten durchaus durch Gefühle beeinflusst werden kann – und Menschen diese Emotionen noch nicht einmal bei bewusster Nachfrage benennen können.[3]

Ein weiteres Beispiel für die Relevanz unbewusster Denkprozesse findet sich bei der Betrachtung der Innovationsfähigkeit von Menschen. Die Niederländer Ap Dijksterhuis und Teun Meurs konnten in ihren Experimenten zeigen, dass divergentes, also kreatives Denken in direkter Relation zu unbewussten Vorgängen steht.[4] Die Forscher teilten die Teilnehmer ihrer Studie in zwei Gruppen ein. Die eine Gruppe sollte verschiedene Brainstorming-Aufgaben (zum Beispiel die Benennung möglichst vieler Berufe mit dem Anfangsbuchstaben »A«) direkt nach Aufgabenerhalt lösen. Die andere Gruppe wurde zwischen dem Erhalt der Aufgabe und der Lösung für einige Minuten abgelenkt. Bei der Auswertung stellten die Wissenschaftler erstaunt fest: Die Gruppe, die sich zwischenzeitlich anderweitig beschäftigt hatte, generierte für alle Aufgaben deutlich kreativere Lösungen. Es lässt sich also festhalten, dass unbewusste Denkprozesse häufiger innovativere Ideen hervorrufen als das bewusste Nachgrübeln über Problemstellungen. Nicht offensichtliche Zusammenhänge werden schneller kombiniert und verknüpft, sodass neue Erkenntnisse und Bisoziationen entstehen – der Kern jeglicher Kreativität. Damit bildet die Kreativität eines der effektivsten Instrumente unseres Gehirns, um unbewusste und bewusste Vorgänge zu vereinen.

Stellen Sie sich eine Symphonie vor, in der die verschiedensten Töne – sowohl offenbar als auch unscheinbar – auf komplexe, aber stimmige Weise miteinander in Einklang stehen. Das Produkt dieses Einklangs ist das Optimum. Ihr Ziel muss es sein, mentale Symphonien zu erzeugen, ein Optimum der Zusammenwirkung von bewussten und unbewussten Prozessen hervorzubringen. Selbstmanagement mit dem Positiv-Effekt bedeutet in diesem Kontext, bewusst an Ihren Gedanken zu arbeiten, um langfristig Ihre unbewussten Handlungstendenzen zu beeinflussen. Oder, um es mit Konfuzius' Worten auszudrücken:

> »Achte auf deine Gedanken, denn sie werden zu Worten.
> Achte auf deine Worte, denn sie werden zu Handlungen.
> Achte auf deine Handlungen, denn sie werden zu Gewohnheiten.
> Achte auf deine Gewohnheiten, denn sie werden dein Charakter.
> Achte auf deinen Charakter, denn er wird dein Schicksal.«

Gerade hinsichtlich festgefahrener Abläufe und Lösungsstrategien, die sich im Laufe der Zeit einstellen, bietet uns das Instrumentarium der Kreativität einen Schlüssel zu neuen Ideen und gesteigertem Selbstvertrauen. Es gibt einfache Methoden, um Ihre Kreativität zwischendurch (beispielsweise während einer Zugfahrt) aufzuwecken oder anzukurbeln – Tagträume, die jeder von uns hat, gehören dazu. Beobachten Sie Ihre Gedanken, wenn Sie abschweifen, aus dem Fenster schauen, aber zensieren oder bewerten Sie diese nicht. Versuchen Sie, Assoziationen zu Ihren fließenden Gedanken herzustellen, bewusste Gedanken mit unbewusst herbeigeführten Bildern zu verbinden – so absurd sie auch sein mögen. Wenn es Ihnen hilft: Schreiben Sie Ihre Gedanken und Ideen in einen Notizblock, frei und wild, was auch immer Ihnen in den Sinn kommt. Sie werden sehen, wie schon fünf oder zehn Minuten pro Tag den Blick auf Dinge verändern und sich – wenn Sie es als kreative Denkpause betrachten – positiv auf Ihre Innovationsfähigkeit auswirken.

Was bedeuten die dargestellten Befunde für Ihr Verhalten in Beruf und Freizeit? Um an das eingangs verwendete Beispiel zu erinnern: Machen Sie sich klar, dass Sie sich an Bord eines Schiffs befinden – in diesem Fall ist es Ihr Gehirn –, dessen bisherige Ziele weitestgehend durch Ihre Erfahrungen und Grundüberzeugungen beeinflusst wurden. Die provokative Aussage des renommierten Kognitionswissenschaftlers Allan Snyder, Direktor des Centre for the Mind in Sydney, fasst den Einfluss unseres Unbewusstseins recht plakativ zusammen: »Bewusstsein ist nur eine PR-Aktion Ihres Gehirns, damit Sie denken, Sie hätten auch noch was zu sagen.«[5] Wenn wir davon ausgehen, dass die meisten Denkprozesse im Schatten unseres Bewusstseins geschehen, stellt sich damit die maßgebliche Frage, inwieweit wir einen direkten und aktiven Einfluss auf unser Denken und Handeln nehmen können. Sind wir noch bewusste Akteure, die Protagonisten unseres Lebens? Oder gaukelt unser Unbewusstes uns dies lediglich vor? Dass unser Bewusstsein, wie Snyder nicht ohne Humor sagt, eine PR-Aktion unseres Gehirns darstellt, klingt ernüchternd. Allerdings – und hier liegt der entscheidende Faktor – können Sie Ihr Unbewusstsein langfristig umprogrammieren. Entscheiden Sie selbst, zu welchen Verhaltenstendenzen und Gedankenblitzen Ihr Gehirn Sie motiviert: positive oder negative? Die Antwort liegt bei Ihnen!

Nutzen Sie die Macht des Unbewussten als Teil von Ihnen, als Gabe unerschöpflicher Fantasie, die Ihnen Freude bereitet. So sehr das Unbewusstsein ein Mysterium sein mag – es ist kein Fremdkörper, sondern im Gegenteil ein Schutzwall und Grenzdurchbrecher zugleich, der Ihnen wohlwollend zugeneigt ist. Sobald Sie es schaffen, diese Kraft zu nutzen und positiv zu beeinflussen, indem Sie bewusster denken und negativ aufgeladene Gefühle und Gedanken zu durchbrechen vermögen, gelingt Ihnen auf Dauer eine Umprogrammierung Ihres Unbewussten. Dieses kann im veränderten Zustand wiederum einen positiven Einfluss auf Ihr Bewusstsein ausüben. Sie gewinnen Energie aus dem Kraftwerk Ihrer eigenen Gedanken. Ihr Gehirn überlässt Ihnen nicht nur den Raum des Bewussten. Gleichermaßen sind Sie befähigt, sich mit dem Unbewussten bewusst vertraut zu machen und sich damit auseinanderzusetzen – einfach indem Sie darüber nachdenken.

Es geht dabei nicht darum, bewusste und unbewusste Prozesse im Gehirn als Konkurrenten anzusehen, bei denen der eine den anderen durchweg dominiert. Vielmehr handelt es sich um eine hochkomplexe Wechselbeziehung in beide Richtungen. Bildlich ausgedrückt: Es ist keine Einbahnstraße ohne Umkehrmöglichkeit, sondern wir haben die Wendepunkte in der Hand. Wenn also das Unbewusste unser Bewusstsein stark beeinflussen kann, so ist es im Gegenzug möglich, dass die Bewusstheit unserer Gedanken massiv auf das Unbewusste einwirkt. Wir können also neue Denkspiralen erzeugen – ob positiv oder negativ, das bestimmen wir selbst.

Lernen Sie in den nächsten Abschnitten mehr über die Negativorientierung des Gehirns und den Gegenmechanismus der positiven Aufwärtsspirale, um sich selbst für Ihren Weg zu entscheiden.

»Bad is stronger than good«: das katastrophische Gehirn

Wolken bedecken den Himmel, trüben das Licht. Alles erscheint grau. Sogar die eigenen Gedanken. Kennen Sie das? Im grauen Licht bleibt vieles verborgen, unerkannt, eindimensional … Die Verschlossenheit der Wolkendecke scheint sich auf unsere Wahrnehmung, auf unser Empfinden auszuwirken. Nicht umsonst spricht man von der Herbst- oder Winterdepression, bei der durch zu wenig Licht die Gefühlswelt getrübt wird. Die renommierte amerikanische Psychologin Barbara L. Fredrickson verwendet bewusst das Bild der Wolkendecke in ihrem Buch über die Macht positiver Gefühle, um auf den Zusammenhang von trüber

Stimmung und geringerer Erkenntnisspanne aufmerksam zu machen.[6] So wie graue Wolken die Umwelt gleich ein bisschen ungemütlicher aussehen lassen, so wirken sich Stimmungen auf unsere Wahrnehmungsfähigkeit und auf die Offenheit unserer Sinne aus. Fühlen wir uns unwohl und sind schlecht gelaunt, ist dies mit dichten Wolken, die den Blick versperren, durchaus vergleichbar. Unser Einfallsreichtum und unsere Kreativität nehmen ab; wir drohen in bedrückender Stimmung zu verharren. Dies wiederum wirkt sich auf unsere Leistung aus: Aufgaben dauern länger, wir finden weniger kreative Lösungswege.

Im Gegensatz dazu wird Licht in vielen Kulturkreisen mit Wissen und Erkenntnis in Zusammenhang gebracht. Wahrnehmung ist meist eng mit Licht verbunden: Ohne Lichteinfall sind unsere Augen nicht in der Lage zu sehen. Doch auch dabei existieren Schattierungen, die vom Positiven ablenken und uns sogleich wieder in den Grübelmodus verfallen lassen. Denken wir beispielsweise an Platons Höhlengleichnis: Das Sonnenlicht, das im oberen Bereich durch die Höhle dringt, kommt bei den Menschen tief unten in der Höhle nicht an. Sie nehmen nur die Schatten wahr, die durch das Licht des Feuers an die Felsenwand projiziert werden. Ähnlich verhält es sich mit unserem Glücksempfinden: Statt das klare Licht glücklicher Augenblicke anzunehmen und uns davon durchdringen zu lassen, neigen wir dazu, es sogleich wieder zu relativieren. »Habe ich das wirklich verdient? War mein Erfolg nicht bloß Zufall? Ist das Lob gerechtfertigt?« Häufig sind wir selbst es, die dem Licht mit derlei Relativierungen den Rücken zukehren. Wir setzen uns stattdessen mit aufwendigen, schemenhaften Projektionen und Schattenwelten auseinander, die Kraft rauben.

Warum dieses Prozedere unseres Gehirns? Wäre es nicht sehr viel effektiver, sich über die Kleinigkeiten des Lebens zu freuen, statt diese gleich wieder zu zerreißen? Leider neigt unser Gehirn dazu, Negatives in den Vordergrund zu stellen und Positives aus dem Blick zu drängen. Der bekannte amerikanische Psychologe Martin Seligman spricht gar von einem »katastrophischen Gehirn«, welches zur schlimmsten anzunehmenden Interpretation neigt. Diese Tendenz zur Schwarzmalerei hängt mit unserer Evolutionsgeschichte zusammen: Um zu überleben, mussten unsere Vorfahren in der Lage sein, Gefahren und Risiken einzuschätzen, indem sie diese vor einer Handlung bedachten. Eine Unterschätzung von Risiken konnte damals schnell den Tod bedeuten. Gefahren waren alltäglich, und das spüren wir noch heute: Unser Gehirn tendiert zu Problematisierungen, wobei Positives nahezu erstickt oder an den Rand des

Bewusstseins gedrängt wird. Negative Informationen werden sorgfältiger verarbeitet als positive, und auch die beflügelnde Kraft herausragender Lebensereignisse lässt schnell wieder nach. So schätzen sich Lottogewinner ein Jahr nach dem großen Los wieder auf dem gleichen subjektiv erlebten Glücksniveau ein wie Menschen, denen kein besonderes Lebensereignis zuteilwurde. Dies liegt auch daran, dass die sieghaften Lottospieler wenig Zeit mit dem Nachdenken darüber verbringen, wie ihr Leben in relativer Armut vor dem Gewinn war, sondern vielmehr nur die heutigen Probleme sehen. Im Gegensatz dazu verbringen Unfallopfer viel Zeit mit einer Vergangenheitsorientierung: Sie vergleichen ihr jetziges Leben mit körperlichen Einschränkungen permanent mit dem, »was früher war«. Die Vergangenheit wird idealisiert, ein Nostalgieeffekt tritt ein.[7] Diese Tendenz kennen Sie sicher aus dem Managementalltag: »Damals, als unser Unternehmen noch kleiner war, da stand man noch füreinander ein« oder »Früher, da kannte der Chef noch jeden!« Das sind Beispiele für eine (über-)optimistische Verzerrung der Vergangenheit. Der aktuelle Zustand wird damit abgewertet – und die schlechte Laune ist programmiert.

Der Nobelpreisträger Daniel Kahneman und sein Kollege Amos Tversky nutzten genau diese kognitive Verzerrungstendenz, um in ihren Studien zu zeigen, dass wir bei Entscheidungen stärker durch die Vermeidung von Verlusten als durch die mögliche Erzielung von Gewinnen motiviert werden. Die Forscher revolutionierten damit die Vorstellung des Homo oeconomicus – des immer rational und gewinnmaximierend handelnden Wirtschaftssubjekts – und belegten, dass die Wahrnehmung von Problemen unser Handeln extrem beeinflussen kann. Stellen Sie sich vor, Sie könnten durch ein neues Operationsverfahren 300 von 900 todkranken Menschen heilen. Oder Sie könnten durch ein neues Operationsverfahren 600 von 900 todkranken Menschen verlieren. Schon diese unterschiedlichen Formulierungen ändern die menschliche Reaktionsweise ganz entscheidend!

Was können Sie also tun, um die Negativorientierung des Gehirns zu überlisten? Die falsche Herangehensweise besteht auf jeden Fall darin, sich selbst einzureden, noch nicht gut genug zu sein und immer besser, immer höher kommen zu müssen. Genau das resultiert in einer Spirale, die weiter abwärts führt statt hinauf. Sie erreichen das Gegenteil dessen, was Sie erreichen wollen: Sie haben das Gefühl, sich immer weiter von ihrem Idealbild zu entfernen. Ihr Gehirn konzentriert sich bei dieser Denkweise nur darauf, weitere Schwachstellen und Fehler zu identifizieren.

Denken Sie stattdessen an das Höhlengleichnis, und suchen Sie das Licht. Drehen Sie den Spruch »Wo Licht ist, ist auch Schatten« um: Wo Schatten ist, ist immer auch Licht! Beobachten Sie sich selbst in Ihrem Arbeitsalltag: Wie oft finden Sie Schatten und wie oft Licht? Was raubt Ihnen Energie, und was gibt Ihnen Kraft? Vermeintliche Kleinigkeiten können hierbei eine erhebliche Rolle spielen. Fühlen Sie sich wohl im Umgang mit Kollegen? Was denken Sie, wenn Sie sich auf dem Weg zu Ihren Terminen befinden? Blicken Sie optimistisch in den Tag oder überwiegen die Sorgen? Achten Sie auf solch scheinbar banale Gedankengänge, denn genau diese sind es, die Abwärtsspiralen herbeiführen. Ihr gesamtes Auftreten, Ihre Präsenz, die Intonation Ihrer Stimme, Ihre Mimik – all das spiegelt Ihre aktuelle Stimmung wider; es sei denn, Sie sind ein ausgezeichneter Schauspieler. Aber auch das kostet unnötige Kraft und wirkt auf Dauer wenig überzeugend.

Lassen Sie uns deswegen die Perspektive wechseln: Wo es Abwärtsspiralen gibt, kann der Mechanismus auch umgekehrt in Form von Aufwärtsspiralen funktionieren. Um diesen positiven Verstärkungsprozess geht es in den nächsten Abschnitten.

Die Aufwärtsspirale positiver Gefühle

Barbara L. Fredrickson verbrachte einen Großteil ihres Forschungslebens damit, diese sich selbst verstärkende Wirkung positiver Emotionen zu untersuchen. Ihre *Broaden-and-build-Theorie* verdeutlicht den enormen Einfluss positiver Gefühle auf Leistungen und die eigene Wahrnehmung – und zwar in langfristiger Perspektive.

Der erste Teil ihrer Theorie besteht aus dem Weitungsaspekt (engl. *broaden*), das heißt der Ausweitung positiver Gefühle. Getreu dem Motto »Wer hat, dem wird gegeben« vertritt die Wissenschaftlerin die Meinung, dass positive Emotionen selbstverstärkend wirken und auf verschiedenste Lebensbereiche ausstrahlen. Dabei handelt es sich keineswegs um ein punktuelles Ereignis, sondern um eine Gefühlsausprägung, aus der wir dauerhaft Energie schöpfen können. Verdeutlicht wird dieser Weitungsaspekt in einer Studie von Barbara L. Fredrickson und Christine Branigan aus dem Jahr 2005:[8] Die insgesamt 104 Probanden wurden in drei Gruppen aufgeteilt. Ein Drittel durfte sich freuen: Diese Testpersonen wurden von den Wissenschaftlern durch einen amüsanten

Pinguin-Film in einen heiteren Gemütszustand versetzt. Ein weiteres Drittel sah sich in dem gezeigten Video mit wütenden und angsterfüllten Emotionen konfrontiert. Die dritte Gruppe blieb unberührt; sie befand sich in einem neutralen Gemütszustand. Alle Probanden wurden nach dieser Manipulation ihres emotionalen Empfindens dazu aufgefordert, eine Liste mit Aktivitäten zu erstellen, die sie gerne in diesem Moment machen würden. Es stellte sich heraus, dass die Gruppe mit positiven Emotionen besonders kreativ war: Ihre Listen waren im Gegensatz zu den anderen beiden Gruppen wesentlich länger. Ihre gute Stimmung sorgte offenbar dafür, dass sie mehr Vorschläge und Alternativen fanden. In der Konsequenz weitete sich ihre Assoziationsfähigkeit aus – und nicht nur das: Der Multiplikation von Ideen und Möglichkeiten liegt zumeist auch eine Zunahme an aufgenommenen Informationen zugrunde.

Die Aufmerksamkeit der positiv gestimmten Probanden war also geweitet, ihr Geist war aufnahmefähiger. Eine erweiterte Wahrnehmung wiederum führt zu mehr Sinneseindrücken, die sich auf die Kreativität und Assoziationsfähigkeit auswirken. Damit sind wir beim »Build«-Aspekt von Fredricksons Theorie: Die verschiedenartigen Einfälle, die während einer positiven Gefühlslage generiert werden, können tatsächlich zu neuen und besseren Handlungen sowie Lösungen führen. Der auf diese Art und Weise erzielte Ausbau des Verhaltensrepertoires ergibt sogar aus evolutionärer Sicht Sinn: Langfristig steigern Sie Ihre Überlebenswahrscheinlichkeit, wenn Sie auf mehr Handlungsoptionen als die angeborene Kampf-oder-Flucht-Reaktion zurückgreifen können.

Barbara L. Fredrickson geht sogar so weit zu sagen, dass positive Gefühle die Funktionsweise des Gehirns auf fundamentale Weise verändern und damit unsere Interaktion mit der Welt beeinflussen.[9] Das Wort »Interaktion« stellt an dieser Stelle einen Schlüsselbegriff dar, der für Wechselseitigkeit steht: Wir nehmen nicht nur mehr wahr und produzieren darauf aufbauend mehr Ideen, sondern wir geben ebenso viel an unsere Umwelt und somit an unsere Mitmenschen zurück. Eine heitere Grundstimmung steckt an, weckt auf, aktiviert. Dadurch wird eine Aufwärtsspirale positiver Gefühle in uns hervorgerufen, die sich reproduziert, indem eine gesteigerte Wahrnehmungsfähigkeit zugleich eine höhere Anzahl an Ideen produziert. Mehr Ideen führen wiederum zu mehr Begeisterung und zu einer höheren Wahrscheinlichkeit von Erfolgserlebnissen. Sie können sogar bewirken, dass bei unseren Mitmenschen ein ähnlicher Effekt erzielt wird. Wenn es Ihnen also gelingt, Mitarbeiter und Kunden mit Ihrer positiven Energie anzustecken, profitieren alle Beteiligten!

Die Beschreibung dieses Aufwärtsmechanismus hört sich einfach an. Wie aber schaffen Sie es, negative und neutrale Gefühle in positive Emotionen umzuwandeln? Kommen wir noch einmal auf das Höhlengleichnis von Platon zurück. Stellen Sie sich vor, Sie würden sich weit unten in der Höhle befinden. Es ist weitgehend finster um Sie herum und so sehen Sie nicht allzu viel von der Höhle. Nur ein kleines Lagerfeuer spendet etwas Licht. Sie wissen, dass irgendwo in den oberen Windungen der Höhle die Sonne hineinstrahlt, aber Ihnen fehlt die Kraft, dort hinaufzusteigen. Außerdem reden Sie sich ein, dass Ihnen eigentlich auch das kleine Lagerfeuer reicht. Sie haben sich mit Ihren bisherigen Möglichkeiten und Gewohnheiten abgefunden. Mit der Zeit wird das Lagerfeuer jedoch schwächer, es verliert an Brennkraft. Sie benötigen neue Energie, um das Feuer aufrechtzuerhalten und ziehen los, um nach Holz oder anderem Brennmaterial in der Höhle zu suchen. Jedes noch so kleine Teil ist Ihnen dabei recht. Nachdem Sie einiges an Material gesammelt haben, wollen Sie zu Ihrem Feuer zurückkehren. Durch Zufall finden Sie jedoch einen Weg hinauf, der aus der Höhle hinausführt zum richtigen Licht – und das Beste daran ist: Der Aufstieg erscheint Ihnen nicht annähernd so anstrengend, wie Sie die ganze Zeit über geglaubt hatten!

Sie sehen: Es ist oftmals sinnvoller, sich auf den Weg zu machen, als von vornherein mögliche Steine und Hindernisse heraufzubeschwören, die Sie immer wieder daran erinnern, dass das gesamte Unterfangen zum Scheitern verurteilt sein könnte. Anstatt sich zu fragen, was noch vor Ihnen liegt und wie groß die Steine sein werden, sollten Sie Ihre Energie lieber darauf richten, sich vor Augen zu führen, was Sie schon geschafft haben beziehungsweise was bereits hinter Ihnen liegt. Wenn Sie sich jeden Tag nur für ein paar Minuten bewusst vor Augen führen, was alles gut gelaufen ist, werden Sie den Tag ganz anders gestalten, als wenn Sie von Termin zu Termin hetzen und sich gedanklich nur damit auseinandersetzen, was wohl als Nächstes schiefgehen könnte. Sie bestimmen, wie Ihr Tag enden wird und nicht die menschliche Negativtendenz, die sich zu gern in Ihren Gedanken einnistet.

Wenn gar nichts mehr geht: Lächeln Sie! Das allein kann ausreichen, um Ihr Blickfeld zu weiten. In Experimenten konnte Fredrickson anhand von Messverfahren feststellen, dass die Muskelaktivitäten beim Lächeln tatsächlich zu einer höheren Aufnahmefähigkeit führen. Lächeln öffnet Sie – und zwar nicht nur Sie selbst, sondern auch Ihre Mitmenschen und den Kommunikationsverlauf.[10] Studien der UC Berkeley Haas School of Business zufolge überträgt sich eine positive Einstellung und Ausstrahlung von Managern durchaus auf die Mitarbeiter.[11] Wenn Ihnen absolut nicht zum Lächeln zumute ist, können Sie Ihr Gehirn sogar austricksen: Eine Forschergruppe der Universität Mannheim zeigte, dass schon der durch das Halten eines Stifts im Mund hervorgerufene lächelnde Gesichtsausdruck dazu führte, dass die Teilnehmer auf nachfolgend gezeigte Cartoons mit mehr Humor reagierten. Ihr Gehirn kann also nicht vollständig unterscheiden, warum sich Ihre Gesichtsmuskeln zu einem Lächeln verzogen haben – es reagiert aber ungehindert dessen mit einem positiven Verstärkungsmechanismus.

Auch Verhandlungen werden umfassender und erfolgreicher geführt, wenn positive Gefühle im Spiel sind. Fredrickson und ihre Kollegen ließen für den Beleg dieser These Probanden Verhandlungen führen.[12] Eine Gruppe war dem Verhandlungspartner gegenüber positiv gestimmt, die andere sollte sich negativ gestimmt oder neutral verhalten. Wie erwartet erzielte die Gruppe mit der positiven Einstellung die höheren Erfolge bei den Verhandlungen. Interessant ist, dass im Arbeitsalltag nach wie vor häufig die Meinung vorherrscht, dass ein undurchschaubarer Gesichtsausdruck oder eine eher zähe Verhandlungsweise zu mehr Erfolg führt. Fredrickson bezeichnet dies als »Mythos«, denn: »Die Wissenschaft bestätigt, dass Menschen, die mit einer kooperativen und freundlichen Grundstimmung an den Verhandlungstisch treten – also auf der positiven Welle reiten – die besten Geschäftsabschlüsse tätigen.«[13]

Was können Sie tun, um den Kapitän Ihres Schiffs – also Ihr Gehirn – auf einen positiven Kurs zu schicken? Anregungen dazu finden Sie im nächsten Absatz, der sich mit der Veränderung von Gewohnheiten befasst. Wenn Sie es schaffen, den Positiv-Effekt als Standardreaktion in Ihr Verhalten zu integrieren, sind Sie auf dem besten Weg in eine kontinuierliche Aufwärtsspirale positiver Gefühle und Ergebnisse.

Gewohnheiten verändern

Ein positives (aber auch negatives) Erlebnis wird stark von der Erwartungshaltung und den erlernten Reaktionsmustern auf bestimmte Ereignisse beeinflusst. Aufgrund von Vorerfahrungen reagieren Menschen häufig mit bestimmten Verhaltensweisen auf Situationen. Verschiedene Formen von Reizen (zum Beispiel visuell oder akustisch) können demnach Ihre Handlungen entscheidend beeinflussen. Solange Sie Ihren Geist nicht umprogrammieren, werden Sie immer wieder in ähnliche Verhaltensweisen gedrängt.

Wie schaffen Sie eine nachhaltige Veränderung Ihrer Denkmuster? Indem Sie zwei Dinge tun:

1. *Versuchen Sie nicht, alte Denkmuster aktiv zu ändern beziehungsweise abzuschaffen. Schaffen Sie lieber neue Gewohnheiten, statt sich mit der Bekämpfung alter Strukturen aufzuhalten!*

Die Wissenschaftlerin Marieke Adriaanse von der Universität Utrecht rät unter Verweis auf den *Ironie-Effekt* davon ab, sich auf das Abgewöhnen lästiger Angewohnheiten zu fixieren: Eine Konzentration auf das Abschaffen einer bestimmten Gewohnheit bewirke ironischerweise häufig das genaue Gegenteil des eigentlich Gewollten.[14] So führen Vorsätze wie »Ab morgen nehme ich ab, indem ich nur noch Säfte trinke« oder »Nie wieder werde ich eine Zigarette anrühren« selten zum Erfolg. In den ersten zwei oder drei Tagen mag diese Radikalstrategie noch funktionieren, aber die pausenlose verkrampfte Beschäftigung mit dem Thema lässt das Unterfangen meist schnell ins Gegenteil umschlagen. Erfolgversprechender ist es, entspannt an das Vorhaben heranzugehen. Was nützt es Ihnen, mit aller Gewalt eine Veränderung erzielen zu wollen? Das führt nur zu Selbstenttäuschung und kostet unnötige Energie.

Sinnvoll ist es dagegen, alte Gewohnheiten mit neuen Gewohnheiten, die Ihnen nützlicher erscheinen, zu kombinieren. Wenn Sie zum Beispiel bei Frust gern in Ihre Schreibtischschublade greifen und ein Stück Schokolade naschen, kombinieren Sie dieses Ritual mit einem kurzen Spaziergang. So kommen Sie an die frische Luft und bewegen sich, ohne gleich totalen Verzicht üben zu müssen. Wenn Sie dieses Ritual lange genug beibehalten, wird bald auch der Gang an die frische Luft zum Ritual.

Sie müssen zudem nicht alles von heute auf morgen erreichen, sie können die ungeliebte Angewohnheit auch sukzessive reduzieren. Dabei ist es sehr hilfreich, wenn Sie sich selbst belohnen. Schaffen Sie sich konkrete Anreize für eine bestimmte Tätigkeit, deren positive Auswirkung Sie sofort nach Ausübung der Tätigkeit spüren. Nach und nach reduzieren Sie die Belohnung und setzen sie nur noch nach der zweiten oder dritten Ausübung der neuen Tätigkeit ein. Erschaffen Sie ein Verlangen nach der neuen Tätigkeit, damit diese zur Gewohnheit wird! Wenn Ihnen das gelingt, haben Sie so gut wie gewonnen. Es ist durchaus wahrscheinlich, dass sich dadurch die eine oder andere alte Gewohnheit von selbst auflöst.

Ein weiterer unterstützender Faktor findet sich in (positivem) sozialem Druck. Erzählen Sie Freunden und Kollegen von Ihren neuen Vorhaben oder verabreden Sie sich mit ihnen, um der neuen Tätigkeit gemeinsam nachzugehen. Ein Scheitern zuzugeben oder zu kneifen wird Ihnen unangenehm sein. Ihre eigene Motivation kombinieren Sie auf diese Art und Weise mit dem Ansporn von außen – eine unschlagbare Mischung!

2. Machen Sie die Zahl drei zu Ihrer Lieblingszahl: Folgen Sie der 3-zu-1-Regel. Versuchen Sie, dreimal mehr positive Erlebnisse zu schaffen als negative Erfahrungen. Halten Sie neue Gewohnheiten drei Monate lang durch – dann werden sie zur Routine. Und nehmen Sie sich jeden Morgen oder Abend drei Minuten Zeit, um mögliche Hindernisse auf dem Weg zum Erfolg zu erkennen und Gegenstrategien zu entwickeln.

Negative Erlebnisse und Rückschläge lassen sich nicht verhindern, sie gehören zum Leben. Barbara L. Fredrickson hat im Zuge ihrer Studien zur bereits beschriebenen Aufwärtsspirale positiver Gefühle allerdings feststellen können: Solange Sie dreimal so viel Positives wie Negatives erleben, bleiben Sie auf der Sonnenseite des Lebens! Da Ihr Gehirn sich an negative Erlebnisse besser erinnert und diesen mehr Bedeutung zumisst als den schönen Dingen des Lebens, müssen Sie zu Gegenmaßnahmen greifen. Sie bekommen eine ärgerliche E-Mail? Versteifen Sie sich auf keinen Fall auf Ihr Elend, indem Sie mit Ihren Kollegen darüber tratschen oder sofort wütend zurückschreiben. Trinken Sie stattdessen einen guten Espresso oder Tee, schreiben Sie eine nette Kurznachricht an einen Freund und freuen sich über seine Antwort oder gehen Sie kurz in die Sonne. Während andere Menschen Likes auf Facebook sammeln, sollten Sie zum Sammler von kleinen Positiverlebnissen werden. Fragt man Menschen, ob sie zuerst die gute oder die schlechte Nachricht hören wollen, antworten die meisten (80 bis 90 Prozent): die schlechte.[15] Drehen Sie diesen Mechanismus um, beginnen Sie mit einer positiven Perspektive!

Die Zahl drei kann Ihnen auch auf anderem Gebiet hilfreich sein. Die Nachwuchswissenschaftlerin Phillippa Lally bat mit ihren Kollegen 96 Freiwillige darum, ein gesundes Ess- oder Sportverhalten (zum Beispiel mehr Gemüse essen oder einen täglichen Spaziergang machen) über zwölf Wochen zu einem bestimmten Tageszeitpunkt auszuführen. Die Wissenschaftler stellten fest, dass es ungefähr drei Monate dauerte, bis das neue Verhalten zum Automatismus wurde.[16] Das ist vielleicht länger, als Sie intuitiv erwartet hätten, es zeigt aber auch: Das Wichtigste ist, dass Sie dranbleiben!

Alles in Ihnen, allen voran Ihre Zellen, unterliegt einem stetigen Prozess der Erneuerung. Gerade darin liegt eine große Chance. Wissenschaftler gehen davon aus, dass die meisten menschlichen Zellen alle drei Monate einen solchen Erneuerungsprozess durchlaufen und wir somit in gewisser Weise regelmäßig ein »neuer Mensch« werden.[17] Fredrickson zieht aus dieser Erkenntnis eine Parallele zu der Dauer von drei Monaten, in denen ein neues Verhalten zur Routine wird: »Vielleicht können wir den alten Zellen keine neuen Kunststücke beibringen, sondern müssen all unsere Hoffnung auf die neuen Zellen setzen.«[18] Auch hier wird deutlich, dass es wenig Sinn ergibt, alte Strukturen in uns grundlegend umstrukturieren zu wollen. Der Prozess der Umstrukturierung findet vielmehr über die Erneuerung statt. Wir ersetzen Altes durch Neues – jeden Tag – ohne es zu merken. Die Zellen unseres Körpers bilden dabei keine Ausnahme.

Nicht zuletzt hilft auch ein tägliches Drei-Minuten-Ritual, sich langfristig auf Erfolg auszurichten. Nehmen Sie sich jeden Morgen oder Abend drei Minuten Zeit, um sich nicht nur Ihr positives neues Ich vorzustellen, sondern auch über mögliche Hindernisse auf dem Weg dorthin nachzudenken. Menschen sind dann besonders erfolgreich in der eigenen Veränderung, wenn sie sich nicht nur das tolle Ziel vorstellen, sondern ebenso Widerstände und Behinderungen bewusst reflektieren.

Diese Tatsache wendet die Hamburger Professorin Gabriele Oettingen im *WOOP-Konzept* an.[19] Das Akronym steht für Wish, Outcome, Obstacle, Plan (Wunsch, Ergebnis, Hindernis, Plan) und wird auch als *mentales Kontrastieren* bezeichnet. Die Wissenschaftlerin stellt fest, dass Wünsche dann besonders häufig Realität werden, wenn man sich zunächst den Wunsch lebendig vorstellt, zum Beispiel dass Sie in eine höhere Führungsposition aufsteigen. Im nächsten Schritt malen Sie sich Ihr Leben bei Erfüllung dieses Wunsches möglichst lebhaft aus. Stellen Sie sich vor, wie Sie morgens in den Dienstwagen steigen, in Ihr neues Chefbüro einziehen und Meetings mit Ihren Mitarbeitern oder Kunden abhalten. Durchleben Sie bereits jetzt die positiven Gefühle, die Sie bei Erreichen Ihres Ziels fühlen werden! Dann allerdings ist es Zeit für einen Blick auf die Realität: Denken Sie möglichst konkret über Hindernisse nach, die Ihnen auf dem Weg dorthin begegnen können. Nun entwickeln Sie einen Plan: Wie genau werden Sie reagieren, wenn Ihnen das Hindernis begegnet? Denken Sie dabei auch an das, was Sie bereits über das Einüben neuer Gewohnheiten wissen, und bleiben Sie realistisch. Ihre

Alternativstrategie sollte am besten mit alten Gewohnheiten kombiniert werden und im Alltag umsetzbar sein. Werden Sie kreativ – Hauptsache, Sie nehmen Einfluss auf die Umstände und lassen sich nicht durch die Umstände vom Weg abbringen.

Krisen bewältigen

Pro Stunde begehen wir etwa drei bis fünf Fehler. Dies sind zumeist kleinere Fauxpas, wie etwa den Kaffee zu verkleckern oder ein Blatt Papier schief abzuheften.[20] Doch auch große Krisen gehören zum Leben. Eine Kündigung erhalten, den Traumjob nicht bekommen, einen geliebten Menschen verlieren oder die Scheidung überstehen: Jeder von uns durchläuft schwierige Zeiten. Während einige Menschen jedoch widrige Bedingungen für den nächsten Karriereschritt nutzen oder ihr Privatleben neu ausrichten, resignieren andere und brauchen lange, um sich von Niederlagen zu erholen. Die Wissenschaft wurde auf dieses Phänomen erstmals durch die Kauai-Studie der Psychologin Emmy Werner aufmerksam.

Zusammen mit ihrem Team verfolgte Werner knapp 700 Kinder auf der Hawaii-Insel Kauai von deren Geburt im Jahr 1955 bis zum 40. Lebensjahr. Etwa 30 Prozent der Kinder waren ungünstigen Bedingungen ausgesetzt: Sie wuchsen in Armut, schwierigen Familienkonstellationen oder mit kranken Eltern auf. Wenig überraschend kämpfte ein Großteil dieser Kinder in späteren Jahren mit mehr Verhaltensauffälligkeiten und Leistungsproblemen als Kinder, die in stabilen Verhältnissen aufgewachsen waren. Ein Drittel der Studienteilnehmer erwies sich allerdings als wahres Stehaufmännchen: Diese Kinder entwickelten sich trotz der widrigen Umstände positiv, fanden befriedigende Arbeitsstellen und lebten in stabilen Ehen sowie Freundschaften. Emmy Werner und andere Forscher stellten fest, dass resiliente Menschen mit äußeren Umständen anders umgehen als Menschen, denen Schicksalsschläge stark zusetzen.[21] Sie erleben ihr Leben positiver, setzen sich selbstbewusst mit Problemen auseinander, zeigen ein eher ruhiges Temperament, übernehmen Verantwortung und suchen sich soziale Unterstützung durch andere.

Es ist also nicht das Erlebnis an sich, welches das Auftreten und die individuellen Auswirkungen einer Krise bestimmt, sondern der mentale Umgang damit. Die Fähigkeit, trotz negativer Erlebnisse oder schwieriger

Bedingungen Widerstandskraft zu beweisen und positiv in die Zukunft zu blicken, wird als *Resilienz* bezeichnet. In der Physik bezeichnet dieser Begriff Werkstoffe, die nach einer Verformung in ihre ursprüngliche Form zurückkehren. Übertragen auf den Menschen bedeutet der Begriff, dass kritische Ereignisse zwar vorübergehend zu einer »Verformung« unseres Lebens führen können, wir über kurz oder lang aber wieder zu den Grundpfeilern unseres Daseins zurückkehren. Die gute Nachricht ist: Sie können Ihre Resilienzfähigkeiten trainieren! Wie souverän Sie mit schwierigen Ereignissen umgehen, hängt von verschiedenen Kraftquellen ab, die Ihnen zur Verfügung stehen. Und genauso wie Sie für anstehende Feiertage vorher einkaufen gehen, können Sie auch Ihre Ressourcen für die Krisenbewältigung ausbauen, bevor Sie in die nächste schwierige Situation geraten. Abbildung 3 zeigt die verschiedenen Einflussfaktoren, die Ihre Widerstandskraft ausmachen – unser M^5-Modell.

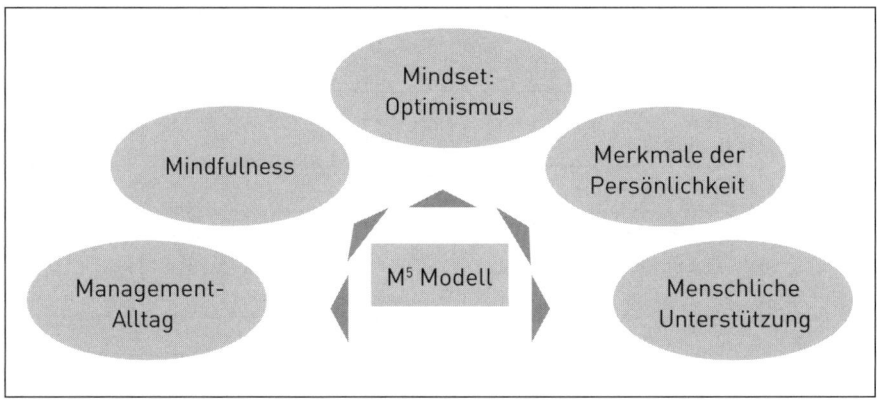

Abbildung 3: Das M^5-Modell

Wie steht es um Ihre Resilienz? Machen Sie den Test, bevor wir Ihnen die verschiedenen Faktoren des M^5-Modells im Detail vorstellen.

Ihr M^5-Profil

Der folgende Test misst, wie viel Widerstandspotenzial Sie für den Umgang mit schwierigen Ereignissen mitbringen.[22] Beantworten Sie die Fragen ehrlich und spontan. Denken Sie nicht zu lange nach, sondern kreuzen Sie an, was Ihnen intuitiv am passendsten scheint.

Mindset: Optimismus

Wie steht es um Ihre optimistische Grundeinstellung? Blättern Sie zurück zu Kapitel 1 – dort haben Sie Ihren Optimismus-Score berechnet. Wie hoch war Ihr Wert? ....

Merkmale der Persönlichkeit

	1 = Trifft niemals zu	2 = Trifft eher nicht zu	3 = Trifft eher zu	4 = Trifft voll und ganz zu
Egal was passiert – ich lasse mich nicht schnell aus dem Gleichgewicht bringen.				
Ich bin stolz auf das, was ich im Leben erreicht habe.				
Wenn ich etwas wirklich möchte, erreiche ich es auch.				
Ich mag Herausforderungen.				
Egal ob gut oder schlecht, ich glaube, dass die meisten Ereignisse im Leben einen Sinn haben.				

	4 = Trifft niemals zu	3 = Trifft eher nicht zu	2 = Trifft eher zu	1 = Trifft voll und ganz zu
Ich habe das Gefühl, keine Kontrolle über den Verlauf meines Lebens zu haben.				
Ich mag Bewährtes und probiere ungern neue Dinge aus.				
Es fällt mir schwer, mit Veränderungen umzugehen.				
Ich hadere oft mit meinem Schicksal.				
Wenn etwas schiefgeht, denke ich lange darüber nach, was ich falsch gemacht habe.				

Menschliche Unterstützung/Mitmenschen

	1 = Trifft niemals zu	2 = Trifft eher nicht zu	3 = Trifft eher zu	4 = Trifft voll und ganz zu
Ich habe mindestens eine enge und sichere Bindung zu jemandem, der mir als Unterstützung dient, wenn ich unter Stress stehe.				
Ich kann mich auf mindestens eine Person in meinem Leben immer verlassen.				
Ich nehme mir Zeit für die Pflege sozialer Kontakte.				
Ich habe ein gutes Verhältnis zu den Menschen, mit denen ich zusammenarbeite.				
Ich habe viele Freunde, mit denen ich Freud und Leid teilen kann.				

	4 = Trifft niemals zu	3 = Trifft eher nicht zu	2 = Trifft eher zu	1 = Trifft voll und ganz zu
Ich fühle mich bei Entscheidungen oft allein gelassen.				
Ich habe das Gefühl, in meinem Job niemandem wirklich vertrauen zu können.				
Von meinen Kollegen erfahre ich wenig Unterstützung.				
Bei Problemen weiß ich oft nicht, an wen ich mich wenden soll.				
Neue Freundschaften aufzubauen fällt mir schwer.				

Managementalltag

	1 = Trifft niemals zu	2 = Trifft eher nicht zu	3 = Trifft eher zu	4 = Trifft voll und ganz zu
Meine Arbeit wird durch andere wertgeschätzt.				
Wenn schwierige Situationen in meinem Job auftreten, bin in der Lage, Lösungen zu finden.				
Insgesamt bereitet meine Arbeit mir Freude.				
Im Großen und Ganzen fühle ich mich bei meiner Arbeit selbstbestimmt.				
Ich verfüge über vielfältige berufliche Kompetenzen, sodass ich auch mit Veränderungen meiner Tätigkeit umgehen kann.				

	4 = Trifft niemals zu	3 = Trifft eher nicht zu	2 = Trifft eher zu	1 = Trifft voll und ganz zu
Die Belastung durch meine Arbeit ist so groß, dass ich regelmäßig weniger als sechs Stunden schlafe.				
Ich fühle mich durch meine Arbeit erschöpft.				
Des Öfteren fällt es mir schwer, einen Sinn in meiner Tätigkeit zu erkennen.				
Ich fühle mich den Umständen und Entscheidungen anderer in meinem Job oft ausgeliefert.				
Bei Misserfolgen stelle ich mir schnell die Frage, ob ich den richtigen Job habe.				

Der Positiv-Effekt

Mindfulness

	1 = Trifft niemals zu	2 = Trifft eher nicht zu	3 = Trifft eher zu	4 = Trifft voll und ganz zu
Wenn ich unter Druck stehe, bleibe ich fokussiert und denke klar.				
Wenn ich mit Kollegen oder Mitarbeitern rede, bin ich mir über meine Emotionen im Klaren.				
Ich nehme mir regelmäßig die Zeit, um meine Persönlichkeit und mein Leben zu reflektieren.				
Ich kann mit unerfreulichen oder schmerzhaften Gefühlen wie Traurigkeit, Angst und Wut umgehen.				
Ich kann Situationen neutral wahrnehmen, ohne sie sofort zu bewerten.				

	4 = Trifft niemals zu	3 = Trifft eher nicht zu	2 = Trifft eher zu	1 = Trifft voll und ganz zu
Ich schweife bei der Arbeit oft mit den Gedanken ab.				
Ich wünschte mir, ich könnte meine Emotionen besser kontrollieren.				
Es fällt mir schwer, in meiner Freizeit von der Arbeit abzuschalten.				
Wenn es Probleme gibt, über die ich nicht nachdenken möchte, neige ich dazu, mich abzulenken.				
Ich bewältige meinen Arbeitsalltag oft automatisch, ohne viel darüber nachzudenken, was ich tue.				

Auswertung

Wie viele Punkte haben Sie bei den einzelnen Facetten des M⁵-Profils erzielt? Zählen Sie für jede Dimension des M⁵-Modells Ihre Punktzahl zusammen und setzen Sie in der Spinnengrafik ein Kreuz an die entsprechende Stelle. Sie sehen nun Ihr ganz persönliches Resilienzprofil: Wo befinden Sie sich bereits im grünen Bereich, wo sollten Sie noch an sich arbeiten? Falls Sie bereits überall hohe Werte erzielen, können Sie sich selbst gratulieren: Sie sind auch für schwierige Lebenslagen gut gerüstet und greifen auf Ressourcen in den unterschiedlichsten Bereichen zurück. Sind Ihre Werte noch eher gering ausgeprägt, dann lassen Sie den Kopf nicht hängen: Ihre Ressourcen lassen sich durch Wille und gezielte Übungen ausbauen, wie wir in den folgenden Absätzen erläutern.

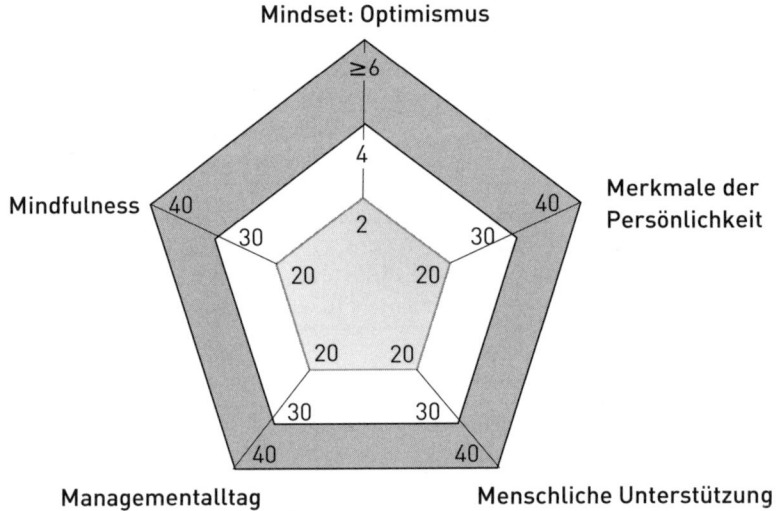

Abbildung 4: Vorlage für Ihr persönliches Resilienzprofil nach dem M⁵-Modell

M⁵-Modell: Mindset

Eine optimistische Grundeinstellung macht erfolgreich, zufrieden und erleichtert den Umgang mit Krisen.[23] Diesen Wirkmechanismus haben Sie bereits in Kapitel 1 kennengelernt, ergänzt um die Aufwärtsspirale positiver Gefühle in diesem Kapitel. Doch was genau ist eigentlich ein »Mindset«? Es beschreibt eine bestimmte Tendenz zu denken oder die Welt aus einer bestimmten Perspektive zu sehen. Wenn Sie eine Situation wahrnehmen, haben Sie in der Regel einen großen Interpretationsspielraum. Stellen Sie sich vor, Sie sitzen in Ihrem Büro, als einer Ihrer Mitarbeiter hereinstürmt und ruft: »Wissen Sie, was heute passiert ist?« Sie können dieses Verhalten nun auf ganz unterschiedliche Weise interpretieren. Zum Beispiel könnten Sie denken, dass Ihr Mitarbeiter eine schlechte Nachricht zu überbringen hat oder dass er mit Ihnen zusammen seine Beförderung feiern möchte. Neben dem Einfluss des Kontexts – Sie kennen Ihren Mitarbeiter und wissen daher, ob er öfter so reagiert – ist vor allem Ihr Mindset entscheidend für die Interpretation. Sie haben eine Vielzahl von Auslegungsmöglichkeiten für die aktuelle Situation und Ihr Mindset reduziert die Zahl der möglichen Interpretationen: Es ist eine Art Wahrnehmungsfilter.

Grundsätzlich können zwei Arten eines optimistischen Mindsets unterschieden werden: das veranlagte (dispositionale) und das erlernte Mindset. Der veranlagte Optimismus kann wie eine Persönlichkeitseigenschaft betrachtet werden. Manchen Menschen scheint es leicht zu fallen, eine positive Ergebniserwartung zu haben – das heißt zu glauben, dass Situationen einen guten Ausgang finden werden. Dieser Typ Mensch träumt jedoch nicht nur, sondern nutzt den eigenen Optimismus, um aktiv zu werden. Verschiedene Strategien werden ausprobiert, Herausforderungen gesucht und Fehler als Entwicklungsmöglichkeit gesehen. Forscher sind sich allerdings weitgehend darüber einig, dass Optimismus keine ausschließlich angeborene Tendenz ist. Im Gegenteil: Jeder von uns kann ein optimistisches Mindset bewusst erlernen und entwickeln!

Übung: Das Positive sehen

Was können Sie tun, um das Bewusstsein über die positiven Dinge zu erhöhen, die Ihnen täglich zustoßen? Wie können Sie Situationen vielleicht sogar in einem ganz anderen Licht betrachten? Stellen Sie sich selbst vor eine Herausforderung: Nehmen Sie 30 Münzen (oder Erbsen, Murmeln oder beliebige andere kleine Gegenstände, die Sie zur Hand haben). Stecken Sie diese am Morgen in die linke Hosentasche. Jedes Mal, wenn Sie etwas Positives erleben, nehmen Sie eine Münze aus der linken Hosentasche und legen diese in die rechte: ein Lächeln des Sekretärs, Ihr Lieblingsessen in der Kantine, der erfolgreiche Abschluss einer ungeliebten Aufgabe … Werden Sie zum Jäger kleiner positiver Momente! Am Abend lassen Sie Ihre positiven Erlebnisse Revue passieren, indem Sie die Zahl der Münzen in Ihrer rechten Tasche zählen. Am Anfang fällt Ihnen diese Aufgabe vielleicht schwer und Sie fragen sich, was überhaupt als »schön« gewertet werden kann. Seien Sie ehrlich gegenüber sich selbst: Nur wenn Sie sich wirklich freuen, darf eine Münze die Hosentasche wechseln. Wenn es an manchen Tagen nur eine einzige Münze ist: Zwingen Sie sich nicht selbst, gehen Sie entspannt damit um.

Diese Übung verhindert, dass Kleinigkeiten im Rauschen des Alltags untergehen, indem Sie Ihre Wahrnehmung für positive Momente schärft und Sie somit in Richtung Aufwärtsspirale lenkt. Sie werden bald merken, dass Sie in Übung kommen – legen Sie gleich heute los!

M⁵-Modell: Merkmale der Persönlichkeit

Neben einem optimistischen Mindset beeinflussen weitere Persönlichkeitsmerkmale, wie Sie mit Krisen umgehen. Für den Umgang mit schwierigen Ereignissen sind vor allem eine hohe emotionale Stabilität, ein gutes Selbstwertgefühl, die Offenheit für Neues, hohe Selbstwirksamkeit und ein Gefühl der Sinnhaftigkeit entscheidend. Diese Fähigkeiten lassen sich zwar nicht unbedingt in kürzester Zeit trainieren, aber auch Persönlichkeitszüge sind veränderbar – mehr als viele von uns glauben.[24]

Menschen, die gut mit Krisen umgehen können, wissen, was ihnen im Leben wichtig ist, und sind wenig sprunghaft. Diese Einstellung ist nicht mit Starrheit oder Inflexibilität zu verwechseln – ganz im Gegenteil. Von ihrer festen Basis aus sind diese Menschen offen für neue Wege. Sie reflektieren Geschehnisse, bleiben dann aber nicht beim Status quo stehen, sondern gestalten proaktiv und auf Basis der Erfahrung ihre Zukunft. Kombiniert ist diese innere Gelassenheit mit einem positiven Selbstwertgefühl und einer hohen Selbstwirksamkeit.

Letzteres hat in der Forschung viel Aufmerksamkeit auf sich gezogen, da es einer der stärksten Prädiktoren von privatem und beruflichem Erfolg darstellt: *Selbstwirksamkeit* beschreibt die Erwartung, mit den eigenen Fähigkeiten Situationen und Aufgaben erfolgreich bewältigen zu können. Dies bedeutet nicht, dass das Auftreten negativer Situationen grundsätzlich verneint wird, sondern vielmehr dass die eigene Möglichkeit zur Einflussnahme eine grundlegende Rolle im Leben spielt. Selbstwirksamkeit speist sich vor allem aus vergangenen Erfolgen.[25] Ein Grund mehr, sich Ihre Kompetenzen und Siege bewusst zu machen! Wichtig ist dabei, dass Sie Ihren eigenen Beitrag für gut gelaufene Situationen reflektieren. Ein bisschen Schönmalerei der eigenen Fähigkeiten kann dabei durchaus förderlich sein: Die Wissenschaft zeigt, dass Menschen besonders erfolgreich sind, die Misserfolge eher auf die Umstände schieben und als veränderbar betrachten sowie Erfolge sich selbst zuschreiben.

Neben eigenen Errungenschaften kann Ihre Selbstwirksamkeit auch durch stellvertretende Erfolge anderer Personen erhöht werden. Dieser Effekt wirkt besonders gut, wenn die erfolgreiche Person Ihnen ähnlich ist oder in vergleichbaren Umständen agiert. An der privaten Wissenschaftlichen Hochschule für Unternehmensführung (WHU) wird dieser Effekt auch als *Samwer-Effekt* bezeichnet. Die rheinländische Hochschule führt das Ranking der Start-up-Unis an, da von hier die meisten Gründerpersönlichkeiten deutscher Hochschulen stammen. Neben der unternehmerisch ausgerichteten Ausbildung sind vor allem Vorbilder unter den WHU-Alumnis, wie etwa Oliver Samwer, erfolgreicher Gründer von Rocket Internet, Antreiber dieser Spitzenposition. Die Studenten sehen, dass es Vorbilder in ähnlicher Situation wie sie geschafft haben, erfolgreich aus der Universität heraus zu gründen. Ihre Selbstwirksamkeit kann somit indirekt erhöht werden, vor allem wenn sie durch ein förderndes Umfeld ermutigt werden. An dieser Stelle schließt sich der Kreis zur Aufwärtsspirale positiver Emotionen: Positive Gefühle können die Selbstwirksamkeit erhöhen, während Stress oder körperliche Angstreaktionen die Selbstwirksamkeit verringern.

Ein weiteres Merkmal resilienter Personen ist, dass sie ihre Arbeit und ihr Leben insgesamt als sinnhaft betrachten. Selbst wenn Dinge schieflaufen, sind sie der Überzeugung, dass dies im großen Gesamtzusammenhang eine Bedeutung hat. Der Sinn muss nicht notwendigerweise durch eine ausgeprägte Religiosität gegeben sein; er kann sich auch durch die Bindung an einen Menschen oder eine Gruppe von Menschen (wie die eigene Familie) oder durch den Einsatz für eine Sache (zum Beispiel ehrenamtliches Engagement oder den Job) ergeben.

Lassen Sie uns an dieser Stelle festhalten: Es ist ein ganzer Blumenstrauß von Persönlichkeitseigenschaften, der den Umgang mit Krisen erleichtern kann. Während der Beantwortung und Auswertung unseres Resilienztests ist Ihnen sicher bereits aufgefallen, in welchen Bereichen Sie gut unterwegs sind und welche Aspekte ausbaufähig sind. Rufen Sie sich noch einmal die neusten Erkenntnisse der Wissenschaft in das Gedächtnis: Auch Persönlichkeitstendenzen können verändert werden. Vielleicht kommen Sie sich bei den Übungen in diesem Kapitel am Anfang merkwürdig vor. Gerade Menschen aus der westlichen Hemisphäre neigen dazu, Gefühle der Demut, Dankbarkeit und Zugehörigkeit zu einem Gesamtzusammenhang als esoterische Spielereien abzutun. Die vorgestellte Übung wirkt auch nicht, wenn Sie diese mit innerem Widerstand ausführen. Schenken Sie dagegen der Wissenschaft Glauben und finden Sie für sich Ihren ganz persönlichen Weg, um den Positiv-Effekt zu nutzen und in Ihre Persönlichkeit einzubauen.

Übung: Ressourcen ausbauen

Erinnern Sie sich an fünf große Krisen im Leben, die Sie bereits gemeistert haben. Vielleicht mussten Sie einen Jobverlust überwinden, eine Trennung, den Tod eines geliebten Manschen oder ein gescheitertes Projekt. Was hat Ihnen geholfen, damit umzugehen? Auf welche Menschen konnten Sie zählen? Wer waren Rollenvorbilder? Wie haben Sie selbst sich unterstützt? Beantworten Sie diese Fragen schriftlich. Überlegen Sie dann, wie Sie diese Ressourcen auch in unkritischen Situationen ausbauen können. Suchen Sie sich im letzten Schritt ein Foto (oder eine Collage), das Ihre persönliche(n) stärkste(n) Kraftquelle(n) symbolisiert. Stellen Sie dieses Foto an einen für Sie gut sichtbaren Ort oder nehmen Sie es täglich mit, um sich an die Notwendigkeit des Ausbaus Ihrer ganz persönlichen Ressourcen zu erinnern.

M⁵-Modell: menschliche Unterstützung

Ein starkes soziales Netzwerk am Arbeitsplatz, im Freundeskreis und in der eigenen Familie kann in Krisenzeiten helfen. Soziale Unterstützung durch (Ehe-)Partner, Familie und Freunde wirkt sich positiv auf die Lebensqualität aus, reduziert die Depressionsanfälligkeit und lässt Sie sogar länger leben.[26] Gerade für Führungskräfte, die es gewohnt sind, selbstständig zu handeln und auf sich allein gestellt zu sein, kann es allerdings eine Herausforderung sein, um Unterstützung zu bitten. Verlassen Sie den egoistischen Pfad und trauen Sie sich! Üben Sie sich im Gegenzug auch in Ihrer eigenen Großzügigkeit: Helfen Sie Ihren Kollegen und Mitarbeitern und suchen Sie aktiv nach Möglichkeiten, andere zu entwickeln. Verbannen Sie negative Kommunikation und Lästereien – werden Sie zu einem Menschen, mit dem andere gerne Zeit verbringen. Nehmen Sie sich Zeit, um Spaß mit anderen zu haben, ohne damit zwingend ein bestimmtes Ziel zu verfolgen: der Smalltalk an der Kaffeemaschine oder das Feierabendbier mit Kollegen. Investieren Sie in tiefe zwischenmenschliche Beziehungen. Schenken Sie Wertschätzung, und seien Sie verbindlich. So wie Sie sich auf andere verlassen wollen, sollten Ihre Mitmenschen sich auch auf Sie verlassen können.

Übung: Der Gute-Taten-Tag

Mit dieser Übung können Sie nicht nur Positives im Leben anderer Menschen bewirken, sondern auch sich selbst glücklicher machen. Nehmen Sie sich dafür vor, an einem Tag der Woche fünf gute Taten umzusetzen. Verschenken Sie zum Beispiel eine Kleinigkeit, spenden Sie Ihre Zeit für ein soziales Projekt oder erledigen Sie die Einkäufe für den älteren Nachbarn. Eine Forschergruppe um Robert Emmons fand heraus, dass ein einzelner Tag pro Woche in einer Dankbarkeitsübung sogar erfolgreicher im Sinne einer Erhöhung der Zufriedenheit ist, als wenn Sie dieses Ritual drei Mal pro Woche ausüben.[27] Dieser Befund kann damit erklärt werden, dass der »Gute-Taten-Tag« beim 1-zu-6 Rhythmus ein Highlight der Woche bleibt, über das bewusst nachgedacht wird. Bei zu häufiger Wiederholung denken Sie nicht mehr so genau darüber nach, welche positiven Taten Sie unternehmen wollen, sondern führen ähnliche Dinge wiederholt aus – und das Ritual wird zur Routine. Nehmen Sie sich deswegen einen bewussten Gute-Taten-Tag pro Woche.

M^5-Modell: Managementalltag

Auch die Arbeit an sich kann als Ressource wirken. Wenn Sie zum Beispiel Konflikte im privaten Bereich erleben oder durch eine Periode hoher Arbeitsbelastung gehen müssen, kann es helfen, wenn Sie am Arbeitsplatz Wertschätzung erleben. Die Erfahrung eigener Gestaltungsmacht bei der Tätigkeitsausführung und das Gefühl, im Großen und Ganzen das Richtige zu tun, wirken bei der Krisenbewältigung ebenfalls unterstützend. Interessanterweise wird das Sinnempfinden bei der Arbeit vor allem indirekt über die Führungskraft beeinflusst. Als Vorgesetzter können Sie den

Kontext gestalten, in dem Ihre Mitarbeiter die eigene Arbeit als sinnvoll erachten – das Sinnempfinden muss aber jeder Mitarbeiter für sich selbst entwickeln. Die Wissenschaftler Catherine Bailey und Adrian Madden interviewten für diese Erkenntnis 135 Menschen aus zehn Branchen in Bezug auf ihr Sinnempfinden bei der Arbeit. Die Forscher stellten fest, dass Führungskräfte durch die Vergabe interessanter Aufgaben und die Schaffung förderlicher Rahmenbedingungen (vergleiche auch unser IM-PULS-Modell in Kapitel 4) eine Umgebung schaffen können, in denen Mitarbeiter gern arbeiten. Sinnfreie Arbeit kann dagegen durch die Führungskraft direkt vergeben werden – etwa das Ausfüllen überflüssiger Excel-Tabellen oder die Zuteilung zähflüssiger bürokratischer Prozesse.[28] Die Wissenschaftler empfehlen Führungskräften deswegen, die Ziele und Werte des Unternehmens zu vermitteln und dem Einzelnen aufzuzeigen, wie seine Arbeit sinnvoll zu deren Implementierung beiträgt.

Während ein als positiv empfundener Arbeitsalltag förderlich wirkt, können ungünstige Arbeitsumstände das Durchleben von Krisen sogar noch verschlimmern. Ein negativ wirkender Faktor, der vor allem Manager betrifft, sind die Auswirkungen von Erschöpfungsgefühlen und Schlafmangel durch den Job. Wer regelmäßig mehr als 55 Stunden pro Woche arbeitet, hat ein deutlich höheres Herzinfarkt- und Herzkrankheitsrisiko als jemand mit einer normalen Wochenarbeitszeit von 35 bis 40 Stunden pro Woche.[29] Wenig Schlaf macht Sie gereizter und verschlechtert Ihre Entscheidungsfähigkeit. Trotzdem gelten lange Arbeitszeiten und wenig Schlaf nach wie vor als Auszeichnung und Beleg für die Belastbarkeit von Managern. Mehr als die Hälfte aller Führungskräfte ist mit ihrer Schlafqualität unzufrieden. Trotzdem brüsten sich Vorstandsvorsitzende mit Vier-Stunden-Nächten und ständiger Erreichbarkeit.[30] Das *FOMO-Phänomen* (Fear of Missing out), also die Angst, etwas zu verpassen, ist vorherrschend: 27 Prozent der befragten 1 000 Manager einer repräsentativen Erhebung gaben an, bis kurz vor dem Zubettgehen über Laptop oder Smartphone erreichbar zu sein. Die erste Tätigkeit am Morgen war für 21 Prozent das Checken neuer Nachrichten.[31] Sorgen Sie dafür, dass Ihre Arbeit wieder die kraftbringende Ressource wird, die sie sein kann. Spaß bei der Arbeit ist ein Energiespender – denken Sie aber daran, dass Sie auch Ihr Leben außerhalb der Arbeit als Energiespender aufladen.

Neben objektiv messbaren Belastungsaspekten ist der subjektiv empfundene Stress entscheidend für die körperlichen und geistigen Konsequenzen. In Bezug auf die Stressverarbeitung zeigt sich erneut in starkem Ausmaß die

Auswirkung der eigenen Einstellung. So zeigte eine Studie des amerikanischen Forscherteams um Abiola Keller, dass sich viel Stress vor allem bei dem Teil der knapp 29 000 Befragten negativ auswirkte, die gleichzeitig angaben, dass der Stress ihre Gesundheit gefährde.[32] Sie hatten ein um 43 Prozent höheres Sterberisiko. Das niedrigste Risiko hatten allerdings nicht die Befragten mit wenig oder gar keinem Stress, sondern Menschen mit viel Stress, die diesen für sich aber nicht als gefährlich wahrnahmen.

Was können Sie daraus für sich mitnehmen? Ihre Arbeit kann eine Ressource sein, die zu Ihrem Wohlergehen beiträgt. Ein Job, der Sie ausfüllt, herausfordernd ist und Ihr Selbstwertgefühl hebt, ist in schwierigen Zeiten ein entlastender Faktor. Machen Sie sich diese schützende Wirkung Ihres Jobs klar. Überdenken Sie Ihre Einstellung zum Thema Stress: Welche Beanspruchungen sind für Sie nicht gefährlich und führen vielleicht sogar zu höherer Leistungsfähigkeit? Und was belastet Sie wirklich? Wenn Sie zum Beispiel feststellen, dass eine hohe Zahl von Meetings Sie effektiver macht, aber häufige Dienstreisen zu Müdigkeitserscheinungen führen, dann bringen Sie Meetings eine höhere Wertschätzung entgegen. Gleichzeitig können Sie versuchen, den belastenden Faktor Dienstreisen weitgehend zu reduzieren. Arbeit ist grundsätzlich wichtig für die psychosoziale Gesundheit und Stress nicht automatisch schlecht – auch hier kommt es auf die Balance zwischen Be- und Entlastung sowie die eigene Einstellung an.

Übung: Muster erkennen

In welchem Ausmaß war Ihre berufliche Tätigkeit in der Vergangenheit eine Ressource für Sie? Wann waren Sie besonders glücklich? Und wie viel Stress haben Sie empfunden? Oft hilft es, sich die eigene Entwicklung in Form eines Gesamtbilds vor Augen zu führen. Während des Zeichnens der eigenen »Lebenslinien« werden dabei häufig verborgene Zusammenhänge sichtbar: Wie viel Stress ist gut für Sie? Was sind die wahren Stressquellen Ihres Lebens?

Nehmen Sie sich für diese Übung ein Blatt Papier und eine halbe Stunde Zeit. Legen Sie vier bis fünf Kriterien fest, anhand derer Sie Ihre vergangenen Erfahrungen bewerten wollen. Malen Sie jetzt ein Koordinatensystem mit zwei Achsen auf Ihr Blatt. Die horizontale Linie bildet Ihr Alter beziehungsweise die Jahreszahlen ab. Die vertikale Achse bemisst die Quantität, das heißt wie wenig/gering oder viel/hoch die Ausprägung des jeweiligen Kriteriums zu den verschiedenen Zeitpunkten ist. Bewerten Sie nun Ihre Kriterien für die verschiedenen Altersstufen. Abbildung 5 verdeutlicht ein Beispiel einer solchen Visualisierung von Lebenslinien. Reflektieren Sie: Wann waren Sie besonders glücklich? Welche Rolle hat Arbeit dort für Sie gespielt? Welche anderen Faktoren waren besonders wichtig für Ihr Wohlergehen?

Nutzen Sie diese Übung, um Ihre Arbeit wirklich als Ressource zu interpretieren und zu gestalten. Sie können beeinflussen, wie Ihre weiteren Lebenslinien aussehen werden – vor allem durch kleine, alltägliche positive Entscheidungen, nicht durch radikalen Wandel.

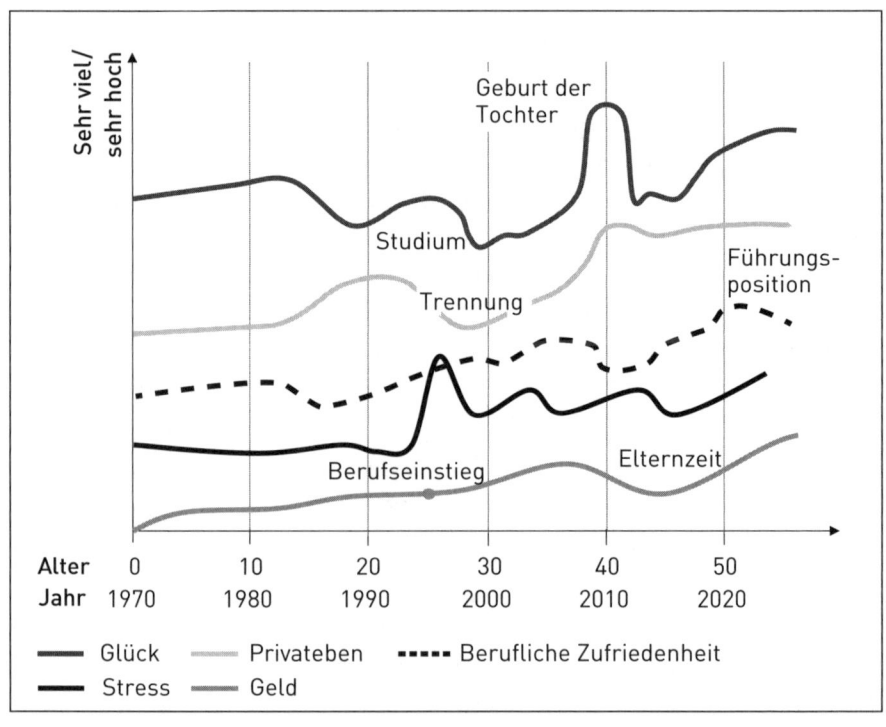

Abbildung 5: Exemplarische Visualisierung von Lebenslinien

M⁵-Modell: Mindfulness

Mindfulness wird meist als »Achtsamkeit« in die deutsche Sprache übersetzt. Es beschreibt die bewusste Beobachtung und Wahrnehmung der eigenen Gedanken, des Körpers sowie der Umwelt; ein Sein im Hier und

Jetzt; das Richten der eigenen (nicht wertenden) Aufmerksamkeit auf alles, was in diesem Moment stattfindet. Während diese Begrifflichkeit vor einigen Jahren noch mit Argwohn betrachtet wurde und mit leicht esoterischem Beigeschmack versehen war, kommt das Achtsamkeitskonzept immer mehr auch in der Arbeitswelt an. Dies liegt nicht zuletzt daran, dass inzwischen zahlreiche wissenschaftliche Studien eine Steigerung der Leistungsfähigkeit von Mitarbeitern durch Achtsamkeitstrainings belegen.

Zunächst wuchs das Interesse an diesem Konzept in den Sportwissenschaften. Optimierungsprozesse zur Steigerung der eigenen Leistung sind nicht nur physisch zu verankern, sondern werden ganz entscheidend durch den Kopf mitbestimmt. Das regelmäßige Sich-bewusst-Machen des eigenen Körpers, der Empfindungen, der Muskelreaktionen und -kontraktionen, des Atmens – all das trägt dazu bei, die eigenen Bewegungen gezielt wahrzunehmen und positiv zu beeinflussen.[33] Für Leistungssportler kann es beispielweise erfolgssteigernd wirken, sich vor dem Start bewusst zu machen, welche Sinneseindrücke und Empfindungen sie gerade spüren. Durch dieses In-sich-Hineinhorchen können Anspannungen wahrgenommen, akzeptiert, (neu) interpretiert und letztendlich zur Steigerung der eigenen Leistung genutzt werden. Eine von vielen Leistungssportlern eingesetzte Übung ist beispielsweise der sogenannte *Body-Scan*, bei dem die Wahrnehmung bewusst vom einen zum anderen Körperteil gesendet wird und die dabei empfundenen Emotionen beobachtet werden. Im Unterschied zu Entspannungsübungen, bei denen der Fokus auf die Entspannung der Körperteile gelenkt wird, geht es bei Mindfulness-Interventionen nur um die bewusste Wahrnehmung des Körpers und darum, die Gedanken auf das Hier und Jetzt zu lenken.

Aufbauend auf den positiven Befunden im Sportbereich befassten sich Forscher mit den Auswirkungen gesteigerter Achtsamkeit im Arbeitskontext. Ein kalifornisches Wissenschaftlerteam konnte in einer Studie mit 48 Teilnehmern zum Beispiel zeigen, dass schon ein zweiwöchiges Trainingsprogramm zur Förderung der Mindfulness die Kapazität des Arbeitsgedächtnisses sowie die Leistung in einer Leseverständnisaufgabe erhöhte.[34] Während Entspannungsmaßnahmen und Achtsamkeitsübungen gleichermaßen zu einem reduzierten Stressempfinden beitragen, scheinen nur Letztere den zusätzlichen Vorteil zu haben, ablenkende Gedanken zu unterbinden.[35] Ein derartiges Training stärkt außerdem das Immunsystem und kann sogar zu messbaren Veränderungen der Gehirnaktivitäten führen.[36] Als Führungskraft haben Sie also gleich mehrere

Gründe, sich und Ihre Mitarbeiter mit Mindfulness-Übungen vertraut zu machen: Sie werden optimistischer, können besser mit Stress umgehen, steigern die Konzentration bei der Arbeit und verbessern die Abwehrkräfte des Immunsystems.

Achtsamkeit ist das Gegenteil von dem in der heutigen Arbeitswelt häufig praktizierten Multitasking, das heißt dem gleichzeitigen Ausführen mehrerer Aufgaben. Oftmals setzen wir uns bei der Arbeitsausführung unter Druck, weil die Zeit – gefühlt und meist auch tatsächlich – knapp ist. So erzeugen wir permanent das Gefühl, in einem möglichst geringen Zeitumfang möglichst viele Aufgaben schaffen zu müssen oder, mechanischer ausgedrückt, abarbeiten zu müssen. Doch was bedeutet »abarbeiten« für die Arbeitsqualität? Und vor allem: Was bedeutet das für Sie? Was für ein Verständnis von Arbeit haben wir, wenn wir von »abarbeiten« sprechen? Die Bezeichnung zeugt von keiner besonders positiven und erst recht keiner achtsamen Auffassung.

Befinden wir uns in solch einem »Autopilot-Modus«, geht es darum, schnell zu sein und bestenfalls mehrere Aufgaben gleichzeitig zu erledigen. Der »Multitasking-Mythos« schlägt zu: Wir fühlen uns produktiv, wenn wir vieles gleichzeitig zu tun haben und unser Körper belohnt uns sogar mit der Ausschüttung des Glückshormons Dopamin. Produktivität lässt sich allerdings nicht mit der Quantität des Schaffensprozesses gleichsetzen, sondern vielmehr mit der Qualität des Arbeitsprozesses. In der Annahme, effektiv zu handeln, übersehen wir leicht, dass nicht nur die Qualität des Arbeitsprozesses auf der Strecke bleibt, sondern oftmals auch die Dauer erhöht wird. Unser subjektives Empfinden verneint dies, denn es klingt logisch, dass ein gleichzeitiges Geschehen mehrerer Abläufe schneller zum Ziel führt, als jeden einzelnen Ablauf aufeinander folgen zu lassen. Doch ist Multitasking wirklich erstrebenswert?

Stellen Sie sich vor, Sie surfen im Internet und finden mehrere Dateien, die Sie herunterladen wollen. Eifrig klicken Sie jede Datei an. Je nach Verbindung und Kapazität kann es jedoch passieren, dass Sie dadurch genau das Gegenteil erreichen und das Download-Tempo verlangsamen. Im schlimmsten Fall wird keine Datei mehr fehlerfrei heruntergeladen. Ähnlich reagiert Ihr Gehirn, wenn es sich gezwungen sieht, mehrere Tätigkeiten gleichzeitig auszuüben: Es produziert zunächst Stresshormone und versucht, alles gleichzeitig zu erledigen. Was Sie wirklich tun, ist allerdings kaum ein gleichzeitiges Bearbeiten, sondern eher ein rasanter Wechsel zwischen den Einzelaufgaben, denn unsere geistigen Kapazitäten sind ein begrenztes Gut. Ähnlich wie ein Computerprozessor keine unlimitierte Kapazität hat, kann auch unser Gehirn nicht beliebig viele komplexe Prozesse gleichzeitig ausführen. Lediglich automatisierte Handlungen, wie zum Beispiel Kauen oder Laufen, können ohne den Abzug allzu umfangreicher Aufmerksamkeitsressourcen gleichzeitig mit anderen kognitiven Prozessen erfolgen. Erstrebenswert ist dies allerdings nicht wirklich, weil uns dabei der Genuss an den »auf Autopilot« ausgeübten Tätigkeiten verloren geht. Essen wir beispielsweise nebenbei und zwischendurch, speichert unser Gehirn dies nicht als vollwertige Mahlzeit ab. Negative Effekte wie verminderter Speichelfluss, gestörte Verdauung, Übergewicht und ein erhöhtes Stressempfinden sind die Folge.

Durch den ständigen Wechsel zwischen verschiedenen Aufgaben brauchen Sie außerdem mehr Zeit. Eine amerikanische Studie mit vier Experimenten zeigt, dass der zusätzliche Zeitverbrauch besonders dann hoch wird, wenn Sie zwischen bekannten und unbekannten Aufgaben wechseln.[37] Wenn Sie also beispielsweise an einer Routineaufgabe arbeiten, ist es besonders ungünstig, immer wieder durch neue Anfragen von Kollegen oder Kunden abgelenkt zu werden. Bereits vermeintlich kleine Störungen von drei Sekunden Dauer – etwa das Klingeln des Telefons oder das Aufblinken einer E-Mail-Benachrichtigung – reichen aus, um die Fehlerquote zu verdoppeln und Ihre Konzentration deutlich zu minimieren.[38] Häufiges Multitasking mit verschiedener Mediennutzung kann sich sogar in veränderten Hirnstrukturen niederschlagen und zu Depressionen sowie sozialer Angst führen.[39]

Was können Sie tun, um dem Multitaskingmythos nicht zu erliegen? Priorisieren Sie Ihre Aufgaben: Welche hat Vorrang und ist wirklich wichtig? Welche kann noch warten? Viele Manager bearbeiten E-Mails und Telefonanrufe nur in bestimmten Zeitfenstern des Tages. Inzwischen gibt es zahlreiche Programme, die das Aufrufen Ihrer persönlichen »Ablenk-Webseiten« – etwa Nachrichtenkanäle oder Social-Media-Webseiten – unterbinden. Versuchen Sie, Unterbrechungen zu reduzieren, indem Sie Ihre störungsfreien Arbeitsperioden Ihren Mitarbeitern und Kollegen kommunizieren: Sie sind sicher nicht der Einzige, der dieses Problem hat! Seien Sie ein Vorbild für sich selbst und andere, wenn es um das Thema Achtsamkeit geht.

Die folgende Übung kann Ihnen helfen, Ihre Mindfulness zu trainieren und damit wieder mehr im Hier und Jetzt anzukommen. Langfristig haben Sie mit dieser Methode nicht weniger Zeit, sondern mehr!

Übung: Gedankenbeobachtung und Mind-Stop

Beobachten Sie Ihre Denkprozesse – beispielsweise während einer Zugfahrt beim Blick aus dem Fenster. Achten Sie darauf, wie Sie denken, woran Sie denken, warum Sie an etwas denken, welche Denkwege und Verknüpfungen Sie verfolgen. Schweifen Sie schnell auf eine negative Gedankenschiene ab? Grübeln Sie? Wenn Sie dies merken, versuchen Sie, diesem Prozess entgegenzuwirken.

Dabei geht es nicht darum, negative Empfindungen und Gedanken im Keim zu ersticken und auf Knopfdruck in Energie und positive Empfindungen umzuwandeln. Wenn Sie zum Beispiel Angst oder Wut empfinden, ist das ein aktueller Zustand und bedeutet noch lange nicht, dass Sie ein ängstlicher oder wütender Mensch sind. Es geht zunächst darum, dass Sie durch das Beobachten Ihrer Denkzweige nach und nach immer besser verstehen, wie Sie denken.

Dazu gehört auch, dass Sie Ihre Umwelt aktiver und intensiver wahrnehmen. Schauen Sie sich um: Welche Personen sehen Sie? Was tragen diese? Welche Gerüche nehmen Sie wahr? Was hören Sie? Welche Farben sehen Sie? In welcher Intensität? Gibt es Abstufungen? Sie können Ihre Wahrnehmungen aufschreiben, wenn es Ihnen hilft – ohne diese zu bewerten. Vielleicht entdecken Sie beim nochmaligen Lesen (zu einem späteren Zeitpunkt) weitere Pfade oder Muster Ihres Denkens, die Ihnen bisher nicht bekannt waren. Je mehr Sie diese achtsamen Beobachtungen aktiv und bewusst in Ihren Alltag integrieren, desto leichter wird es Ihnen fallen, Ihre Wahrnehmungen und Gedanken besser in den Griff zu bekommen. Es handelt sich um Bewusstseinserweiterungen, die es Ihnen ermöglichen, neue Wege zu finden und alte Denkpfade zu verlassen.

In einem zweiten Schritt können Sie nun versuchen, negative Gedanken bewusst zu unterbrechen. Sobald Sie merken, dass Sie in eine negative Gedankenspirale geraten, stellen Sie sich ein Stopp-Zeichen vor. Setzen Sie sich einen überschaubaren Zeitraum für eine gedankliche Erholung: Machen Sie zum Beispiel zwei Minuten bewusst Urlaub von Ihren Grübeleien; denken Sie an etwas Schönes oder richten Sie Ihre Aufmerksamkeit ganz bewusst auf die Betrachtung eines Gegenstands. Auf diese Art und Weise unterbrechen Sie den Negativkreislauf und kehren zurück ins Hier und Jetzt. Sie gewinnen Kontrolle über Ihre Emotionen. Dieses »Wegtreten« und die bewusste Kontrolle der eigenen Gedanken und Gefühle sind nicht nur ein Grundpfeiler vieler religiöser und philosophischer Lehren, sondern erhöhen auch langfristig Ihr Glücksempfinden. Lassen Sie uns deswegen dieses Kapitel mit den Worten von John Lennon beenden: »Du bist nicht deine Emotionen. Du hast Emotionen, und du kannst sie kontrollieren.«

Zusammenfassung 💊 Die schnelle Dosis Vitamin +

- Positives Selbstmanagement ist die Grundlage für erfolgreiches Management. Ihre Handlungen und Entscheidungen werden durch unbewusste Denkprozesse und Emotionen beeinflusst – ob Sie es wollen oder nicht. Programmieren Sie Ihr (Unter-)Bewusstsein um!
- Unser »katastrophisches Gehirn« neigt dazu, Negatives in den Vordergrund zu stellen und Positives aus dem Blick zu drängen. Wir werden stärker durch die Vermeidung von Verlusten als die mögliche Erzielung von Gewinnen motiviert.
- Dieser Negativorientierung sollten Sie aktiv entgegenwirken: Erzeugen Sie eine Aufwärtsspirale positiver Gefühle, indem Sie alte Gewohnheiten durch neue ersetzen. Bemühen Sie sich, dreimal so viel Positives wie Negatives zu erleben.
- Krisen gehören zum Leben. Stärken Sie Ihre Widerstandsfähigkeit (Resilienz) deswegen in stabilen Zeiten durch den Ausbau der Ressourcen des M^5-Modells: (1) Mindset – Optimismus, (2) Merkmale der Persönlichkeit, (3) menschliche Unterstützung, (4) Managementalltag, (5) Mindfulness.

Kapitel 3

PLUS Leadership: Durch positives Priming in Führung gehen

> »Wenn du ein Schiff bauen willst,
> dann trommle nicht Männer zusammen,
> um Holz zu beschaffen, Aufgaben zu vergeben
> und die Arbeit einzuteilen,
> sondern lehre die Männer die Sehnsucht
> nach dem weiten, endlosen Meer.«

Antoine de Saint-Exupéry,
französischer Schriftsteller und Pilot

Was macht gute Führung aus? Diese Frage zählt zu den am intensivsten diskutierten in der Management- und Forschungsliteratur. Einigkeit herrscht weitestgehend darin, dass es nicht *den einen* Führungsstil gibt, der immer und überall zu Höchstleistungen führt. Vielmehr ist der Erfolg eines Führungsstils von den Situationsbedingungen, der Persönlichkeit und der Motivation der Mitarbeiter, der zu bearbeitenden Aufgabe sowie dem Unternehmenskontext abhängig.

Wir stellen in diesem Kapitel mit dem Konzept des PLUS Leaderships einen Ansatz vor, der die Anwendung des Positiv-Effekts unter Nutzung von Priming mit klassischen Elementen der Mitarbeiterführung verbindet. Damit kombiniert dieser Führungsstil die Macht unbewusster, positiver Denkprozesse mit bewährten Führungskompetenzen – eine unschlagbare Mischung für den Erfolg in sich kontinuierlich verändernden Umwelten!

Der Begriff PLUS setzt sich zusammen aus den Anfangsbuchstaben der vier Führungsbausteine: (1) **Positives Priming**, (2) **Lenken**, (3) **Unterstützen** und (4) **Selbstverantwortung**. Die zentralen Aspekte dieser vier Leitplanken des Führungshandelns stellen wir im Folgenden im Detail vor.

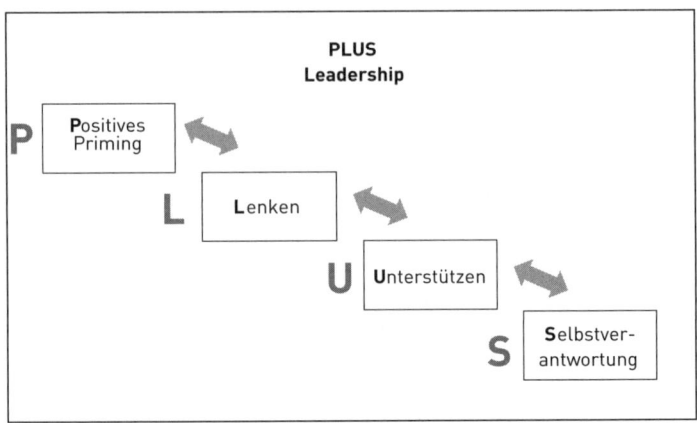

Abbildung 6: PLUS Leadership – Überblick

Positives Priming

Der Begriff »Priming« bedeutet wörtlich übersetzt so viel wie »vorbereiten« oder »präparieren«. Gemeint ist damit im sozialwissenschaftlichen Verständnis, dass sich das Verhalten von Menschen nur aufgrund der kurzen Darbietung eines Reizes verändert. Genau genommen werden bestimmte Verhaltensweisen aufgrund der Verarbeitung des Reizes (des »primes«) wahrscheinlicher und andere unwahrscheinlicher. Lassen Sie uns diesen Wirkmechanismus anhand einiger Beispiele verdeutlichen, bevor wir darauf eingehen, wie Sie diesen Mechanismus für Ihr Führungsverhalten nutzen können.

Stellen Sie sich vor, Sie erhalten eine Reihe von Wörtern, aus denen Sie Sätze bilden sollen. Sie lesen Wörter wie »alt«, »langsam«, »sentimental« und »konservativ« beziehungsweise »durstig«, »blau« und »trocken«. Sorgfältig bilden Sie Sätze mit diesen Fragmenten. Sobald Sie fer-

Der Positiv-Effekt

tig sind, geben Sie Ihre Sätze beim Versuchsleiter ab und dieser erklärt Ihnen, dass es sich um eine Aufgabe zur Messung Ihrer Arbeitsgedächtnisgeschwindigkeit handelte. Sie erhalten zehn Euro für Ihre Teilnahme und dürfen das Labor verlassen. Doch noch während Sie zum Fahrstuhl laufen, passiert das eigentliche Experiment: Ohne dass Sie es bemerken, beobachten die Forscher Sie weiter und Ihre Gehgeschwindigkeit wird gemessen. Gehörten Sie zu der Gruppe, welche die ersten vier Wörter erhalten hat (»alt«, »langsam«, »sentimental« und »konservativ«), werden Sie mit hoher Wahrscheinlichkeit langsamer laufen als die Teilnehmer der Gruppe mit den neutralen Wörtern (»durstig«, »blau« und »trocken«).[1] Allein die unbewusste Auseinandersetzung Ihres Gehirns mit verschiedenen negativen oder neutralen Assoziationen zum Thema »Alter« hat Ihr Verhalten verändert! Sie wurden »geprimt«, das heißt, Ihre nachfolgende Reaktion wurde durch die Wortverarbeitung vorbereitet.

Dass dieser Effekt auch in eine positive Richtung wirken kann, zeigten die Kölner Wissenschaftler Christine Kirchner, Ina Völker und Otmar Bock.[2] Sie nutzten die gleiche »Wortmischaufgabe« wie zuvor beschrieben, bei der aus einzelnen Wörtern Sätze gebildet werden. Allerdings verwendeten sie in ihrem Untersuchungsaufbau positive Altersbegriffe. Die positiv geprimten älteren Teilnehmer zeigten bessere Leistungen bei einer Warenprüfaufgabe als die Teilnehmer, die neutrale Satzteile zusammensetzten. Menschen, bei denen positive Aspekte voraktiviert waren, waren also nach den Befunden dieser Forscher in der Lage, Aufgaben deutlich schneller zu vollenden.

Die beeindruckenden Konsequenzen des Primings lassen sich durch neuronale Aktivitätsausbreitungen erklären. Nach dem *Modell der Aktivierungsausbreitung* (Spreading Activation Network) können wir uns die Repräsentation von Wörtern beziehungsweise Begriffen im menschlichen Gehirn als abgespeicherte Knotenpunkte vorstellen. Diese Knoten sind miteinander verbunden und bilden zusammen ein riesiges Netzwerk. Wird nun ein Begriff aktiviert, wirkt sich dies über die Verknüpfungen auf alle umliegenden Knoten aus: Semantisch verwandte Konzepte werden angeregt, wie eine Glühlampe. Mit der Wahrnehmung eines Worts wird der entsprechende Knoten »angeknipst«, und das Licht strahlt auf die umliegend abgespeicherten Begriffe ab. Diese »angestrahlten Konzepte« werden dann leichter erinnert und können sogar Verhaltensänderungen bewirken – wie das Beispiel der aktivierte Altersstereotyp zeigt.

Wie können Sie das Prinzip des Primings auf die Führung von Mitarbeitern anwenden? Führen Sie sich noch einmal vor Augen, worum es bei diesem Konzept im Kern geht: Durch kurze Reize verändern Sie nachfolgendes Verhalten. Jede noch so kleine Äußerung, die Sie im Alltag gegenüber Ihren Kollegen oder Angestellten machen, beeinflusst demnach deren Reaktionstendenzen. Hier wird die enge Verknüpfung zum Thema Vorurteile deutlich: Wie oft lässt man unbedacht einen kleinen, eventuell nicht ganz politisch korrekten Kommentar fallen? Unterschätzen Sie die Folgen dieses Verhaltens nicht – Sie primen damit das Verhalten Ihrer Interaktionspartner!

Positives Priming steht deswegen am Anfang jedes Führungshandelns. In Kapitel 2 haben Sie bereits die Grundlagen einer positiven Selbststeuerung kennengelernt. Die dort erklärte Broaden-and-build-Theorie bewirkt nicht nur einen Ausbau Ihres eigenen Verhaltensrepertoires. Durch positives Priming lassen sich auch die Denkwelten und Handlungsräume Ihrer Mitarbeiter erweitern. Sie fördern damit die individuellen Wachstumskapazitäten Ihrer Mitarbeiter, also deren Fähigkeit und Motivation zum Ausbau ihrer eigenen Kompetenzen.[3] Sie können mit der Verwendung positiver Primes sogar die Wahrnehmungsfähigkeit Ihrer Mitarbeiter verbessern. Eine Studie mit zwei Experimenten zeigte, dass Teilnehmer, die in einen positiven Gefühlszustand versetzt wurden, die Gesichter von Menschen einer anderen ethnischen Gruppierung besser erkennen konnten als Teilnehmer in neutraler oder negativer Stimmung. Letztere neigten eher zu einer »Die-sehen-alle-gleich-aus«-Einstellung.[4]

Priming hilft außerdem bei der Zielerreichung. Die meisten Manager sind mit dem Prinzip des »Management by Objectives«, dem Führen durch Zielvereinbarungen, vertraut. Führungskräfte verbringen jedes Jahr viel Zeit damit, die Leistung des vergangenen Jahres mit ihren Mitarbeitern zu diskutieren und neue Ziele für die Zukunft festzulegen. Die zugrunde liegende Idee ist, dass diese Ziele motivierend wirken und das Verhalten der Mitarbeiter beeinflussen. An diesem Managementansatz wurde allerdings immer wieder umfassende Kritik geübt: Ziele seien häufig zu unspezifisch formuliert, unflexibel in Bezug auf veränderte Umstände und zu weit in der Zukunft festgelegt, um das Verhalten der Mitarbeiter nachhaltig zu beeinflussen.[5] Eine Zusammenfassung verschiedener Studien (»Metaanalyse«) stellt in diesem Kontext heraus, dass bis zu ein Drittel der Feedback-Interventionen in Unternehmen sogar zu Leistungsverschlechterungen (statt der anvisierten Verbesserungen) führt.[6]

Wie wäre es, wenn Sie statt jährlicher Zielvereinbarungen Ihre Mitarbeiter durch tägliche Hinweise auf die Erreichung bestimmter Ziele hin primen würden? Dass dies ein erfolgversprechender Ansatz sein kann, belegen die Befunde des Amerikaners John A. Bargh. Zusammen mit seinen Kollegen konnte der Wissenschaftler in verschiedenen Experimenten belegen, dass unbewusst wahrgenommene Zielsetzungen das Verhalten von Probanden in Richtung der intendierten Ergebnisse beeinflusste.[7] Er schlussfolgert daraus, dass es keinen Unterschied zwischen bewussten und unbewussten Zielsetzungen gibt: Beide Formen wirken auf das gezeigte Verhalten von Mitarbeitern. Auch eine Studie von Amanda Shantz und Gary Latham weist nach, wie Priming am Arbeitsplatz seine Wirkung entfaltet:[8] Die Forscher gaben einer Gruppe von Callcenter-Mitarbeitern ein Foto mit einer Frau, die ein Rennen gewinnt, und verglichen die Leistung mit den Ergebnissen einer neutralen Kontrollgruppe. Die Gruppe mit positivem Priming erzielte auch in dieser Studie deutlich höhere Erfolge bei einer nachfolgenden telefonischen Spendenaktion.

Wichtig ist an dieser Stelle noch einmal festzuhalten: Priming bedeutet keine Gehirnwäsche![9] Vielmehr unterstützen Sie Ihre Mitarbeiter dabei, positive Potenziale in sich zu entdecken und auszubauen. Als Führungskräfte können Sie Ihre Mitarbeiter über verschiedene Formen des Primings beeinflussen: semantisches, affektives und prozedurales Priming.[10]

Werden Wörter genutzt, um die Reaktion auf verknüpfte Gedächtnisinhalte oder Handlungen zu beeinflussen, spricht man von *semantischem Priming*. Das oben verwendete Beispiel der Wortmixaufgabe mit positiven versus neutralen Altersstereotypen ist ein exemplarischer Versuchsaufbau dafür. Diese Form der Beeinflussung wirkt durch die Aktivierung bestimmter Konzepte (zum Beispiel alt, dynamisch, intelligent), welche dann die nachfolgenden Assoziationen oder Handlungen beeinflussen.

Beim *affektiven Priming* geht es dagegen um die Übertragung von Stimmungen oder Emotionen. Wird Versuchspersonen beispielsweise ein Objekt gezeigt, das tendenziell negative Reaktionen hervorruft (zum Beispiel eine Spinne), so können sie negative Adjektive schneller zuordnen als positive Attribute.[11] Dies liegt daran, dass die Darbietung des negativen Reizes bereits eine negative Reaktion (vor-)eingeleitet hat (»Reaktionsbahnung«). Auf ein Ereignis kann dann schneller in die geprimte Richtung reagiert werden – im genannten Fall in eine negative Richtung. Diese Reaktionsbahnung funktioniert natürlich auch mit positivem Ausgang. Sie kennen dieses Phänomen aus dem Alltag: Sie lesen eine nette E-Mail oder hören einen Witz – und schon interpretieren Sie nachtretende Ereignisse deutlich positiver. Der neutral dreinschauende Kollege wird eher als gut gelaunt wahrgenommen oder die sarkastische Äußerung eines Mitarbeiters humorvoll als Scherz verstanden.

Während diese beiden Formen des Primings hauptsächlich auf der Aktivierung von im neuronalen Netzwerk verknüpften Konzepten beruhen, geht es beim *prozeduralen Priming* um das Übertragen von gleichen Denkmustern. Eine »kognitive Prozedur« wird also wiederholt, wie zum Beispiel in einem Experiment des deutschen Sozialpsychologen Thomas Mussweiler gezeigt. Der Wissenschaftler und seine Kollegen konfrontierten Versuchspersonen mit einer Reihe von Bildern und ließen die Teilnehmer entweder nach Gemeinsamkeiten oder nach Unterschieden suchen.[12] Im Anschluss erhielten die Teilnehmer die Beschreibung einer Studentin, die sich im Prozess der Gewöhnung an das Studentenleben befindet. Die Versuchspersonen sollten sich nun in Bezug auf ihre Adaptationsfähigkeit an den studentischen Alltag mit der geschilderten Studentin vergleichen. Die Priming-Aufgabe entfaltete auch in diesem Setting ihre Wirkung: Die Teilnehmer, die sich in der Bilderaufgabe auf das Finden von Unterschieden konzentriert hatten, betonten auch bei der Vergleichsaufgabe ihre Verschiedenartigkeit von der Studentin stärker als diejenigen, die sich auf Ähnlichkeiten fokussiert hatten. Ihr Gehirn erleichtert Ihnen also die Arbeit – bereits aktivierte Denkmuster werden einfach weiter beibehalten.

Um die Macht des positiven Primings für Ihre Führungsarbeit zu nutzen, ist eine Reflexion Ihres täglichen verbalen und nonverbalen Kommunikationsverhaltens notwendig. An dieser Stelle wird die enge Verknüpfung mit dem in Kapitel 2 behandelten Mindfulness-Ansatz deutlich: Nur wenn Sie es schaffen, sich Ihres Verhaltens bewusst zu werden, können Sie dieses gezielt in Richtung einer positiven Vorbildrolle beeinflussen. Um den Positiv-Effekt für die Mitarbeiterführung zu nutzen, müssen Sie – so unangenehm es ist – zunächst Ihre eigenen Handlungen reflektieren. Führen Sie sich vor Augen: Macht führt nicht immer dazu, dass Menschen Ihre beste Seite zeigen. Eine Gruppe amerikanischer Forscher konnte dies im Jahr 2000 eindrucksvoll mit dem »Kekstest« zeigen. Dafür ließen sie Probanden in Gruppen von drei Personen 30 Minuten lang kontroverse soziale Fragestellungen diskutieren. Bevor die Diskussion startete, wurde ein Proband ausgelost, der die Leistung der jeweils anderen zwei Teilnehmer im Anschluss bewerten sollte. Er erhielt damit ein Stück weit Macht über die anderen. Nach 30 Minuten intensiver Diskussion kam der Versuchsleiter mit fünf Keksen vorbei. Die Probanden mit »Machtposition« mutierten zu wahren

Krümelmonstern: Sie nahmen nicht nur mehr Kekse und kümmerten sich weniger um die Bedürfnisse ihrer Kollegen, sie hielten sich auch weniger an Regeln.[13] Wie würden Sie bei einem solchen Kekstest abschneiden?

Nehmen Sie sich regelmäßig Zeit, Ihr eigenes Verhalten zu überdenken. Anstatt die negativen Eigenschaften Ihrer Mitmenschen an die Oberfläche zu befördern, sollte es Ihr Ziel sein, ihre Stärken zu adressieren. Dieses Phänomen wird in (romantischen) Beziehungen auch als *Michelangelo-Effekt* bezeichnet: So wie der Bildhauer Michelangelo aus Werkstoffen die darin versteckten schönen Figuren »befreite«, so können wir uns in Beziehungen gegenseitig dabei unterstützen, unser bestes Selbst zu formen. Nutzen Sie die Kraft des positiven Primings, um Ihre Mitarbeiter zu fördern und eine langfristige Leistungssteigerung zu bewirken!

Lenken

Während positives Priming als Grundlage des Führungshandelns zu verstehen ist, bedeutet dies nicht, dass Vorgesetzte sich nach der Verbreitung einiger positiver Botschaften zurückziehen können. Im Gegenteil, Führung darf und muss auch in Zeiten flacher Hierarchien und demokratischer Kulturen vor allen Dingen Verantwortungsübernahme und Richtungsvorgabe bedeuten. In einer immer volatiler werdenden Wirtschaftswelt wird das Neudenken von Führung intensiv diskutiert. Führung soll nun auf Visionen, Dialogen und Vertrauen basieren; die aktive Rolle des Mitarbeiters im Führungsprozess wird mehr in den Vordergrund gestellt. Diese Entwicklungen sind zu begrüßen und wichtig – sie dürfen allerdings nicht darin resultieren, dass Führungskräfte ihrer strukturgebenden Rolle nicht mehr gerecht werden.[14] Es gibt eine Vielzahl von Definitionen des Führungsbegriffs, wobei die meisten Auslegungen diese Steuerungskomponente explizit beinhalten:

- Führung wird als eine Tätigkeit definiert, die die Steuerung und Gestaltung des Handelns anderer Personen zum Gegenstand hat.[15]
- Führung heißt, andere durch eigenes, sozial akzeptiertes Verhalten so zu beeinflussen, dass dies bei den Beeinflussten mittelbar oder unmittelbar ein intendiertes Verhalten bewirkt.[16]

- Führung verwirklicht sich in dem Prozess, durch den eine oder mehrere Personen Erfolg haben bei dem Versuch, die Realität anderer zu rahmen und zu definieren.[17]
- Führung wird als zielorientierte, wechselseitige und soziale Beeinflussung zur Erfüllung gemeinsamer Aufgaben in und mit einer strukturierten Arbeitssituation definiert.[18]

Bei diesen Definitionen fällt neben dem Steuerungsaspekt eine zweite Komponente auf: die Rolle der Zielausrichtung in der Führungsarbeit. In Bezug auf diesen Aspekt ist es in der heutigen Zeit tatsächlich mehr und mehr der Fall, dass der zu erreichende Endzustand oder das Ziel nicht mehr genau beschrieben und Aufgaben nicht mehr exakt umrissen werden können. Durch verschwimmende Unternehmensgrenzen stellt sich außerdem immer häufiger die Frage, wer eigentlich zu einem Unternehmen oder Team »dazugehört« und wofür diese Zugehörigkeit steht. Damit wird die identitätsstiftende Wirkung von Führung in Zeiten von Entgrenzung zunehmend wichtiger. Führung wird also vielmehr zur Bereitstellung von einer Weg- statt einer Zielorientierung. Dabei entwickeln sich Pläne und Ideen unterwegs oft anders als gedacht. Der Kulturtheoretiker Dirk Baecker beschreibt diese situative, improvisierte Vorgehensweise als »postheroische Führung«: Während früher eindeutige Ziele und deren Erreichung im Vordergrund standen, sind Führungskräfte heute eher Moderatoren des Zielfindungsprozesses.[19] Sie haben die Verantwortung, Mitarbeiter bei der Aufdeckung und Entwicklung ihrer eigenen Potenziale zu lenken und zu fördern.

Doch wie können eine solche Wegorientierung und wertschätzende Steuerung der Mitarbeiter erfolgen? Zur Beantwortung dieser Fragestellung hat der *transformationale Führungsstil* in den letzten Jahren viel Aufmerksamkeit auf sich gezogen.[20] Dieser umfasst vier Aspekte des Führungshandelns, mit denen Mitarbeiter zu Höchstleistungen angespornt werden sollen. Erstens inspiriert die Führungskraft ihre Mitarbeiter durch eine überzeugende Vision. Zweitens zeichnet sich die Führungskraft durch eine charismatische Persönlichkeit aus, sodass Mitarbeiter sie als Vorbild anerkennen und eine hohe Identifikation mit den anstehenden Aufgaben erreicht wird. Drittens bietet die Führungskraft kontinuierliche Denkanstöße (»intellektuelle Stimulation«), mittels derer die Innovationsfähigkeit und geistige Lebendigkeit der Mitarbeiter gefördert werden. Viertens zeichnet sich die transformationale Führungskraft durch eine hohe emotionale Intelligenz aus und ist in der Lage, auf die individuellen Bedürfnisse der Mitarbeiter einzugehen.

Dieses Idealbild einer transformationalen Führungskraft bewirkte einen wahren Begeisterungssturm in Wissenschaft und Praxis: Führen durch Vision und Persönlichkeit, das klang deutlich interessanter als das Abhaken von Checklisten und die strenge Vorgabe und Kontrolle von Leistungszielen! Leider ist die Sachlage nicht ganz so einfach, denn ein alleiniger Fokus auf transformationale Führungselemente hat einen entscheidenden Nachteil: Die Bedeutung aufgabenbezogener Führung wird vernachlässigt.

Die *transaktionalen Aspekte von Führung*, das heißt eine auf Ziele, Aufgaben und Austausch gerichtete Kommunikation, sind für die Leistungsfähigkeit und Entwicklung von Mitarbeitern mindestens genauso wichtig wie ein inspirierendes Verhalten der Führungskraft. In einer Analyse und Zusammenfassung von 87 Studien stellten die Wissenschaftler Timothy Judge und Ronald Piccolo fest, dass eine transaktionale Steuerung durch kontinuierliche Belohnung höhere Effekte auf die Leistungsfähigkeit der Mitarbeiter hat als ein transformationaler Führungsstil.[21] Auch unsere eigenen Studien zeigen, dass sich Mitarbeiter im Durchschnitt 16 Prozent mehr Steuerung wünschen, als sie durch ihre Führungskraft erhalten.[22]

Menschen flüchten besonders gern vor der Verantwortung, wenn sie Entscheidungen für andere übernehmen sollen. Diese Tendenz liegt weniger darin begründet, dass die Person in der Entscheidungssituation Angst hat, eine für die betroffene Person schlechte Wahl zu treffen. Vielmehr fürchtet der Entscheidungsträger, von anderen für eine falsche Entscheidung verantwortlich gemacht zu werden. Mit einer solchen Fehlentscheidung wäre nämlich der eigene Ruf gefährdet.[23] Deswegen neigen wir dazu, Entscheidungen aufzuschieben und, wenn möglich, zu delegieren. Wir setzen darauf, dass das Problem mit der Zeit, die ins Land zieht, nicht mehr existiert oder mehr Optionen aufkommen. Vielleicht kristallisiert sich die beste Wahl auch von selbst heraus, so hoffen wir.

Die Tendenz zum Aufschieben von Entscheidungen haben Sie sicher bereits am eigenen Leib erfahren. Stellen Sie sich vor, Sie könnten in Ihrem chaotischen Büro (1) bis morgen Vormittag ein Regalbrett aufräumen oder (2) wann immer Sie wollen den ganzen Raum in Ordnung bringen. Was wählen Sie? Wenn Sie wie die meisten Menschen reagieren, vermutlich Option 2. Leider nur passiert die Umsetzung dieser »großen Lösung« in der Realität so gut wie nie.[24] Als wirksames Mittel gegen

Aufschieben hilft deswegen vor allem »Druck von außen«, wie zum Beispiel verbindliche Abgabetermine. Diesen Druck kann sich jeder natürlich auch selbst machen – in Bezug auf die Leistungsverbesserung und das Erreichen maximaler Performance können unsere Mitmenschen aber als Turbozündung wirken.[25]

Das vorangehende Beispiel in Bezug auf das aufzuräumende Büro verdeutlicht die menschliche Entscheidungsschwäche und damit die Relevanz richtungsweisenden Führungsverhaltens. Erinnern Sie sich zurück an die positiven Effekte eines optimistischen Mindsets: Wagen Sie sich an Entscheidungen, auch für andere – das ist Ihre Aufgabe als Führungskraft! Wenn Sie dabei gute Intentionen haben, werden andere Sie für Ihre Entscheidungen respektieren und dankbar sein, dass Sie zu Ihrer Meinung stehen. Führung heißt sowohl Vorweggehen als auch Nachhalten – das darf nicht vergessen werden. Gerade in einer Arbeitswelt, in der es immer weniger formale Strukturen gibt, ist Führung mehr (und nicht weniger) gefordert, um Orientierungslosigkeit zu vermeiden. Menschen wollen Führung: Selbst in hierarchielosen Gruppen bilden sich nach kurzer Zeit eine oder mehrere informelle Führungspersonen heraus *(Emergent-Leadership-Phänomen)*. Aus evolutionärer Sicht ergibt dieses Bedürfnis nach Führung durchaus Sinn: Eine Gruppe, die beim Anblick eines Säbelzahntigers erst einmal eine demokratische Abstimmung vornimmt, ist mit hoher Wahrscheinlichkeit weniger erfolgreich als eine Gruppe, bei der ein Anführer, ohne zu zögern, die sofortige Flucht befiehlt.[26] Auch in der heutigen Arbeitswelt ist es Aufgabe der Führungskraft, diese Verantwortung ernst zu nehmen und Leitplanken für das Handeln von Mitarbeitern in einer komplexen Umgebung zu bieten. Das Übertragen von Eigenverantwortung darf nicht mit der Flucht vor der eigenen Verantwortung gleichgesetzt werden.

Unterstützen

Als Grundlage des Führungshandelns haben wir im ersten Schritt das positive Priming – also das Aufdecken der Potenziale Ihrer Mitarbeiter durch die eigene Einstellung – betrachtet. Ausgehend davon sollen Führungskräfte im zweiten Schritt eine Lenkungsfunktion übernehmen und Rahmenbedingungen festlegen, innerhalb derer die Mitarbeiter ihre Arbeit gestalten können. Im dritten Schritt geht es nun um die Unterstützung von Mitarbeitern bei der Aufgabenbearbeitung und der Entwicklung eigener Kompetenzen.

Erfolgreiche Führungskräfte schaffen bei ihren Mitarbeitern ein Möglichkeitsbewusstsein, statt Möglichkeiten konkret vorzugeben. Ein derartiger Führungsstil wird auch als *Supportive Leadership* bezeichnet. Unterstützende Führungskräfte geben ihren Mitarbeitern immer wieder Anregungen zur Entwicklung und neue Aufgaben, ohne sie dabei allein zu lassen. Der darauf folgende vierte Schritt der Übertragung von Selbstverantwortung (siehe folgender Abschnitt) erfolgt erst, wenn der Mitarbeiter genügend Fähigkeiten besitzt, um die Aufgabe allein zu bewältigen. Gerade Mitarbeiter, die ihr Leben lang in einer klassischen Kontrolllogik gearbeitet haben, können mit den im Zuge der Umgestaltung der Arbeitswelt oft recht plötzlich eingeführten Freiheits- und Mitbestimmungsgraden zunächst nichts anfangen. Hier ist es Aufgabe der Führungskraft, durch entsprechende Angebote den Übergang zur nächsten Stufe zu schaffen: den Zustand der Selbstverantwortung.

Die Unterstützung der Mitarbeiter seitens der Führungskraft beim Ausbau von Kompetenzen ist dabei deutlich umfassender zu verstehen, als nur die Bereitstellung klassischer Trainings- und Seminarangebote. Solche formalen Entwicklungsinterventionen unterstützen zwar die Ausweitung des vertikalen Wissens (das heißt der Fachkenntnisse), implizieren aber nicht automatisch, dass sich auch die Persönlichkeit der Mitarbeiter weiterentwickelt (horizontale Entwicklung).[27] Für Letzteres sind Reflexionsprozesse, Feedback und die Bereitschaft zur Auseinandersetzung mit der eigenen Persönlichkeit notwendig – Prozesse, welche die Führungskraft nicht einfordern, sondern nur durch Unterstützungsangebote und ihre Vorbildfunktion anstoßen kann.

Wie gelingt es Ihnen, Ihre Mitarbeiter bei der Aufgabenerfüllung zu unterstützen, ohne dabei zu viel oder zu wenig Steuerung zu bieten? Sie müssen Ihre Mitarbeiter besser kennen lernen – fachlich ebenso wie persönlich. Welche Stärken und Schwächen haben Ihre Mitarbeiter? Was sind die (offenen und versteckten) Ziele Ihres Teams? Welche Interessen und Träume haben Ihre Kollegen? Bringen Sie ehrliches Interesse in Ihre Führungsrolle ein. Unterstützende Führung wird in der Wissenschaft typischerweise gemessen, indem Mitarbeiter genau diese Aspekte bewerten: »Interessiert sich die Führungskraft für meine Ziele? Unterstützt sie mich bei der individuellen Entwicklung? Ist sie stolz auf das, was ich erreiche? Hat sie echtes Interesse an meinem Wohlbefinden?«

Bei der näheren Auseinandersetzung mit Ihren Mitarbeitern oder Kollegen ist es ganz natürlich, dass Ihnen einige Menschen sympathischer erscheinen als andere. Nach dem Lesen des Abschnitts über positives Priming mögen Sie sich nun die Frage stellen, wie Sie Menschen unterstützen sollen, denen Sie (unterbewusst) nicht ganz so wohlgesonnen sind. Wir alle kennen solche Menschen: Ihre wiederholten Nachfragen nerven uns oder ihre Umgangsart empfinden wir als unfreundlich. Sie wissen bereits, wie schwer es ist, eigene Gewohnheiten zu ändern – versuchen Sie also lieber gar nicht erst, andere Menschen ändern zu wollen. Am glücklichsten machen Sie sich selbst, indem Sie sich in Akzeptanz üben. Nehmen Sie die andere Person so, wie sie ist, mit all ihren für Sie zunächst nervigen Eigenarten.

Um den Effekt einer positiven Einstellung im Umgang mit für Sie schwierigen Personen trotzdem zu nutzen, kann Ihnen eine Übung aus dem Buddhismus helfen. Hier herrscht die Einstellung vor, dass jeder Mensch, dem wir begegnen, ein Lehrer ist. Wenn Sie sich das nächste Mal also in einer unerquicklichen Konversation wiederfinden, fragen Sie sich, was Sie in dieser Situation über sich oder für sich lernen können. Einer unser Seminarteilnehmer – eine junge Führungskraft – erzählte uns beispielsweise, dass ein älterer Mitarbeiter in jedem gemeinsamen Meeting besserwisserische Ratschläge gab. Anfangs fühlte sich der Manager dadurch in seiner Autorität nicht ernst genommen und regte sich über die herablassende Art seines Mitarbeiters auf. Dann aber nutzte er die »Lehrer-Technik« und fragte sich, wie er dieses Verhalten zur eigenen Verbesserung nutzen konnte. Ihm fiel auf, dass der ältere Mitarbeiter vielleicht nur sein Wissen weitergeben wollte und Angst hatte, in seinem Status nicht ernst genommen zu werden. Unser Seminarteilnehmer interpretierte dies für sich als Lernchance im Umgang mit älteren Mitarbeitern. Er implementierte eine Wissensmanagementinitiative im Unternehmen, die genau diese Wahrnehmung adressierte: Ältere Mitarbeiter wurden in ein strukturiertes Wissenstransferprogramm integriert, welches die Weitergabe von Unternehmenswissen an jüngere Mitarbeiter institutionell unterstützte. Außerdem berichtete unser Seminarteilnehmer, dass er sich gezielt dahingehend zu ändern versuchte, dass er aufmerksam zuhörte und wertschätzend auf entsprechende Korrekturen durch ältere Mitarbeiter reagierte. Lernen Sie von seinen Erfahrungen: Sie sind nicht für das Verhalten anderer verantwortlich, aber Sie sind es immer und in jeder Situation für Ihre Reaktion!

Als unterstützende Führungskraft zu agieren, setzt also nicht nur die genaue Kenntnis der Stärken, Kompetenzen und Wünsche der eigenen

Mitarbeiter voraus, sondern auch eine gute Selbstkenntnis. Mit dieser Kombination ist es dann auch möglich zu erkennen, ab wann Mitarbeiter mit dem vierten Baustein des PLUS-Leadership-Konzepts umgehen können: dem Übertragen von Selbstverantwortung.

Selbstverantwortung

Vielen Führungskräften fällt das Abgeben von Verantwortung schwer, auch wenn sie es nur ungern zugeben. Menschen haben ein Grundbedürfnis nach Kontrolle; wir wollen uns gebraucht fühlen und gerade als Führungskraft unsere Bezahlung für diese Position durch (Mikro-)Managementtätigkeiten rechtfertigen. Wirklich effektiv werden Sie in Ihrer Managementrolle aber nur, wenn Sie ausschließlich die Dinge tun, die kein anderer tun kann. Die Königsdisziplin der Führung ist, sich selbst überflüssig zu machen. Im Idealfall versetzt die Führungskraft ihre Mitarbeiter durch das Gestalten von Rahmenbedingungen und unterstützende Maßnahmen letztlich in die Lage, Entscheidungen allein zu treffen und Selbstverantwortung für einen Großteil der Arbeit zu übernehmen.

Mitarbeiter Projekte übernehmen zu lassen und ihr Einstehen dafür einzufordern, ist eine der effektivsten Formen, um Verhalten in eine positive Richtung zu lenken. Ein Experiment an einer amerikanischen Universität verdeutlicht diesen Wirkmechanismus:[28] Die Studenten dort suchten nicht nur die intellektuelle Stimulation, sondern durchaus auch die körperliche. Viele wechselnde sexuelle Beziehungen mit häufig ungeschütztem Geschlechtsverkehr charakterisierten die Studentenschaft. Damit die Leidenschaft nicht zusätzliches Leiden wie etwa die Übertragung von Geschlechtskrankheiten schuf, überlegten Angehörige der Universität, wie die Nutzung von Kondomen erhöht werden könnte. Man versuchte es zunächst mit Abschreckung: Vorträge über die Gefahren von ungeschütztem Geschlechtsverkehr sollten die Studenten zum Umdenken bewegen. Diese Maßnahme half allerdings genauso wenig wie der Versuch, die Studenten von ihrem eigenen Fehlverhalten bei der Kondomnutzung in der Vergangenheit berichten zu lassen und sie im Anschluss an diesen persönlichen Bezug mit den möglichen negativen Folgen zu konfrontieren. Die einzig nachhaltig wirksame Maßnahme bestand darin, die Studenten von Situationen berichten zu lassen, in denen sie ungeschützten Verkehr hatten, und sie im Anschluss zu Botschaftern für die Kondomnutzung zu machen. Diese Gruppe musste beispielsweise Informationsmaterial erstellen oder Imagefilme drehen. Das öffentliche Preisen eines Verhaltens, das den eigenen Handlungen der Vergangenheit gegenüberstand, kreierte in den Teilnehmern ein unbequemes Gefühl der Inkonsistenz. Um ihr Selbstbild wieder in Einklang mit den kommunizierten Botschaften zu bringen, änderten die Studenten ihr Verhalten und zeigten auch ein halbes Jahr später noch eine deutlich höhere Kondomnutzungsquote als Probanden, die mit den anderen genannten Maßnahmen konfrontiert wurden.

Dieses Phänomen der geistigen Anspannung aufgrund der Diskrepanz zwischen kommuniziertem Verhalten und eigener Einstellung oder Handlung wird auch als *kognitive Dissonanz* bezeichnet. Menschen nehmen dieses Gefühl als negativ wahr und versuchen folglich, die wahrgenommene Dissonanz zu beseitigen. Wenn sie die Situation nicht ändern können, dann muss in der Konsequenz die eigene Einstellung oder das Verhalten angepasst werden.

Dieser Wirkungszusammenhang prägt sich auch auf die Übergabe von Verantwortung an Mitarbeiter aus: Anstatt in wichtigen Meetings selbst die Projektplanung vorzustellen oder von Prozessfortschritten zu berichten, lassen Sie ab sofort Ihre Mitarbeiter die Kommunikation übernehmen. Wichtig ist dabei, dass Ihre Mitarbeiter ein Gefühl der Freiwilligkeit haben – fragen Sie also vorher, ob diese einen entsprechenden Part im anstehenden Meeting übernehmen wollen. Mit hoher Wahrscheinlichkeit fühlen sich Ihre Mitarbeiter im Anschluss an die öffentliche Kommunikation der Pläne in höherer Verantwortung, die vorgetragenen Ziele auch zu erreichen. Besonders unterstützend für das Commitment zu einem ursprünglich dissonanten Verhalten wirkt übrigens physiologische Erregung, wie sie beispielsweise bei einem Vortrag vor anderen Zuhörern schnell entsteht.

Verstehen Sie uns an dieser Stelle aber bitte nicht falsch: Das Erzeugen von kognitiver Dissonanz soll nicht dazu dienen, Mitarbeiter dazu zu bringen, etwas zu tun, was sie sonst eigentlich nicht täten. Vielmehr kann es ein weiteres Werkzeug darstellen, um positives Verhalten und Selbstverantwortung zu fördern und damit die Potenziale Ihrer Mitarbeiter zu stärken.

Das Konzept der Verantwortungsübertragung wird im Englischen häufig im Kontext von *Empowerment-Ansätzen* diskutiert. *Empowerment* bedeutet übersetzt das Übertragen von Macht oder Verantwortung auf Mitarbeiter oder allgemein eine Stärkung der Mitarbeiterbeteiligung.

Unterschieden werden kann zwischen strukturellem und psychologischem Empowerment. Ersteres bezieht sich auf organisationale Strukturen, die den Einbezug und die Autonomie der Belegschaft fördern, wie zum Beispiel Informationstransparenz, flache Hierarchien oder positionsunabhängiger Ressourcenzugang. Psychologisches Empowerment bezieht sich dagegen auf das subjektive Gefühl von Mitarbeitern, bei ihrer Arbeit Verantwortung übertragen zu bekommen und eigenständig handeln zu können. Es ist häufig eine Konsequenz von strukturellem Empowerment, kann aber auch durch den direkten Vorgesetzten (losgelöst von den formalen Organisationsstrukturen) ausgelöst werden.

Damit Ihre Mitarbeiter Selbstverantwortung auch tatsächlich als positiv wahrnehmen und gern mit Leben füllen, ist deren Selbstwirksamkeitserwartung entscheidend (siehe Kapitel 2). Mitarbeiter mit einer hohen Ausprägung dieses Charakteristikums sind davon überzeugt, die notwendigen Fähigkeiten zur Bewältigung von Problemen zu besitzen und durch ihr Verhalten gewünschte Reaktionen oder Ergebnisse *bewirken* zu können. Diese Erwartung kann sowohl eine allgemeine Grundüberzeugung darstellen, die sich auf den generellen Umgang mit Herausforderungen bezieht, als auch auf spezifische Situationen oder Aufgaben beschränkt sein. Als Führungskraft können Sie die Selbstwirksamkeitserwartung Ihrer Mitarbeiter adressieren, indem Sie Erfolgserlebnisse schaffen (etwa durch das Übertragen bewältigbarer Projekte), von erfolgreichen Best Practices oder Rollenvorbildern berichten und Vertrauen in die Fähigkeiten Ihrer Mitarbeiter zum Ausdruck bringen.

Gute Führung bleibt gute Führung – auch in der neuen Arbeitswelt

Schlechte Führung ist immer dann anzutreffen, wenn Führungskräfte sich unersetzlich machen wollen und Informationen vorenthalten, Machtspiele unterstützen sowie Veränderungen blockieren. Gute Führungskräfte gehen dagegen mit einer positiven Haltung auf Mitarbeiter zu, bieten Leitplanken, fördern die Potenziale und übertragen wenn möglich Eigenverantwortung. Sie verströmen gute Laune und Anerkennung. Diese Grundsätze galten in der Vergangenheit und werden sich auch im Digitalisierungszeitalter nicht ändern. Selbst wenn Hierarchien abgebaut werden und Führung demokratisiert wird, müssen diese Kulturbausteine in Unternehmen vorhanden sein.

Führung mit dem Positiv-Effekt bedeutet, den eigenen Optimismus zu nutzen, um die Potenziale der Mitarbeiter zur Entfaltung zu bringen. Die Forschungslage zu den Effekten eines derartigen Führungsstils ist eindeutig: Positiv eingestellte Manager, die einen stärkenorientierten Ansatz verfolgen sowie regelmäßig Anerkennung und Ermutigung aussprechen, erhöhen den Optimismus der eigenen Mitarbeiter, deren Engagement und damit letztlich deren Leistungsfähigkeit.[29]

Zusammenfassung Die schnelle Dosis Vitamin +

- PLUS Leadership ist ein Führungskonzept, das die Macht positiver Denkprozesse mit bewährten Führungskompetenzen kombiniert.
- Ausgangspunkt ist das positive Priming. Mittels positiver verbaler oder nonverbaler Kommunikation erhöhen Sie die Auftretenswahrscheinlichkeit bestimmter Verhaltensweisen Ihrer Mitarbeiter. Sie fördern damit deren individuelle Wachstumskapazitäten. Die beeindruckenden Priming-Effekte beruhen auf neuronaler Aktivitätsausbreitung.
- Im zweiten Schritt sollten Sie Ihre Mitarbeiter durch die Gestaltung von Rahmenbedingungen lenken. Das Übertragen von Eigenverantwortung bedeutet nicht die Flucht vor der eigenen Verantwortung.
- Im dritten Schritt geht es um das Unterstützen Ihrer Mitarbeiter bei der Kompetenzentwicklung (Supportive Leadership). Erfolgreiche Führungskräfte schaffen bei ihren Mitarbeitern ein Möglichkeitsbewusstsein.
- Haben Sie Ihre Mitarbeiter derart vorbereitet, können Sie ihnen im letzten Schritt Selbstverantwortung übergeben. Nutzen Sie die Tendenz des Menschen, Selbstbild und gezeigtes Verhalten in Einklang bringen zu wollen, und bauen Sie die Selbstwirksamkeit Ihrer Mitarbeiter aus.

Kapitel 4

Arbeitsengagement: Motivierte Mitarbeiter mit dem IMPULS-Modell

»Es ist ein großer Unterschied,
ob ich etwas weiß oder ob ich es liebe,
ob ich es verstehe oder ob ich nach ihm strebe.«

Francesco Petrarca,
italienischer Dichter

Wenn es um das Thema Engagement geht, werden schnell besorgniserregende Zahlen zitiert, allen voran die Ergebnisse des Gallup-Engagement-Index. Das Gallup-Institut testet seit nunmehr zwei Jahrzenten das Arbeitsengagement von Angestellten, insgesamt wurden bereits 25 Millionen Menschen in 189 Ländern befragt. Über den Zeitverlauf stellten die Studienverantwortlichen immer wieder heraus, dass nur ein sehr geringer Teil der arbeitenden Bevölkerung voller Elan seiner beruflichen Tätigkeit nachgeht.[1] In Deutschland weisen nach Angaben des Gallup-Instituts 17 Prozent der Beschäftigten eines durchschnittlichen Unternehmens keine emotionale Bindung zu ihrem Arbeitgeber auf, 67 Prozent haben eine geringe emotionale Bindung. Diese Befunde werden häufig dahingehend interpretiert, dass mehr als 80 Prozent der deutschen Belegschaft sich also in einem Job bei einem Arbeitgeber befinden, an dem sie nicht wirklich hängen. Nur 16 Prozent seien emotional hoch an ihr Unternehmen gebunden und gingen ihrer täglichen Arbeit mit »Herz, Hand und Verstand« nach. Letzteres zahlt sich aus: Teams mit hohen Werten im Gallup-Engagement-Index erzielen eine um 21 Prozent höhere Profitabilität als Teams mit unterdurchschnittlichen Bewertungen.

Doch was heißt überhaupt »emotionale Bindung«? Vielleicht fällt Ihnen schon an der Formulierung auf, dass es bei der Definition des Gallup-Instituts um mehr als um den Mitarbeitereinsatz in der eigentlichen Arbeitstätigkeit geht. Vielmehr werden auch Aspekte wie die soziale Einbindung am Arbeitsplatz – haben Sie beispielsweise einen engen Freund in Ihrem Unternehmen? – gemessen.

Items zur Messung von Arbeitsengagement nach dem Messinstrument des Gallup-Instituts

Diese Übersicht zeigt eine Auswahl der in der Gallup-Umfrage verwendeten Mess-Items[2], gemessen auf einer Skala von 1 (stimme überhaupt nicht zu) bis 5 (stimme vollständig zu).

- Ich weiß, was bei der Arbeit von mir erwartet wird.
- Ich habe die Materialien und die Arbeitsmittel, um meine Arbeit richtig zu machen.
- Ich habe bei der Arbeit jeden Tag die Gelegenheit, das zu tun, was ich am besten kann.
- Ich habe in den letzten sieben Tagen für gute Arbeit Anerkennung oder Lob bekommen.
- Mein/e Vorgesetzte/r oder eine andere Person bei der Arbeit interessiert sich für mich als Mensch.
- Bei der Arbeit gibt es jemanden, der meine Entwicklung fördert.
- Bei der Arbeit scheinen meine Meinungen zu zählen.
- Die Ziele und die Unternehmensphilosophie meiner Firma geben mir das Gefühl, dass meine Arbeit wichtig ist.
- Meine Kollegen streben danach, Arbeit von hoher Qualität zu leisten.
- Ich habe einen sehr guten Freund innerhalb der Firma.

- In den letzten sechs Monaten hat jemand in der Firma mit mir über meine Fortschritte gesprochen.
- Während des letzten Jahres hatte ich bei der Arbeit die Gelegenheit, Neues zu lernen und mich weiterzuentwickeln.

Damit sind wir schon bei einer zentralen Herausforderung im Umgang mit dem Begriff: Was heißt Arbeitsengagement überhaupt? Bevor wir uns in diesem Kapitel damit auseinandersetzen, wie Arbeitsengagement unter Nutzung des Positiv-Effekts erhöht werden kann, ist erst einmal diese Frage zu beantworten.

Der Begriff »Arbeitsengagement« wird geradezu inflationär verwendet. Geläufig ist das Verständnis als das Ausmaß oder der Umfang des Arbeitseinsatzes. In dieser engen Begriffsfassung gilt als engagiert, wer Ziele bei der Arbeit (über-)erfüllt. Häufig werden verschiedene weitere Definitionsbestandteile ergänzt: Engagierte Mitarbeiter verbringen ihren Arbeitsalltag damit, das Unternehmen durch hohe Eigeninitiative, Gewissenhaftigkeit, Hilfsbereitschaft und Loyalität voranzubringen. Sie sind das Gegenteil einer Belegschaft, die regelrecht durch den Arbeitsalltag schlafwandelt, mit geringer Eigenverantwortung oder Leistungsbereitschaft. Einige Beratungsunternehmen erweitern diesen Definitionsgedanken um eine emotionale Ebene, die sich darauf bezieht, wie die Herzen der Mitarbeiter gewonnen werden können, um durch diese emotionale Bindung an das Unternehmen außerordentlichen Einsatz zu fördern. Einen ergebnisorientierten Ansatz verfolgt dagegen die Hay Group, die unter Engagement ein Ergebnis versteht, »das erreicht wird, indem Mitarbeiter für ihre Arbeit begeistert und dazu geführt werden, zum Erfolg des Unternehmens beizutragen«.[3] Diese Definition umfasst interessanterweise als zentralen Bestandteil ein Resultat, das erreicht wird, indem die Organisationen beziehungsweise ihre Führungskräfte etwas mit den Mitarbeitern tun. Unklar bleibt, worin oder wofür Angestellte überhaupt engagiert sein sollen. In Bezug auf die Kerntätigkeit, den Aufbau von Kundenbeziehungen, die Entwicklung innovativer Ideen, die Gestaltung des sozialen Arbeitsumfelds oder auch die Ausrichtung der Organisationsstrategie?

Weiter verkompliziert wird die Definition durch die notwendige Abgrenzung zu verwandten Begriffen. Bei der *Arbeitszufriedenheit* steht etwa eine kognitive Bewertung der Tätigkeit im Mittelpunkt, also der

Abgleich zwischen den Erwartungen an die Arbeit und dem Erfüllungsgrad. Diese Erwartungserfüllung muss nicht zwingend mit hohem Engagement einhergehen: Nur weil ein Mitarbeiter der Meinung ist, dass die Arbeit seinen Anforderungen an ebendiese entspricht, muss er noch lange nicht voller Passion der alltäglichen Aufgabenerfüllung nachgehen. Weiterhin ist Engagement von der Bindung an die Organisation, dem sogenannten *Commitment*, abzugrenzen. Engagement bezieht sich auf die unmittelbare Arbeitstätigkeit; es zeigt sich im Verhalten und Empfinden von Mitarbeitern bei der Arbeitsausführung. Wenn ein Mitarbeiter in seiner Arbeit aufgeht und deswegen hohen Einsatz zeigt, dieser von Unternehmensseite aber nicht wertgeschätzt wird, kann das Commitment trotz hohem Engagement äußerst gering sein. Der engagierte Mitarbeiter sieht sich in einem solchen Fall mit hoher Wahrscheinlichkeit nach alternativen Arbeitsplätzen in Organisationen um, bei denen sein Engagement auf mehr Anerkennung stößt. Auch die *berufliche Identifikation* ist nicht mit Arbeitsengagement gleichzusetzen. Sie bezieht sich auf die allgemeine Verbundenheit mit dem Beruf und das Gefühl, die richtige Berufswahl getroffen zu haben. Engagement ist dagegen auf die konkrete Arbeitsrolle im Hier und Jetzt bezogen. Es ist eine spontane und freiwillige Entscheidung der Mitarbeiter in einer konkreten Arbeitssituation.[4]

Unter Berücksichtigung dieser unterschiedlichen Strömungen lehnen wir unsere Definition von Arbeitsengagement an das wissenschaftliche Begriffsverständnis mit Basis in der positiven Psychologie an. Für den Zweck dieses Kapitels bezieht sich der Begriff des Arbeitsengagements damit auf die unmittelbare Tätigkeit am Arbeitsplatz. Wir verstehen Engagement als positiven, erfüllenden, arbeitsbezogenen psychischen Zustand, der durch Tatkraft/Energie (englische Originalbezeichnung: *vigor*), Ressourceneinsatz/Hingabe (englische Originalbezeichnung: *dedication*) und Vertiefung in die Tätigkeit (englische Originalbezeichnung: *absorption*) gekennzeichnet ist.[5] Die vom Mitarbeiter eingebrachten Ressourcen können körperlicher Einsatz (zum Beispiel mit Elan reden und handeln), Gefühle (zum Beispiel Freude) oder Gedanken (zum Beispiel optimistische Haltung) sein. Dabei ist Engagement kein überdauerndes Persönlichkeitsmerkmal, sondern ein motivationaler Zustand, der sich je nach Kontext, Stimmung oder Tätigkeit ändern kann. Diese Art von Engagement bei der Arbeitstätigkeit ist nicht nur eng mit der Mitarbeiterzufriedenheit und der Bindung an die Organisation verknüpft, sondern schlägt sich auch in wirtschaftlichen Kennzahlen nieder: Je mehr Tatkraft/Energie, Ressourceneinsatz/Hingabe sowie Vertiefung in die Tätigkeit Mitarbeiter erleben, desto größer der Geschäftserfolg.[6]

Hinter unserem Verständnis steht die Idee der Forschergruppe um die Niederländer Wilmar Schaufeli und Arnold Bakker, den bisherigen Fokus auf die »auslaugende Wirkung« von Arbeit umzudrehen. Die Wissenschaftler nahmen sich eine Skala zur Messung von Burn-out vor und kehrten diese in ihr Gegenteil um. Dabei stellten sie stets die Frage: Wie können Menschen einen gesunden Umgang mit ihrer Arbeit erreichen und diese als persönliche Ressource nutzen, ohne sich zu überarbeiten? Als Ergebnis entstand die Utrecht-Skala zur Messung von Arbeitsengagement (siehe Kasten).[7]

Items zur Messung von Arbeitsengagement nach der Utrecht-Skala

Die Befragten bewerten jeweils auf einer Skala von 0 (= habe mich bei meiner Arbeit noch nie so gefühlt) bis 6 (= fühle mich bei meiner Arbeit immer so), in welchem Ausmaß sie den verschiedenen Aussagen zustimmen. Hier eine Auswahl:

- Bei meiner Arbeit bin ich voll überschäumender Energie.
- Beim Arbeiten fühle ich mich fit und tatkräftig.
- Ich bin von meiner Arbeit begeistert.
- Meine Arbeit inspiriert mich.
- Wenn ich morgens aufstehen, freue ich mich auf meine Arbeit.
- Ich fühle mich glücklich, wenn ich intensiv arbeite.
- Ich bin stolz auf meine Arbeit.
- Wenn ich arbeite, vergesse ich alles um mich herum.
- Während ich arbeite, vergeht die Zeit wie im Fluge.

IMPULS-Faktoren für positives Arbeitsengagement

Wie können Sie das Engagement Ihrer Angestellten positiv beeinflussen? Auf Basis einer umfassenden Analyse des aktuellen Wissensstands entwickelten wir ein sechsgliedriges Modell der Förderung von Arbeitsengagement unter Nutzung des Positiv-Effekts. Die sechs IMPULS-Faktoren sind (siehe Abbildung 7):

- Ideales Anforderungsniveau,
- Motivierende Kommunikation,
- PLUS Leadership,
- Unternehmerische Verantwortung,
- Lebenslange Entwicklung,
- Soziale Unterstützung.

Die einzelnen Facetten des IMPULS-Modells als zentrale Treiber positiven Arbeitsengagements stellen wir in den folgenden Absätzen vor.

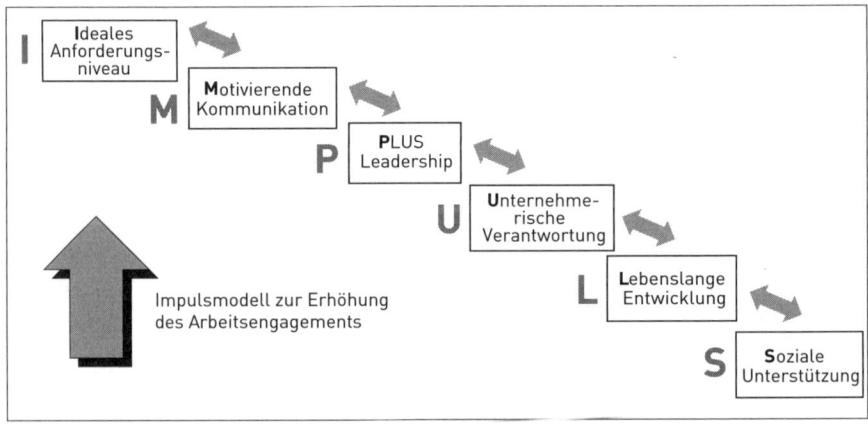

Abbildung 7: Das IMPULS-Modell – Überblick

IMPULS-Faktor 1: ideales Anforderungsniveau

Sie haben sicherlich schon einmal nach stundenlanger Arbeit auf die Uhr gesehen und sich gewundert, wo die Zeit geblieben ist. Hunger, Durst und Müdigkeit haben Sie nicht von Ihrer Tätigkeit abgehalten. Sie arbeiteten sich in einen wahren Schaffensrausch hinein – und dieser Prozess hat Ihnen durchaus Freude bereitet. Psychologen nennen dieses Phänomen *Flow*. Der Begriff stammt von einem Psychologen mit dem schwer artikulierbaren Namen Mihály Csíkszentmihályi. Unter Flow wird das als beglückend erlebte Gefühl des vollkommenen Aufgehens in einer Tätigkeit verstanden; ein müheloser und versunkener Zustand. Die Dinge scheinen sich quasi wie von selbst zu erledigen.[8]

Die Beobachtung von Flow-Erfahrungen stammt ursprünglich aus dem sportwissenschaftlichen Bereich: Profisportler beschrieben diesen Zustand wiederholt und regelmäßig. Die Schilderungen eines professionellen Bergsteigers verdeutlichen das Flow-Erlebnis: »Die unmittelbare Herausforderung beim Klettern ist so komplex und einnehmend … man taucht quasi in die Geschehnisse ein … man vergisst sich praktisch selber in diesem Zustand.«[9] Doch auch in anderen Lebensbereichen, wie etwa bei der Arbeit, wird der Zustand beschrieben. So erläutert beispielsweise ein Chirurg: »Während einer Operation ist jeder Schritt der entscheidende, jede Bewegung ist elegant. Besonders wird dies deutlich, wenn das Team wie eine Einheit funktioniert, wie von einem unsichtbaren Dirigenten gesteuert.«[10]

Den Flow-Zustand empfinden wir sogar als befriedigender als das »Herumliegen auf der faulen Haut« in unserer Freizeit. Sie lesen richtig: Arbeit kann in diesem Zustand glücklicher machen, als zum Beispiel am Strand Cocktails zu genießen. Arbeitnehmer im Flow empfinden ihre Tätigkeiten nicht als Last, sondern als etwas sehr Positives. Ein Mitarbeiter im Flow ist damit natürlich auch produktiver, konzentrierter und engagierter. Seine Selbstkontrolle ist erhöht, und er kann mit den Anforderungen des Tages besser umgehen.[11] Das Flow-Erlebnis wirkt außerdem über den direkt erlebten Zustand hinaus: Nach der positiven Anspannung während der Tätigkeitsausführung tritt am Feierabend ein angenehmes Gefühl der Entspannung ein. Dieses Befinden setzt aber die vorherige Aktivität voraus. Ganz nach dem Motto: Ohne Fleiß kein Preis.[12]

Wie können Sie Ihre Mitarbeiter auf dem Weg in den Flow-Zustand begleiten und sie durch die Gestaltung eines optimalen Anforderungsniveaus auf die Überholspur schicken? Vor allem, indem Sie Arbeitsbedingungen und Anforderungen individualisieren, das heißt auf die Bedürfnisse jedes einzelnen Mitarbeiters ausrichten. Das Personalmanagement der Zukunft muss darauf abzielen, statt Lösungen von der Stange individuelle Modelle der Zusammenarbeit für jeden Arbeitgeber zu entwickeln – und Sie als Führungskraft haben eine Übersetzerfunktion zwischen institutionalisierten Angeboten und individuellen Mitarbeiterbedürfnissen.[13] Dies verdeutlicht die Antwort von Robert Shapiro, ehemaliger CEO des Monsanto-Konzerns, auf die Frage, wie man Flow besser in Organisationen integrieren könne:[14]

»*Der Grundgedanke heutiger Arbeitsorganisation impliziert, dass ein allmächtiger Manager das Organisationssystem perfekt erstellt hat, damit alle Zahnräder perfekt ineinandergreifen. Dennoch kann niemand tatsächlich das Ganze überblicken. Wenn wir neue Angestellte einstellen, dann fragen wir in Wirklichkeit: ›Sind Sie dazu bereit sich komplett anzupassen, um sich in diese Maschinerie einzufügen? Denn vor Ihnen hat bereits jemand anderes diesen Job gemacht. Und jemand anderes wird es auch nach Ihnen machen. Also vergessen Sie bitte die Charakteristika Ihrer Person, die für den Job nicht relevant sind.‹ Das ist ein komplett falscher Ansatz [...]. Wenn wir eine großartige Organisation sein wollen, dann ist es das, worauf wir Wert legen sollten. Wir sollten sagen: ›Was können Sie hier einbringen, das uns weiterbringt?‹ Und nicht: ›Hier ist der Job, jetzt machen Sie schon.‹*«

Neben diesem grundsätzlichen Ruf nach einer Individualisierung von Arbeitsverhältnissen können Sie sich auch an den Definitionsmerkmalen der Flow-Erfahrung orientieren, um Ansatzpunkte für die Gestaltung des optimalen Anforderungsniveaus und den damit einhergehenden Rahmenbedingungen zu erhalten. Nach den »Entdeckern des Flows«, Jackson und Csíkszentmihályi, ist die Flow-Erfahrung durch neun Merkmale gekennzeichnet[15], die Sie als Führungskraft in unterschiedlichem Ausmaß beeinflussen können:

1. Passung zwischen den Anforderungen der Situation oder der Aufgabe und den eigenen Fähigkeiten. Dieser Aspekt ist eine Umschreibung des »idealen Anforderungsniveaus«. Nur wenn Tätigkeiten eine ausreichende Herausforderung bereitstellen, kann der gewünschte Zustand vollkommener Konzentration erreicht werden. Neben Routineelementen ist es deswegen förderlich, wenn die Aufgaben, die Sie Ihren Mitarbeitern übertragen, herausfordernde Elemente besitzen. Darüber hinaus müssen die vorhandenen Fähigkeiten des Mitarbeiters zu der jeweiligen Anforderung passen. Ein zu hohes Anforderungslevel, welches die Fähigkeiten weit übersteigt, führt zu Unsicherheit, Angst und Irritation. Ein zu niedriger Anspruch kann dagegen in Langeweile und Konzentrationsschwächen resultieren. Der optimale Auslastungsgrad befindet sich genau an der Grenze zwischen Heraus- und Überforderung, wie Abbildung 8 verdeutlicht. Lernen Sie an dieser Stelle von Ihrer Spielkonsole: Die Simulation eines passenden Schwierigkeitsgrads – nicht zu einfach und nicht zu schwierig – wurde insbesondere von der Videospielindustrie perfektioniert. Dabei ist es hilfreich, wenn die Aufgabe oder Tätigkeit auch zur Person passt. Stellen Sie sich vor, Sie interessieren sich nicht für Pferde und spielen ein Reiter-Videospiel. Selbst wenn dieses optimal designt ist, wird ein Flow-Erlebnis für Sie wohl deutlich schwieriger zu erreichen sein, als wenn Sie ein Videospiel im Bereich Ihres größten Hobbys spielen. Entscheidend sind also individuelle Präferenzen und Persönlichkeitszüge. Stellen Sie sich zum Beispiel einen extrovertierten Vertriebsangestellten vor: Dieser wird die optimale Passung mit höherer Wahrscheinlichkeit in einer kundenorientierten Umgebung finden. Der introvertierte Programmierer geht dagegen vielleicht mehr in einer Software-Entwicklung auf. Machen Sie es sich deswegen zur Aufgabe, die persönlichen Stärken Ihrer Mitarbeiter zu entdecken – und herauszufordern!

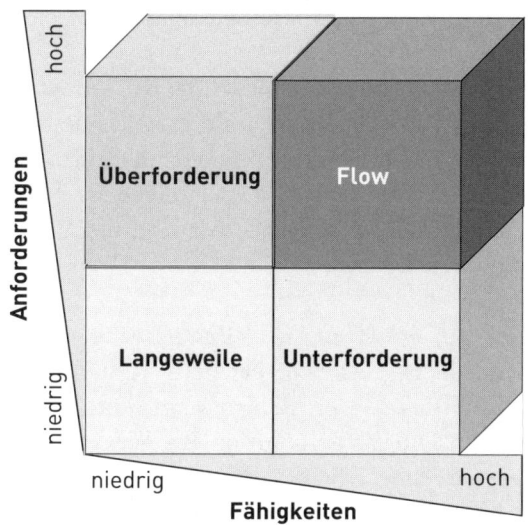

Abbildung 8: Der Flow-Zustand zwischen Langeweile und Überforderung

2. *Zielklarheit.* In der gegebenen Situation sollte dem Handelnden unweigerlich klar sein, welcher Schritt als Nächstes anliegt. Die Leistungsfähigkeit von Mitarbeitern bei der Aufgabenbearbeitung wird auf diese Art und Weise stark erhöht.

3. *Konzentration auf die vorliegende Aufgabe.* Ein Gefühl der Fokussierung ist notwendig, um das Flow-Erleben eintreten zu lassen. Denken Sie

an die negativen Konsequenzen des Multitasking-Mythos aus Kapitel 2 zurück: sinkende Produktivität, steigende Unzufriedenheit. Wenn wir auf drei Hochzeiten gleichzeitig tanzen, ist auch unsere Aufmerksamkeit an keinem Ort voll und ganz vorhanden. Aus diesem Grund hängt das Flow-Erleben eng mit dem Mindfulness-Konzept zusammen: Wer die Fähigkeit trainiert, seine Aufmerksamkeit auf das Hier und Jetzt zu richten, hat gute Chancen, häufiger Flow-Erlebnisse zu erfahren.[16] Bereits das Anhören einer CD über angeleitete Mediationspraxis über einen Zeitraum von sechs Wochen ließ bei Spitzensportlern die Auftretenshäufigkeit eines Flows deutlich ansteigen.[17] Die CD umfasste Atemübungen, bewusste Wahrnehmungslenkungen auf den Körper (Body-Scan) sowie die Anleitung für einige Yoga-Positionen im Stehen. Neben einer Erhöhung der Quantität von Flow-Erlebnissen waren die Übungen insbesondere für einen Anstieg der Kontrollüberzeugung der Teilnehmer verantwortlich und führten dazu, dass diese sich über ihre Ziele klarer wurden.

4. *Eindeutiges Feedback.* Entweder durch die Rückmeldung aus der Aufgabe selbst oder durch das Feedback anderer sollte dem Handelnden sofort klar werden, ob er sich bei der Tätigkeitsausführung auf dem richtigen Weg befindet. Wenn zwischen der eigenen Aktivität und der Rückmeldung zu viel Zeit verstreicht, löst sich die Verschmelzung von Handlung und Bewusstsein auf.

5. *Verschmelzung von Handlung und Bewusstsein.* Mit diesem Aspekt wird das Flow-Gefühl beschrieben, bei dem Verhaltensweisen automatisch ablaufen, ohne dass unser Gehirn »auf Autopilot« geschaltet ist und sich mit anderen Dingen beschäftigt. Bei Werkzeugmachern verlaufen Schweißprozesse zum Beispiel oft automatisch ab, während sie gleichzeitig voll darauf konzentriert sind, die exakte Form zu schweißen.

6. *Kontrollgefühl.* Menschen lieben das Gefühl der Kontrolle und empfinden es im Flow-Zustand. Es entsteht der Eindruck, ohne bewusste Bemühungen alles im Griff zu haben. Dieser Zustand ist das Gegenteil der erlernten Hilflosigkeit. Letzteres Konzept wurde ursprünglich in Versuchen mit Hunden entdeckt und beschreibt die Erwartung, Situationen, Aufgaben oder Herausforderungen nicht beeinflussen zu können. Während ein subjektives Gefühl des Kontrollverlusts zu Apathie und Vermeidungsverhalten führt, bewirkt der Eindruck totaler Kontrolle eine tiefe Zufriedenheit beim Akteur.

7. Verlust des Ich-Bewusstseins. Die Person wird eins mit der Tätigkeit, das heißt, sie denkt nicht mehr über sich selbst nach, darüber, wie andere sie beurteilen könnten oder wie sie in dieser Situation auf ihr Umfeld wirkt. Diese reduzierte Wahrnehmung der eigenen Person zugunsten der Konzentration auf die Situation ist zu unterscheiden von einer krankhaften Form der Depersonalisation. Bei Letzterer handelt es sich um eine pathologische Entfremdung von der eigenen Persönlichkeit, die dauerhaft anhält. Im Gegensatz dazu ist die während des Flows erlebte Loslösung vom Ich nur ein vorübergehender, zeitlich stark begrenzter Zustand, der als Konsequenz der charakteristischen Verschmelzung mit der Tätigkeit entsteht.

8. Selbstzweckliche Erfahrung. Die Handlung an sich wird um ihrer selbst willen genossen, unabhängig von zukünftig erwarteten Belohnungen oder Vorteilen. Dieses Gefühl wird auch als *autotelische Qualität* der Flow-Erfahrung bezeichnet, abgeleitet aus den griechischen Begriffen *autos* (= selbst) und *telos* (= Ziel). Verwandt ist dieses Charakteristikum mit dem Konzept der intrinsischen Motivation, einer Antriebsform, die im Individuum selbst entsteht. Intrinsisch motivierte Menschen führen Handlungen auch ohne extrinsische, also äußere Motivationsfaktoren wie Geld, Karriere oder Anerkennung aus, einfach weil die Tätigkeit an sich belohnend wirkt. Bei der Arbeitsausführung gibt es häufig eine Überlappung beider Motivationsformen: Mitarbeitern bereitet ihre Tätigkeit durchaus Spaß (= intrinsischer Motivationsfaktor) und gleichzeitig gehen sie natürlich für den Erwerb des Lebensunterhalts arbeiten (= extrinsischer Motivationsfaktor). Im Gegensatz dazu tritt beim Flow-Erlebnis dieser externe Faktor vollkommen in den Hintergrund, wobei der Auslöser des Flow-Erlebnisses (zum Beispiel die Annahme eines Jobs) auch ein externer Motivationsfaktor sein kann. Dementsprechend ist es prinzipiell möglich, in jeder Tätigkeit den Flow-Zustand zu erreichen, wenn die Rahmenbedingungen erfüllt sind.

9. Zeittransformation. Die Zeit scheint entweder schneller oder langsamer zu vergehen – oder das Bewusstsein für das Verstreichen der Zeit scheint ausgeschaltet zu sein. Das Zeitgefühl wird individuell konstruiert und ist von verschiedenen Wahrnehmungen sowie emotionalen Bewertungen abhängig. Wir besitzen kein objektives »Zeitwahrnehmungsorgan«. Situationen, in denen die Zeit wie im Flug vergeht, kennen Sie sicherlich zur Genüge: Eine spannende Projektaufgabe, ein aufregendes

Date oder der langersehnte Fallschirmsprung – viel zu schnell sind diese Erlebnisse wieder vorbei. In einem Zustand vollkommener Konzentration kann jedoch auch das Gegenteil eintreten: Sie werden sich Ihrer Handlung ganz bewusst, scheinen jeden Moment beobachten zu können. Sportler sehen beispielsweise den Tennisball wie in Zeitlupe auf sich zufliegen, heben den Arm zum Schlag und beobachten sich selbst dabei, wie sie ganz gezielt treffen. Interessanterweise bewirkt diese subjektive Konstruktion von Zeitspannen häufig eine Verzerrung in der Retrospektive. Wenn wir zurückblicken, erscheinen uns schöne Momente aufgrund der Fülle der Ereignisse viel länger, als sie tatsächlich waren. Langweilige Episoden füllen dagegen nur wenig Gedächtniskapazität und werden deswegen hinterher oft kürzer als tatsächlich andauernd beschrieben.

Wie eingangs erwähnt, können Sie als Führungskraft nicht alle Aspekte gleichermaßen beeinflussen. Der Wissenschaftler Ryan Quinn entwickelte ein Zusammenhangsmodell der Flow-Faktoren und überprüfte dieses durch umfassende Interviews mit 13 Ingenieuren sowie einer empirischen Erhebung mit 145 Personen. Abbildung 9 verdeutlicht sein daraus entwickeltes Modell.[18] Die Stärke des Pfeils zeigt dabei die Höhe des in seiner Studie gefundenen Zusammenhangs: Je breiter der Pfeil, desto stärker wirkt der entsprechende Faktor auf den anderen ein.

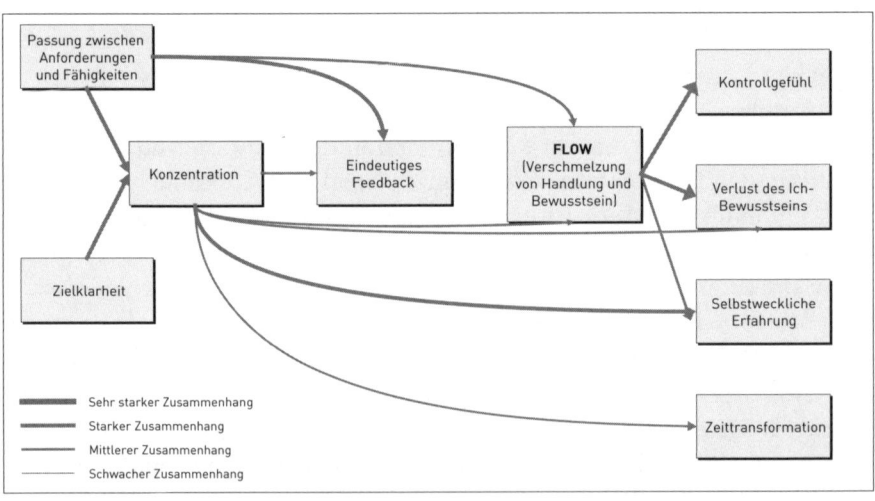

Abbildung 9: Zusammenhänge der Flow-Faktoren nach Quinn

Als Führungskraft können Sie vor allem an den beiden äußersten linken Faktoren ansetzen: ideales Anforderungsniveau und Zielklarheit. Denken Sie dabei an die Befunde zum positiven Priming aus Kapitel 3: Nutzen Sie die alltägliche Kommunikation, um Ihre Mitarbeiter auf positive Ziele auszurichten, ihr subjektives Kontrollgefühl zu erhöhen sowie Vertrauen zu vermitteln. Im Idealfall erreichen Ihre Mitarbeiter dann einen Zustand der vollkommenen Konzentration, den Sie durch ein entsprechendes Arbeitsklima ohne permanente Unterbrechungen fördern können. Versuchen Sie, eine kommunikationsfreie Stunde in Ihrem Team einzuführen: keine E-Mails, Telefonanrufe oder Gespräche mit Kollegen (außer natürlich im Notfall, wenn Sie geschäftsentscheidende Anfragen beantworten müssen). So schaffen Sie eine Atmosphäre der konzentrierten Aufmerksamkeit. In einem solchen Zustand wird dann auch das Erlebnis der Zeittransformation erreicht. In der Folge ist eindeutiges Feedback notwendig – entweder durch die Aufgabe selbst oder durch Sie in Ihrer Rolle als Führungskraft –, um das Flow-Erlebnis als Verschmelzung von Handlung und Bewusstsein zu erreichen. Mit diesem Flow-Erlebnis (und als Konsequenz daraus) gehen die drei verbleibenden Flow-Aspekte einher: Kontrollgefühl, Verlust des Ich-Bewusstseins sowie selbstzweckliche Erfahrung.

IMPULS-Faktor 2: motivierende Kommunikation

Die leistungsförderliche Wirkung motivierender Kommunikation wird in Theorie und Praxis immer wieder betont. Mitarbeiter sind engagierter, wenn sie wissen, wie und warum etwas geschieht. Weiterhin können Angestellte erst proaktiv handeln, wenn sie informiert sind. Mangelhaftes Verständnis und intransparente Informationsflüsse stellen dagegen eine beträchtliche Quelle der Ineffizienz dar.[19]

Neben der motivierenden Ansprache der Mitarbeiter durch Führungskräfte darf nicht vergessen werden, dass es sich bei Kommunikation (im Gegensatz zur Information) um einen zweiseitigen Prozess handelt. Es sollte also nicht nur top-down vom oberen Management bis an untere Hierarchieebenen kommuniziert werden, sondern gleichermaßen müssen Mitarbeiter die Möglichkeit haben, bottom-up, also nach oben zu kommunizieren. Interessanterweise stieg die Aufmerksamkeit für die »Stimme der Mitarbeiter« erst kürzlich im Zuge der New-Work-Debatten deutlich an. Während in den 1990er Jahren KVP-Ansätze (kontinuierliches Verbesserungsmanagement), TQM-Konzepte (Total-Quality-Management) sowie übergreifende Problemlösegruppen (Communities of Practice) Hochkonjunktur hatten, sind Maßnahmen zur Erhöhung der Mitarbeiterbeteiligung in den letzten Jahren etwas in den Hintergrund getreten. Die Intensivierung der New-Work-Debatte rückte den Aspekt der Mitarbeiterbeteiligung wieder stärker in den Vordergrund. Damit ist in diesem Kontext nicht nur die finanzielle Beteiligung der Mitarbeiter am Unternehmensgewinn gemeint, sondern vor allem auch die Nutzung der Ideen und des Wissens der Belegschaft.

Der Begriff »New Work« geht ursprünglich auf den Sozialphilosophen Frithjof Bergmann zurück, der darunter ein neues Beschäftigungsmodell verstand. Die Gesamtarbeitszeit soll demnach in ein Drittel klassische Erwerbsarbeit, ein Drittel schlauen Konsum und technologisch basierte Selbstversorgung sowie ein Drittel Tätigkeiten mit intrinsischem Anreiz (= Arbeit als Selbstzweck) aufgeteilt werden.[20] Inzwischen wird New Work in der Managementpraxis deutlich weiter gefasst und beispielsweise für innovative Formen der agilen Zusammenarbeit, Hierarchieabbau, Mitarbeiterbeteiligung, demokratische Führungsmodelle und neue Managementlogiken verwendet. Diese Konzepte beruhen auf einer Grundannahme: Motivierende Kommunikation funktioniert nicht nur von oben nach unten, sondern ist in der umgekehrten Richtung genauso wichtig. Damit wird die soziale und psychologische Beteiligung von Mitarbeitern zentral für den Unternehmenserfolg.[21]

Wenn Mitarbeitern eine Stimme gegeben wird, dann muss auf der anderen Seite auch ein Empfänger diese Stimme anhören. Im Kontext der kommunikativen Fähigkeiten von Führungskräften ist eine Kompetenz sogar noch wichtiger, als selbst durch motivierende Ansprachen zu brillieren: das Zuhören. Paradoxerweise wird die Bewertung der Kommunikationskompetenz eines Menschen nämlich weniger von rhetorischen Meisterleistungen beeinflusst, als vielmehr durch die Fähigkeit zum Zuhören sowie zur unterstützenden Kommunikation und zu verständnisvollen Äußerungen.[22] Doch während Wissenschaftler und Unternehmensvertreter sich darin einig sind, dass Zuhören eine zentrale Kompetenz für den Erfolg von Teams und damit letztlich von Unternehmen darstellt, setzen sich nur wenige wissenschaftliche Studien und Personalentwicklungsangebote mit diesem Thema auseinander. Die vorhandenen Belege sind allerdings überzeugend: Zuhören kann nicht nur die Wahrscheinlichkeit für die Entwicklung in eine Führungsrolle[23] und den interpersonalen Einfluss[24] erhöhen, sondern auch die Leistungsfähigkeit des Gegenübers[25] verbessern. Diese Fähigkeit ist außerdem leicht trainierbar: Schon kleine Übungen verbessern die »Zuhör-Kompetenzen«.[26]

Doch was macht einen guten Zuhörer aus? Stellen Sie viele Fragen und haken Sie nach. Schauen Sie Ihrem Interaktionspartner in die Augen und spiegeln Sie (in geringem Umfang) seine Körpersprache.[27] Beurteilen Sie Gesagtes nicht sofort, sondern nehmen Sie Äußerungen erst einmal wertfrei hin. Vermeiden Sie Unterbrechungen, verbal ebenso wie nonverbal. Auch beim Zuhören ist Mindfulness hilfreich: Bleiben Sie im Hier und Jetzt, richten Sie Ihre ganze Aufmerksamkeit auf Ihr Gegenüber. Nicht zuletzt gilt: Egal ob Sie selbst kommunizieren oder zuhören – nutzen Sie die Grundpfeiler des Positiv-Effekts! Mit einer optimistischen, offenen Grundeinstellung und positiver, motivierender Kommunikation erreichen Sie immer mehr. Lassen Sie sich von den folgenden sechs Anregungen inspirieren:

1. Analysieren Sie Ihre selbst verfassten E-Mails nach negativen und positiven Formulierungen. Welcher Stil überwiegt? Gehen Sie die E-Mail anschließend noch einmal durch und versuchen Sie, mindestens eine negative Formulierung in eine positive Aussage umzuwandeln.
2. Lassen Sie ein vergangenes Meeting Revue passieren. Diskutieren oder argumentieren Sie? Benutzen Sie Ihre empathischen Fähigkeiten und versetzen Sie sich in die Lage der anderen Besprechungsteilnehmer. Verändert dies Ihren Standpunkt?
3. Reflektieren Sie Ihr letztes herausforderndes Gespräch mit einem Kunden, Kollegen oder Mitarbeiter. Sind Sie eher lösungs- oder problemorientiert? Wie oft haben Sie von Möglichkeiten gesprochen, wie oft von Hindernissen? Überlegen Sie sich fünf Formulierungen, die eine Beschreibung eines Problems in eine Suche nach Lösungen umwandelt.
4. Denken Sie an eine gute Leistung Ihres Kollegen oder Mitarbeiters. Wie steht es um Ihre Lob- beziehungsweise Tadelkultur? Beglücken Sie Ihren Interaktionspartner nach einer vollbrachten Arbeit mit einem herzlichen »Tolle Leistung!« oder doch eher mit einem Spruch wie »Keine schlechte Performance …«?
5. Denken Sie an Ihren letzte Small Talk. Sprachen Sie über neutrale Themen wie das Wetter oder beteiligten Sie sich an Klatsch und Tratsch? Die Verbreitung von Gerüchten mag zwar positiv für den Zusammenhalt in der Gruppe sein und Sie kurzfristig beliebter machen. Langfristig wird Ihre Karriere als Führungskraft dadurch aber gefährdet. Ver-

suchen Sie daher, sich mit Spekulationen zurückzuhalten und wenn überhaupt nur positive Dinge weiterzuerzählen. Dann ergeht es Ihnen vielleicht wie im »Dutch Admiral's Paradigm«. Der Begriff geht auf zwei niederländische Admirale zurück, die sich gegenseitig versprachen, nur Gutes voneinander zu berichten – und mit dieser Strategie bald die jüngsten Admirale des Landes wurden.

6. Nehmen Sie sich während einer Interaktion oder eines Vortrags mit einer Videokamera auf. Beobachten Sie die Aufnahme danach, einmal mit und einmal ohne Ton. Was stellen Sie fest? Beobachten Sie dabei vor allem Ihre Körpersprache als Teil Ihrer Kommunikation. Verschränkte Arme laden sicherlich nicht zu einem offenen Gespräch ein. Wie wirken Sie auf andere? Bitten Sie im Anschluss an Ihre eigene Analyse eine vertraute Person ebenfalls um eine Einschätzung. Wie wirkt Ihr Verhalten auf diese Person? Liegen Ihr Fremd- und Selbstbild nah beieinander?

Als Führungskraft tragen Sie eine besondere Verantwortung für die motivierende Kommunikation der Ziele und Visionen Ihres Unternehmens an Ihre Mitarbeiter. Wenn Angestellte die Richtung des Unternehmens verstehen, akzeptieren und sich ihr anschließen, kann dies ihr Engagement stark erhöhen. Versuchen Sie abseits der offiziellen Definitionen in wenigen Sätzen für sich eine Antwort zu finden auf die Frage: »Was wollen wir in dieser Organisation überhaupt erreichen und warum?« Diese individuelle Definition können Sie nutzen, um sich selbst und im nächsten Schritt Ihre Mitarbeiter positiv auf das Erreichen dieser Ziele zu primen. Kommunizieren Sie dabei nicht nur die abstrakte Richtung, sondern machen Sie Ihren Mitarbeitern vor allem deutlich, wie ihre alltäglichen Handlungen zu der übergreifenden Vision beitragen.

IMPULS-Faktor 3: PLUS Leadership

Die Führungskraft trägt entscheidend dazu bei, das Engagement der Mitarbeiter zu erhöhen. Neben der Gestaltung der anderen IMPULS-Faktoren ist das PLUS-Leadership-Konzept hilfreich für die Erhöhung des freiwilligen Mitarbeitereinsatzes. Sie haben in Kapitel 3 bereits erfahren, dass es sich hierbei um einen Führungsansatz handelt, der den Positiv-Effekt mittels Priming mit klassischen Elementen der Mitarbeiterführung verbindet. Die vier Bausteine – positives Priming, Lenken, Unterstützen und Selbstverantwortung – helfen aufeinander aufbauend dabei, die Eigenständigkeit der Mitarbeiter zu fördern. Es ist an dieser Stelle noch einmal wichtig zu betonen, dass ein zentraler Einflussfaktor der Wirkung von (PLUS-)Führung auf das Mitarbeiterengagement das Vertrauen der Mitarbeiter ist:[28] Nur wenn Ihre Mitarbeiter Sie als authentisch wahrnehmen und davon überzeugt sind, dass Sie es grundsätzlich gut mit ihnen meinen, kann Ihr Führungsstil Wirkung zeigen. Halten Sie daher Ihr Wort, wenn Sie etwas versprechen, stehen Sie zu Fehlern und seien Sie berechenbar.

Um ein Gefühl der Berechenbarkeit Ihres Verhaltens zu erzeugen, müssen Ihre Mitarbeiter Sie kennen und in verschiedenen Situationen beobachtet haben. Daraus entwickelt sich ein Gefühl der Vorhersagbarkeit Ihres Verhaltens. Wenn im Umgang mit Ihnen positive Erfahrungen entstehen, kann dies außerdem eine positive Aufwärtsspirale (siehe Kapitel 2) erzeugen: Ihr positives Verhalten führt zu positivem Verhalten der Mitarbeiter, was bei Ihnen wiederum Lob und Wertschätzung hervorruft. Machen Sie den ersten Schritt in diesem Wechselwirkungsprozess der positiven Gegenseitigkeit!

IMPULS-Faktor 4: unternehmerische Verantwortung

Unternehmerische Verantwortung oder auch *Intrapreneurship* (Binnenunternehmertum, Entrepreneurship innerhalb eines bestehenden Unternehmens) bezeichnet die aktive Gestaltung des Unternehmens durch Mitarbeiter und Führungskräfte mittels Verhaltensweisen, die so charakterisiert sind, als ob sie selbst Unternehmer beziehungsweise Eigentümer der Organisation wären. Die Idee hinter diesem Ansatz ist, das Engagement der Belegschaft dadurch zu erhöhen, dass diese eine persönliche Verantwortung für die Prosperität des Unternehmens verspüren. Diese Erhöhung des Verantwortungsgefühls entspringt nicht nur einem Leistungssteigerungsgedanken des Topmanagements, sondern spiegelt durchaus die Wünsche einer wachsenden Anzahl von Arbeitnehmern wider.

Immer mehr Menschen in einem Angestelltenverhältnis sehnen sich nach mehr Verantwortung, was sich in den letzten Jahren unter anderem in einer regen Start-up-Szene niederschlägt. Von Berlin bis San Francisco zieht es Heerscharen in die Gründung eines eigenen Unternehmens, um den Drang nach mehr Eigenverantwortung zu stillen. Unternehmer gelten nicht umsonst als die zufriedensten Menschen weltweit: Sie leben selbstbestimmt und erleben Sinn in ihrer Tätigkeit. Oder um es mit den Worten des Entrepreneurship-Professors Dietmar Grichnik zu sagen:

»Der Weg zum Glück führt über Erfahrung und gelebtes Engagement. Die Balance zwischen Wohlstand, der mir das Sammeln von Erfahrungen erleichtert, und dem Abwurf von Wohlstandsballast, der einen Gewinn an Zeit und Selbstbestimmung verspricht, ebnet den Weg zu einem selbstbestimmten, unternehmerischen Leben.«[29]

Eine Abwanderung von Mitarbeitern mit Präferenz für das Unternehmertum schadet allerdings der Innovationsfähigkeit etablierter Unternehmen. Damit sinkt die Überlebenswahrscheinlichkeit alteingesessener Firmen: 2015 existierten bereits 88 Prozent der Fortune-500-Unternehmen des Jahres 1955 nicht mehr.[30] Innovationen entspringen oft der unternehmerischen Motivation von Angestellten, die proaktiv und engagiert Ideen entwickeln und diese im eigenen Unternehmen etablieren.[31]

Wie können Sie den Positiv-Effekt zur Entwicklung einer Intrapreneurship-Kultur nutzen und damit die Unternehmungsbindung innovativer Mitarbeiter erhöhen? Die meisten Empfehlungen zur Förderung unternehmerischen Verhaltens der Belegschaft basieren direkt oder indirekt auf einem positiven Verstärkungsansatz. Machen Sie sich diese Zusammenhänge bewusst und nutzen Sie sie für ein positives Priming Ihrer Mitarbeiter in Richtung eines höheren eigenverantwortlichen Engagements für ihr Unternehmen. Um Ihre Mitarbeiter zu primen, müssen Sie im ersten Schritt deutlich und regelmäßig kommunizieren, dass Unternehmertum innerhalb Ihrer Organisation gefördert wird. Im zweiten Schritt ist es notwendig, Ihren Mitarbeitern die nötige Autonomie zur Übernahme unternehmerischer Verantwortung zu geben. Mitarbeiter, die ihre Tätigkeit selbst gestalten, indem sie sich neue Fähigkeiten aneignen, soziales Feedback einholen und sich Herausforderungen stellen, sind weniger gelangweilt bei der Arbeit, sie sind gesünder und deutlich engagierter.[32] Kreieren Sie eine offene Arbeitskultur, in der kein Organisationsmitglied – egal welcher Hierarchieebene – Angst hat, die eigenen Ideen zu teilen. Vielleicht wollen Sie sich an Unternehmen wie Google orientieren, die 20 Prozent der Arbeitszeit für eigene, kreative Projekte zur Verfügung stellen. Mit den sogenannten FedEx-Days ist auch eine komprimierte Nutzung dieses Ansatzes möglich: Wie das Versprechen des Kurierdiensts FedEx – geliefert wird innerhalb von 24 Stunden – entbinden Sie Ihre Mitarbeiter für 24 Stunden vom Tagesgeschäft und lassen sie eigenständig in bereichs- und funktionsübergreifenden Teams an einer Fragestellung tüfteln.[33] Nach Ablauf der Zeit werden die Ergebnisse präsentiert und im Idealfall auch gleich im Anschluss umgesetzt. Manche Unternehmen, wie beispielsweise die Telekom AG mit dem Innovationsprogramm »UQBATE«, gründen sogar interne Inkubatoren. Dafür werden Mitarbeiter für einen längeren Zeitraum von ihrer eigentlichen Tätigkeit entbunden und erhalten so Zeit und Ressourcen, um ihre Geschäftsideen in konkrete Produkte zu verwandeln. Für den Aufbau des benötigten Wissens gibt es während dieses Zeitraums fachliche und methodische Unterstützung durch interne sowie externe Mentoren und Kooperationspartner.

Wagen auch Sie den Schritt, um die Überlebenschancen Ihres Unternehmens zu erhöhen: Schaffen Sie Raum und Zeit für das Querdenkertum und reduzieren Sie wo immer möglich bürokratische Barrieren. Lassen Sie sich außerdem von Kapitel 7 über die Förderung der Innovationsfähigkeit von Unternehmen inspirieren!

IMPULS-Faktor 5: lebenslange Entwicklung

In den letzten Jahren hat das Konzept der lebenslangen Entwicklung im Kontext der demografischen Veränderungen vieler westlicher Länder und des Wandels zur Wissensgesellschaft an Bedeutung gewonnen. Mit zunehmender (Über-)Alterung der Gesellschaft stellen sich Unternehmen die Frage, wie sie (1) den Wissenserwerb einer Belegschaft mit höherem Durchschnittsalters gewährleisten und (2) im Fall des Unternehmensaustritts das Erfahrungswissen der älteren Mitarbeiter sichern. Dazu kommt, dass (Fach-)Wissen schneller veraltet und Innovationszyklen beschleunigt ablaufen. Die Halbwertszeit von Wissen, das heißt die Zeitspanne, in der formell oder informell erworbenes Wissen zeitgemäß und in der Praxis anwendbar bleibt, hat sich je nach Wissensart auf ein bis drei Jahre reduziert. Die Kompetenz zum lebenslangen Lernen wird damit unabdingbar. Darunter wird die Fähigkeit verstanden, sich eigenverantwortlich und selbstständig über den gesamten Lebensverlauf fachliche und überfachliche Kompetenzen anzueignen: Lernen wird zur Lebensform.[34] Die Neigung zur lebenslangen Entwicklung wird zum einen durch grundsätzliche, im Verlauf der (frühen) Lebensjahre geprägte Persönlichkeitszüge, wie etwa die Offenheit für neue Erfahrungen, beeinflusst. Auch eigene Erfahrungen während der Schule und der Ausbildung beziehungsweise des Studiums beeinflussen die Selbstlernkompetenzen.

Zum anderen spielen auch Kontextfaktoren wie verfügbare Personalentwicklungsangebote oder Anreizfaktoren eine Rolle, um das Interesse für den Erwerb neuer Fähigkeiten zu erhöhen.

Lebenslange fachliche und persönliche Entwicklung ist nicht nur für das Wissensmanagement von Unternehmen ein wichtiger Ansatzpunkt zum Erhalt der Wettbewerbsfähigkeit. Vielmehr kann sie sich auch über eine gesteigerte Motivation zur Nutzung neu erworbener Fähigkeiten in höherem Mitarbeiterengagement niederschlagen. Grundsätzlich lernt der Mensch gern; ohne den Drang zum Lernen würden wir heute noch auf der Entwicklungsstufe eines Säuglings stehen. Während wir als Kinder vor allem spielerisch durch Versuch und Irrtum bei der Tätigkeit selbst lernen, wird der Aneignungsprozess im Laufe unseres Lebens in immer passivere Formen gezwängt. Das stumpfe Auswendiglernen von Theorien und die Beschallung durch Frontalunterricht entsprechen allerdings kaum der menschlichen Veranlagung für das Lernen über möglichst viele Sinneskanäle. In den letzten Jahren hat hier zum Glück ein Umdenken stattgefunden: Die Tendenz in der Aus- und Weiterbildung geht weg vom Trainer als fachlich exzellentem Vorleser hin zum sozial kompetenten Lernbegleiter. In diesem Kontext wird auch zwischen *horizontalem Lernen* als Bezeichnung für den Erwerb von (Fach-)Wissen in Abgrenzung zur *vertikalen Entwicklung* unterschieden. Letztere bezeichnet den erfahrungsbezogenen Aufbau neuer, qualitativ anderer Denk- und Handlungsmuster, die mit einem veränderten Blick auf sich selbst und die Umwelt einhergehen.[35]

Wie können Sie den Positiv-Effekt nutzen, um die lebenslange Entwicklung Ihrer Mitarbeiter auf fachlicher und persönlicher Ebene zu fördern? Sie ahnen es vermutlich schon: Ein positives Lernklima ist entscheidend! Unternehmen, bei denen die Förderung der Mitarbeiterentwicklung, positives Feedback sowie eine offene Dialogkultur im Arbeitsalltag gelebt werden, haben engagierte Mitarbeiter, was wiederum zu mehr proaktivem Verhalten, Wissensteilung und höherer Kreativität führt.[36] Anregungen zur Messung des Lernklimas in Ihrem Unternehmen können Sie beispielsweise über die etablierten Items der amerikanischen Wissenschaftlerinnen Victoria Marsick und Karen Watkins zur Identifikation lernender Organisationen (DLOQ = Dimensions of Learning Organization Questionnaire) erhalten (siehe Kasten).[37]

Items zur Messung des Lernklimas (individuelle Ebene) nach Marsick und Watkins

Die einzelnen Items werden auf einer Skala von 1 (so gut wie nie) bis 6 (fast immer) bewertet.
In meinem Unternehmen/meinem Team ...

- diskutieren Mitarbeiter ihre Fehler offen, um daraus zu lernen.
- wissen Mitarbeiter, welche Kompetenzen sie brauchen, um zukünftige Aufgaben bearbeiten zu können.
- unterstützen sich Mitarbeiter gegenseitig beim Lernen.
- werden Mitarbeiter finanziell oder durch andere Ressourcen unterstützt, um sich weiterzuentwickeln.
- wird Mitarbeitern Zeit gegeben, um zu lernen.
- sehen Mitarbeiter Probleme als eine Gelegenheit, um dazuzulernen.
- wird das Lernen von Mitarbeitern belohnt.
- geben sich Mitarbeiter offenes und ehrliches Feedback.
- hören sich Mitarbeiter gegenseitig zu, bevor sie sich selbst äußern.
- werden Mitarbeiter dazu ermutigt, nach dem »Warum« zu fragen – unabhängig von ihrer Position.
- fragen Mitarbeiter nach der Meinung von anderen, wenn sie ihre eigene Meinung äußern.
- behandeln sich Mitarbeiter mit Respekt.
- investieren Mitarbeiter Zeit, um gegenseitiges Vertrauen aufzubauen.

Um Mitarbeiter in eine Lernrichtung zu primen, ist eine motivierende Kommunikation über jegliche Formen der Weiterentwicklung »on the job« wie »off the job« notwendig. Außerdem muss eine klare Verantwortung des Einzelnen für seine Entwicklung kommuniziert werden. Das Management, die Personalabteilung oder Vorgesetzte sind nicht allein dafür zuständig, die Personalentwicklungsmaßnahmen für Mitarbeiter auszuwählen und die Belegschaft zur Teilnahme zu motivieren. Vielmehr sollte auch hier die Individualisierungstendenz unserer Gesellschaft zum Tragen kommen: Mitarbeiter können zum eigenverantwortlichen Gestalter ihrer Lernbiografie werden. Wenn sie sich selbst aussuchen dürfen, was sie lernen wollen, fühlen sie sich im Gegenzug häufig motiviert, diesen Vertrauensvorschuss an das Unternehmen zurückzugeben. In der englischsprachigen Forschung wird diese positive Wechselwirkung auch unter der *sozialen Austauschperspektive* (Social Exchange Perspective) betrachtet: Ganz nach dem Motto »Gibst du mir, so gebe ich dir« handeln Mitarbeiter engagierter, wenn ihnen Engagement und Wertschätzung seitens der Organisation entgegengebracht werden.[38]

IMPULS-Faktor 6: soziale Unterstützung

Freuen Sie sich morgens, Ihre Kollegen zu sehen? Fühlen Sie sich unterstützt im Team, wenn Sie Probleme haben? Haben Sie den Eindruck, Teil einer beruflichen Gemeinschaft zu sein? Erleben Sie bei Ihrer Arbeit das Gefühl der angenehmen intellektuellen Stimulation durch interessante Diskussionen in der Arbeitsgruppe? Dann zeichnen Sie sich mit hoher Wahrscheinlichkeit auch durch ein überdurchschnittliches Maß an Arbeitsengagement aus![39]

In Kapitel 2 haben Sie bereits die Potenziale des sozialen Umfelds als schützenden Faktor im Umgang mit individuellen Krisen kennen gelernt. Doch auch Unternehmen profitieren, wenn Mitarbeiter auf persönlicher Ebene gut miteinander auskommen: Sie bringen sich mehr ein, machen innovativere Vorschläge und sind eher bereit, freiwilligen Einsatz über die eigentliche Arbeitstätigkeit hinaus zu zeigen. Menschen sind soziale Wesen; wir lassen uns durch ein anregendes Sozialumfeld gerne zu Höchstleistungen anstacheln. Gleichzeitig passen unsere Kollegen darauf auf, dass unser Einsatz am Arbeitsplatz nicht unverhältnismäßig hoch wird und wir gar in die »Arbeitssucht« abdriften und zu Workaholics mutieren.[40] Damit haben wir optimale Voraussetzungen für gesundes Engagement: ein Aufgehen in der Tätigkeit, ohne die Gefahren von Überforderung und Stress.

In der Wissenschaft ist kürzlich ein neuer Forschungsstrang zu »in Beziehungen entstehender Energie« (engl. *relational energy*) entstanden. Forscher befassen sich damit, wie Mitarbeiter durch die Interaktion mit anderen Energie gewinnen und diese aufgebaute Energie in positive Handlungen umwandeln. Sie können das Phänomen der *Gruppenenergie* zum Beispiel erleben, wenn Sie sich ein spannendes Fußballspiel im Stadion ansehen. Selbst wenn Sie sich überhaupt nicht für die Sportart interessieren, werden Sie vermutlich mitgerissen von den Jubelschreien und Fangesängen. Vielleicht reißen Sie auch das ein oder andere Mal die Arme zum Jubeln in die Luft: Eine Energieübertragung hat stattgefunden. Damit haben Sie schon zwei Grundannahmen der *Interaktionsritual-Theorie* am eigenen Leib erlebt:

1. Energie ist ein Mechanismus in sozialen Situationen, der das Verhalten von Individuen beeinflusst.
2. Diese Aktivierung wirkt ansteckend und verbreitet sich zwischen verschiedenen Personen.

Menschen, die Energie übertragen, wirken anziehend und werden häufiger um Rat gefragt. Um eine energetisierende Wirkung auf Ihre Mitmenschen auszuüben, sollten Sie nach aktuellem Forschungsstand drei Aspekte in Ihrem Interaktionspartner auslösen: positiven Affekt, intellektuelle Stimulation sowie Verhaltensmodellierung durch Ihre Vorbildfunktion.[41] Wichtig ist dementsprechend, dass Sie nicht nur mit positiven Botschaften in die Welt hinaustreten, sondern diese durchdacht und klug vorbringen sowie mit entsprechenden Taten belegen können. Wenn Ihnen dies gelingt, stellen Sie eine soziale Ressource für Ihre Mitarbeiter dar, die Energie überträgt und damit Engagement fördert.

Zusammenfassung 💊 Die schnelle Dosis Vitamin +

- Engagement ist ein positiver, erfüllender, arbeitsbezogener psychischer Zustand, der durch Tatkraft/Energie, Ressourceneinsatz/Hingabe und Vertiefung in die Tätigkeit gekennzeichnet ist. Es stellt kein überdauerndes Persönlichkeitsmerkmal dar, sondern eine temporäre Haltung.
- Mitarbeiterengagement lässt sich mittels der IMPULS-Faktoren erhöhen.
- Zunächst ist ein ideales Anforderungsniveau für Mitarbeiter zu schaffen. Zwischen Herausforderung und Überforderung kann ein Flow-Zustand, also die Verschmelzung mit der Tätigkeit erreicht werden.
- Über motivierende Kommunikation, bestehend aus aktivierenden Äußerungen und wertschätzendem Zuhören, werden Mitarbeiter auf Lösungsorientierung und positive Beiträge ausgerichtet.

- Die Führung folgt den Prinzipien des PLUS Leaderships.
- Die Übertragung unternehmerischer Verantwortung lässt Mitarbeiter so handeln, als ob sie selbst Unternehmer wären.
- Eine Förderung lebenslanger Entwicklung motiviert die Mitarbeiter, Gelerntes umzusetzen und erhaltene Unterstützung dem Arbeitgeber in Form von höherem Engagement zurückzugeben.
- Positive Energie, die durch soziale Unterstützung entsteht, erhöht den Spaß und damit den Einsatz bei der Arbeitsausführung.

Kapitel 5

Das Ganze ist mehr als die Summe seiner Teile: Gestaltung von Teamarbeit

»Zusammenkommen ist ein Beginn,
Zusammenbleiben ist ein Fortschritt,
Zusammenarbeiten ist ein Erfolg.«

Henry Ford

Wir verbringen einen immer größeren Teil unserer Arbeitszeit mit der Ausführung von Tätigkeiten in Teams. Kaum jemand kann heute noch isoliert am Schreibtisch oder an der Werkbank seiner Tätigkeit nachgehen – Abstimmungsprozesse müssen koordiniert, neue Ideen im Austausch entwickelt und Projekte gemeinsam gesteuert werden. Menschen, die in wissensintensiven Berufen arbeiten, verbringen 90 bis 95 Prozent der Arbeitszeit in Meetings, am Telefon und mit der Beantwortung von E-Mails. Vor zehn Jahren betrug der Anteil für diese Tätigkeiten an der Gesamtarbeitszeit noch 60 bis 65 Prozent.[1] Als Manager sollten Sie also ein hohes Interesse daran haben, die Teamarbeit in Ihrem Unternehmen so positiv wie möglich zu gestalten.

Auf der einen Seite kann die Zusammenarbeit in Teams Quelle außerordentlicher Leistungen sein, welche die Wettbewerbsfähigkeit von Organisationen sichern. Auf der anderen Seite birgt die Kooperation in Arbeitsgruppen eine Vielzahl von Konfliktpotenzialen: Persönliche Befindlichkeiten, unterschiedliche Hintergründe und Vorstellungen sowie verschiedene Arbeitsstile treffen aufeinander. In diesem Kapitel zeigen wir auf, wie Teams entlang verschiedener Gruppenphasen positive Interaktionszyklen entwickeln und aufrechterhalten können, ohne sich dabei in destruktiven Auseinandersetzungen zu verlieren.

Unter einem Team verstehen wir im Arbeitskontext eine Mehrzahl von Personen, die über längere Zeit in direktem Kontakt stehen, sich dem Team zugehörig fühlen, gemeinsame Ziele sowie Normen haben und einen gemeinsamen Arbeitsauftrag verfolgen.[2] Grundsätzlich ist darauf hinzuweisen, dass zwar alle Teams aus Gruppen von Individuen bestehen, aber nicht alle Gruppen von Individuen auch Teams sind. Diese Unterscheidung beruht auf der Idee, dass Teams einen gemeinsamen Zweck verfolgen und gezielt zusammengesetzt wurden, wogegen der Gruppenbegriff immer verwendet werden kann, wenn eine Gruppe von Menschen mehr oder weniger zufällig an einem Ort anzutreffen ist. Stellen Sie sich beispielsweise mehrere Menschen vor, die sich bei einer Abendveranstaltung um einen Stehtisch stellen: Dies ist eine Menschengruppe, aber noch kein Team. Auch eine Mitarbeitergruppe, die gemeinsam an einem Kantinentisch sitzt, muss noch lange kein Team sein. In diesem Buch verwenden wir aus Gründen der Komplexitätsreduktion beide Begriffe in austauschbarer Art und Weise.

Teams arbeiten nicht immer in gleicher Intensität und Qualität zusammen. Wie in jeder zwischenmenschlichen Beziehung müssen sich die Teammitglieder zunächst kennen lernen, auf gemeinsame Normen einigen und Kooperationslogiken aushandeln. Diese informellen Regeln sind selten abschließend festgelegt; sie können bei neuen Aufgaben, in neuen Kontexten oder mit der Aufnahme neuer Mitglieder in das Team wiederholten Aushandlungszyklen unterliegen.

Wissenschaftler entwickelten verschiedene Modelle, um die zu unterscheidenden Gruppenphasen abzubilden. Wir beziehen uns in diesem Kapitel auf die zwei bekanntesten Konzepte: (1) das Phasenmodell der Teamentwicklung nach Tuckman[3] und (2) das Equilibrium-Modell nach Gersick.[4] Beide Modelle widersprechen sich nicht, sondern können als ergänzende Konzepte angesehen werden.[5] Nach einer kurzen Beschreibung beider Modelle nutzen wir die unterschiedlichen Gruppenzustände als Strukturierungsraster für die Beschreibung von Optimierungsansätzen verschiedener Aspekte der Teamarbeit.

Phasenmodell der Teamentwicklung nach Tuckman

Auf Basis der Analyse und Zusammenfassung verschiedener wissenschaftlicher Studien über Gruppenentwicklung stellte Bruce Tuckman in seinem 1965 veröffentlichten Modell die These auf, dass Gruppen im Laufe ihrer Zusammenarbeit vier Phasen durchlaufen[6]:

Forming: Verschiedene Individuen treffen aufeinander und beginnen, sich zu einer Gruppe zusammenzufinden. Die Gruppenmitglieder versuchen sich zu orientieren und sich gegenseitig einzuschätzen: Wie sind die anderen im Team? Sind sie mir ähnlich oder ganz anders als ich selbst?

Storming: In der zweiten Phase wird die Rollenverteilung der Gruppenmitglieder ausgehandelt. In Form von Machtkämpfen und emotionalen sowie aufgabenbezogenen Konflikten beschäftigen sich die Teammitglieder damit, die eigene Position im Team zu finden und sich Ressourcen zu sichern: Welche Prioritäten soll die Gruppe setzen? Wer übernimmt (informelle) Führungspositionen?

Norming: Nach einiger Zeit nähern sich die Teammitglieder einander an und einigen sich auf gemeinsame Gruppennormen. Das Team kennt nun Antworten auf Fragen wie: Welche Verhaltensweisen werden in der Gruppe akzeptiert und welche führen zu Unstimmigkeiten? Welche Kommunikationsregeln gibt es?

Performing: Nachdem die Gruppenmitglieder sich miteinander auseinandergesetzt haben, steht die Konzentration auf die Aufgabenerfüllung im Vordergrund. Die Teammitglieder haben ihre Rollen gefunden und akzeptiert, sodass Höchstleistungen erbracht werden können.

Später ergänzte Tuckman zusammen mit seiner Kollegin Mary Ann Jensen noch eine fünfte Phase, die dann eintrat, wenn ein Team die Zusammenarbeit beendet.[7] Diese sogenannte *Auflösungsphase* (engl. *adjourning phase*) kann in abgeschwächter Form auch bei etablierten Teams eintreten, zum Beispiel wenn ein Projekt abgeschlossen wird.

Equilibrium-Modell der Teamentwicklung nach Gersick

Dem linearen Verständnis von Phasenmodellen der Teamentwicklung steht die Idee gegenüber, dass Gruppen sich nicht gleichmäßig entwickeln, sondern vielmehr verschiedene Entwicklungssprünge erleben. Die Wissenschaftlerin Connie Gersick untersuchte dazu acht Teams im Arbeitsalltag und acht Teams im Labor. Alle arbeiteten als Projektteams mit definierten Deadlines. Während der Beobachtung stellte Gersick fest, dass diese erst einmal gar nicht viel arbeiteten. Erst als knapp die Hälfte der Zeit um war und die Projekt-Deadline näher rückte, machte sich Eifer breit. Die Gruppen traten in eine Transitionsphase ein, in der Zusammenarbeitsregeln verändert und Statuskonflikte ausgetragen wurden. Im Anschluss an diesen intensiven Übergang arbeiteten die Gruppen in einer zweiten Phase auf höherem Leistungsniveau. Sie konzentrieren sich auf die Abarbeitung aller Aufgaben bis zur Deadline.

In Anlehnung an Prozesse der biologischen Evolution bezeichnete Gersick ihre Befunde als »vorübergehendes Equilibrium« oder »unterbrochene Gleichgewichtszustände« der Teamarbeit. Sie stellte dabei fest, dass die Länge der ersten Phase bis zum Übergang nicht unbedingt von der absolut zur Verfügung stehenden Zeit abhängt, sondern vielmehr vom subjektiven Bewusstsein der Teammitglieder über das Verstreichen der Zeit und Näherrücken der Deadline.

Welches Modell hat nun Recht, das Phasenmodell von Tuckman oder das Equilibrium-Modell von Gersick? Beide Konzepte müssen nicht unbedingt als Widerspruch gesehen werden, sondern können sich gegenseitig ergänzen. Gemeinsam ist den zwei Modellen, dass es zunächst eine Phase des Zusammenfindens gibt, in der die Leistungsfähigkeit eher gering ist. Fragen der Rollendefinition stehen im Vordergrund, und es wird versucht, die durch das Team zu erfüllende Aufgabe trotz Unsicherheiten zu meistern. Erst nach einiger Zeit treten die meisten Gruppen in eine Phase der Auseinandersetzung ein. Diese beiden ersten Phasen entsprechen der Zeit vor der intensiven Transitionsphase in Gersicks Modell. Dieser Übergang ist nicht zwingend als eine zeitliche Sequenz zu sehen, sondern vielmehr ein innerer Prozess der Gruppe, der als Konsequenz aus der Konfliktphase entsteht. Die Qualität der Zusammenarbeit ändert und entwickelt sich dadurch, dass die Gruppenmitglieder sich erfolgreich miteinander auseinandersetzen. Damit tritt die dritte Phase ein, in der sich die Identität des Teams festigt und Gruppennormen festgelegt werden. Auf Basis dieses gemeinsamen Verständnisses können Teams sich dann auf die eigentliche Arbeit konzentrieren und ihre Leistungsfähigkeit maximieren.

Wie können Teams die einzelnen Phasen möglichst erfolgreich durchlaufen, sodass positive Ereignisse überwiegen und im Sinne einer Aufwärtsspirale (siehe Kapitel 2) stetig zunehmen? Dieser Frage soll in den nächsten Absätzen entlang der verschiedenen Herausforderungen im Verlauf der Teamarbeit nachgegangen werden.

Phase 1: Zusammenfinden des Teams

Im Idealfall setzen Sie als Manager Ihre Teams so zusammen, dass die Mitglieder alle für die Aufgabenerfüllung notwendigen Kompetenzen mitbringen, sich gegenseitig ergänzen, aus eigener Motivation an der Erreichung der vorgegebenen Ziele arbeiten und durch hohe Sozial- und Methodenkompetenzen eine effektive Zusammenarbeit realisieren. Doch Hand aufs Herz: In den seltensten Fällen funktioniert die Teambildung nach diesen Maßstäben. Kapazitätsengpässe, persönliche Befindlichkeiten, politische Spiele oder andere äußere Umstände führen dazu, dass Arbeitsgruppen meist eher ein bunt gemischter Haufen unterschiedlicher Individuen mit ganz eigenen Zielen sind. Damit sind wir bei einer zentralen Frage der ersten Gruppenphase: Wie lässt sich die hohe Diversität der Teammitglieder positiv nutzen? Und welche Rolle spielt der erste Eindruck der Teammitglieder voneinander für die spätere Leistungsfähigkeit?

Wenn es um das Thema Diversity-Management geht, waren Unternehmensvertreter und Wissenschaftler lange Zeit gleichermaßen bemüht, die positiven Aspekte heterogener Teams hervorzuheben. Im Englischen als *information-/decision making perspective* bekannt, lautete das Argument der Diversitätsbefürworter, dass gemischte Teams unterschiedlichere Perspektiven als homogene Teams mitbringen und durch die vielfältigen Erfahrungshintergründe bessere Lösungen entwickeln können. Inzwischen ist allerdings klar: So einfach ist der Zusammenhang nicht.

Die kritischen Betrachter (*social identity perspective*) der Team-Diversität geben zu bedenken, dass Individuen zunächst einmal das bevorzugen, was sie schon kennen.[8] Getreu dem Motto »Gleich und gleich gesellt sich gern« sind wir lieber mit Menschen zusammen, die uns ähnlich sind. Diese Tendenz ist zumeist nicht schlecht für unser Selbstbild: Ähnliche Menschen finden nun einmal ähnliche Dinge wie wir gut, bestätigen also unseren Lebensweg und unsere Entscheidungen in der Regel. Damit festigen sie unsere Identität. Wenn es um das Bearbeiten von Routineaufgaben geht, sind homogene Teams deswegen auch tatsächlich effektiver. Sie müssen nicht erst lange diskutieren, bis sie sich auf einen Lösungsweg geeinigt haben, sondern können auf ein gemeinsames Verständnis aufbauen und umgehend mit der Arbeit beginnen. Allerdings wird diese Homogenisierungstendenz problematisch, wenn es um das Beschreiten neuer Wege geht. Die Innovationsfähigkeit leidet nämlich unter zu ähnlichen Denkstrukturen: Man kann nun einmal niemanden überholen, wenn man immer nur den alten Fußstapfen folgt. Auch andere negative Konsequenzen sind bekannt. Die Präferenz für Gleichgesinnte wird zum Beispiel für das Anhalten der Gläsernen Decke, das heißt den geringen Anteil von Frauen in (Top-)Managementpositionen, verantwortlich gemacht. Gleichermaßen fällt es Unternehmen nach wie vor oft schwer, Bewerber aus anderen Nationen oder mit normabweichenden Lebensläufen zu berücksichtigen, da diese nun einmal wenig Ähnlichkeiten mit dem bekannten Standard haben.

Was können Sie als Manager tun, um die positiven Seiten der Diversität zu nutzen? Seien Sie sich zunächst der essenziellen Bedeutung der Anfangsphase von Teams bewusst. Menschen fällen innerhalb von Millisekunden ein Urteil über andere Personen[9] – und dieser erste Eindruck ist nur schwer zu revidieren. Im Gegenteil: Der *Halo-Effekt* sorgt dafür, dass unsere erste Impression einer Person sich auf die Interpretation aller folgenden Handlungen auswirkt. Wenn uns eine Person also sympathisch erscheint, so steigt die Wahrscheinlichkeit, dass wir ihre Äußerungen zunächst einmal in einem positiven Licht bewerten (»Heiligenschein-Effekt«). Natürlich funktioniert dieser Mechanismus auch umgekehrt: Halten wir einen Menschen zunächst für wenig vertrauenswürdig und unfreundlich, dann sind wir eher geneigt, jede seiner Handlungen kritisch zu beäugen (»Verteufelungs-Effekt«). Der Wissenschaftler Phil Rosenzweig konnte belegen, dass weder die Forschung noch die Praxis frei von solchen Verzerrungseffekten ist: Da sowohl Forscher als auch Manager oft bestrebt sind, die wichtigsten Treiber des Unternehmenserfolgs aufzudecken, neigen sie dazu, Kontextfaktoren zu vernachlässigen und stattdessen den Eigenbeitrag von Einzelunternehmen zu überschätzen. Umweltfaktoren werden indes vernachlässigt: Die Macht des Unternehmens *muss* für den Erfolg verantwortlich sein. Gleichermaßen kehrt sich diese Tendenz auch für den negativen Fall des Gewinneinbruchs um: Das Versagen der Firma (und nicht etwa veränderte Marktbedingungen) wird als Erklärungsursache für den Leistungsrückgang verantwortlich gemacht.[10]

Um das Entstehen positiver erster Eindrücke zwischen Mitarbeitern mit diversen Profilen zu fördern, ist zunächst Ihre grundsätzliche Kommunikation über das Thema entscheidend. Zu konkreten Maßnahmen des Diversity-Managements gibt es mehr als genug Literatur[11] – die Instrumente helfen allerdings wenig, wenn die Unternehmenskultur unterschwellig durch eine negative Färbung gekennzeichnet ist. Diese Tatsache wird durch Studien untermauert, die zeigen, dass das, was die Organisation über die eigenen Diversity-Management-Initiativen sagt, oftmals weit weg von dem ist, was in der Wahrnehmung der Arbeitnehmer tatsächlich ankommt.[12]

Viele Unternehmen verfolgen beim Management von Diversity bedauernswerterweise eine defizitorientierte Perspektive, die zu erwartende Schwierigkeiten in den Vordergrund stellt. So zielen Maßnahmen für das Management von Altersdiversität häufig primär darauf ab, älteren Mitarbeitern das Arbeiten zu erleichtern, sie zu entlasten und vielleicht sogar in Altersteilzeit zu schicken.[13] Wenn es um das Thema kulturelle Vielfalt geht, verbringen Personalabteilungen viel Zeit damit, Eingliederungskonzepte zu entwickeln und damit die »Integration des Andersartigen« zu fördern. Fällt Ihnen bei diesen Maßnahmenbeschreibungen etwas auf? Die kommunikative Wirkung ist eindeutig: Wir brauchen etwas, um mit dem »Defizit Alter« oder dem »Defizit andere Nationalität« umgehen zu können. Diese Beispiele ließen sich für andere Aspekte der Diversität beliebig fortschreiben. Deutlich förderlicher im Sinne des positiven Primings wäre es dagegen, die Potenziale von Diversität in den Vordergrund zu stellen. Wie wäre es, wenn statt der Risiken vielmehr die Möglichkeiten für kontinuierliches Lernen betont würden? Wenn Teams strukturell verankert divers zusammengesetzt würden und dies als positives Ziel ausgerufen würde?[14] Ein Umparken im Kopf (siehe Kapitel 8) muss stattfinden!

Phase 2: Auseinandersetzungen im Team

Von Konflikten in Teams ist die Rede, wenn Absichten, Ziele oder Wertvorstellungen von Teammitgliedern unvereinbar sind. Fast jedes Team durchläuft konfliktreichere Phasen. Sehen Sie diese nicht grundsätzlich als negativ an, sondern lernen Sie die Vorteile zu schätzen: Mehr Konflikte können sogar zu besserer Leistung und mehr Innovationen führen! Um diese kontraintuitive Aussage zu verstehen, ist die Unterscheidung zwischen beziehungsbezogenen und aufgabenbezogenen Konflikten entscheidend. Außerdem sind sowohl auf individueller als auch auf Teamebene verschiedene Konflikttypen zu unterscheiden. Je nach Typ setzen sich diese Individuen/Teams in unterschiedlichem Ausmaß positiv mit Unstimmigkeiten auseinander.

Zunächst ist festzuhalten, dass vor allem Konflikte auf der Beziehungsebene für das schlechte Image von Auseinandersetzungen verantwortlich sind. Damit werden persönliche Unstimmigkeiten bezeichnet, die zum Beispiel darauf beruhen, dass sich die Interaktionspartner unsympathisch finden oder unterschiedliche Lebensbilder vertreten. Diese Art von Konflikten bergen die Gefahr, dass sich Menschen in ihrer Identität angegriffen fühlen und eine positive Interaktion nahezu unmöglich wird. Aufgabenbezogene Konflikte beziehen sich dagegen auf die Tätigkeit an sich, also zum Beispiel darauf, wie vorliegende Probleme gelöst oder zu bearbeitende Aspekte angegangen werden sollten. Da sich aufgabenbezogene Auseinandersetzungen per Definition mit der Sache befassen, können sie zu einer tieferen Durchdringung der Aufgabe führen und damit das Ergebnis verbessern. Als Manager ist es Ihre Aufgabe, Teams für diese Unterscheidung zu sensibilisieren und den Mitgliedern positive Instrumente an die Hand zu geben, um persönliche Konflikte zu reduzieren sowie aufgabenbezogene Konflikte in einem konstruktiven Sinne zu fördern. Eine Unterdrückung von Konflikten sollte vermieden werden, denn unausgesprochene Konflikte können die Leistungsfähigkeit von Teams nachhaltig stören.[15]

Eine mögliche Intervention stellt die Verwendung der *sokratischen Methode* dar. Der Philosoph Sokrates war bekannt dafür, die Aussagen seiner Gesprächspartner konsequent zu hinterfragen. Nach der Vorstellung von Sokrates verlassen sich die meisten Menschen auf Scheinwissen: Sie glauben, Dinge zu wissen, aber auf detaillierte Nachfragen können sie keine überzeugenden Antworten liefern. Wie wäre es, wenn Sie diese kritische Herangehensweise auf eine positive Art und Weise nutzen? Legen Sie eine Person in Ihrem Team fest, welche die Rolle des Sokrates übernimmt. Diese Person darf jede destruktive Äußerung sofort hinterfragen und mit Gegenargumenten herausfordern. Sagt ein Teammitglied beispielsweise: »Ich weiß nicht, ob das funktioniert, bis jetzt hat die Abteilung XY bei so einer Anfrage noch nie mitgespielt«, ist es die

Aufgabe des Sokrates, hier kritisch nachzuhaken: Welche Gründe hat Abteilung XY dafür, sich querzustellen? Im Moment ist die Unternehmenslage sehr positiv, welche Motive könnten Abteilung XY trotzdem zu einer Ablehnung verleiten? Wie wäre es, wenn ein Unterstützer in der Abteilung XY gesucht wird, der die anderen überzeugt? Durch diese institutionalisierte Kritikstelle in Form des »Gruppen-Sokrates« können Sie die Potenziale aufgabenbezogener Konflikte gezielt für die Leistungsverbesserung des Teams nutzen. Dabei schützen Sie die kritikäußernde Person vor persönlichen Missverständnissen sowie daraus resultierender Unbeliebtheit – sie handelt schließlich nur in ihrer zugewiesenen Rolle.

Auch das *Harvard-Konzept* ist ein bekannter Ansatz der Verhandlungsführung, der das Ziel verfolgt, einen möglichst positiven Ausgang für alle Beteiligten zu erreichen.[16] Hier gilt ebenfalls der Grundsatz, dass zwischen Mensch und Sache als Konfliktgrund unterschieden werden muss. Der Leitspruch lautet dementsprechend auch: »Hart in der Sache, weich zum Menschen.« Die Methode beruht auf der Idee, die positiven Effekte für beide Verhandlungsseiten gleichermaßen im Blick zu haben

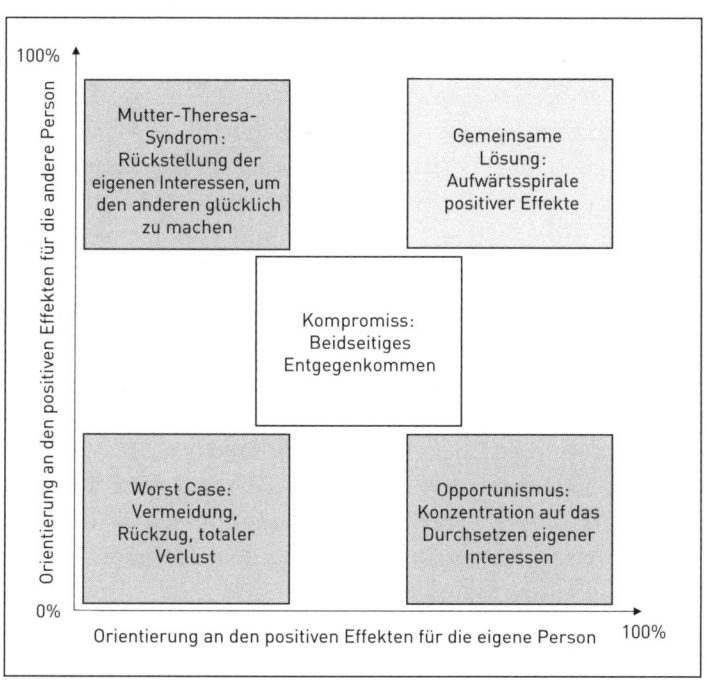

Abbildung 10: Harvard-Konzept – Umgang mit Konflikten

Das Ganze ist mehr als die Summe seiner Teile **115**

und damit im Idealfall eine gemeinsame Lösung zu finden (siehe Abbildung 10).[17] Die Interaktionspartner fokussieren sich auf die Versendung positiver Ich-Botschaften, statt Unterstellungen, Gerüchte und Vermutungen in den Verhandlungsprozess einzubringen. Es erfolgt eine Suche nach möglichst vielen Optionen, um vorschnelles Urteilen zu verhindern. Beide Interaktionspartner sind bemüht, anhand von objektiven Entscheidungskriterien (statt subjektiver Abwägungen) zu einem Entschluss zu kommen. Damit wird verhindert, dass gegenseitiger Druck die Entscheidung motiviert statt nachvollziehbare zeitlich überdauernde Gründe, wie zum Beispiel Gesetze. Bei zwei als gleich gut bewerteten Optionen kann das Ziehen eines Loses helfen, um die Fairness der Entscheidung zu erhöhen. Wenn eine Situationsauflösung gelingt, in der keiner von beiden das Gefühl hat, für einen Kompromiss nachgeben zu müssen, beginnt eine Aufwärtsspirale positiver Effekte.

Aufbauend auf dem Portfolio des Harvard-Konzepts lassen sich je nach Ausmaß der Orientierung an den positiven Effekten für die eigene Person sowie für die andere Person verschiedene Konflikttypen auf individueller Ebene unterscheiden:

1. Der PLUS-Verhandler sucht nach gemeinsamen Lösungen, bei denen sowohl die positiven Effekte für die eigene Person als auch für den Interaktionspartner größtmöglich sind. Dieser Typ handelt nach den Grundprinzipien des Positiv-Effekts: Eine Aufwärtsspirale positiver Gefühle kann nur erreicht werden, wenn er sowohl sich selbst als auch den anderen wertschätzend betrachtet und von der Macht der positiven Einstellung überzeugt ist. Der PLUS-Verhandler ist sich seiner eigenen Interessen bewusst, erkennt aber durch die Fähigkeit zum Perspektivenwechsel auch die Bedürfnisse des anderen.
2. Der Vermeider hat eine innere Abneigung gegen Konflikte. Deswegen versucht er Auseinandersetzungen zu vermeiden, ohne dabei die positiven Ausgangsmöglichkeiten einer konstruktiven Auseinandersetzung für sich selbst oder für den anderen in Betracht zu ziehen. Damit distanziert er sich sowohl von den eigenen Interessen als auch von denen des anderen zugunsten einer Umgehung der als unangenehm empfundenen Konfliktsituation.
3. Der Kompromissorientierte fällt oft (vor-)schnelle Entscheidungen. Dieser Typ neigt dazu, die gemeinsame Suche nach Lösungen zeitnah abzubrechen und damit einen mittelmäßig positiven Effekt für den anderen und für sich selbst zu erzielen.

4. Der Opportunist versucht ausschließlich für sich selbst das Optimum herauszuholen. Auf häufig eloquente Art setzt er die eigenen Interessen durch, ohne dabei den positiven Effekten für den Interaktionspartner große Beachtung zu schenken.

5. Der Mutter-Theresa-Typ bildet das Gegenteil zum Opportunisten: Er will es allen recht machen und jedem helfen. Durch den Fokus auf die Interessen anderer geraten allerdings seine eigenen Bedürfnisse in den Hintergrund. Auch ist dieser Typ häufig durch eine Abneigung gegenüber Konflikten geprägt. Um die Harmonie wieder herzustellen, stimmt er dem Interaktionspartner schnell zu, ohne sich einer wirklichen Lösungssuche zu öffnen.

Je nach Persönlichkeit verfolgen die fünf Typen verschiedene Strategien:[18]

- Extrovertierte Personen stellen sich Konflikten und gehen diese offen an. Diese Eigenschaft ist eine gute Voraussetzung für eine konstruktive Konfliktlösung; allerdings neigen Menschen mit derartigen Persönlichkeitszügen zur Rechthaberei und mangelnden Perspektivenübernahme. Entgegengewirkt werden kann dieser Tendenz durch sachorientierte Fragen, welche die umfänglichen Äußerungen des Extrovertierten stoppen. Fragen Sie zum Beispiel: Was würden Sie an meiner Stelle tun? Welche Gründe gibt es für Ihren Kritikpunkt? Welche Lösungswege fallen Ihnen noch ein? Fassen Sie die Äußerungen des Extrovertierten mit Ihren Worten zusammen und helfen Sie ihm beim Verständnis Ihrer Sichtweise.

- Introvertierte Persönlichkeiten tendieren zur Konfliktvermeidung. Sie sprechen Ungereimtheiten selten von sich aus an und fressen erst einmal alles in sich hinein. Erst wenn die Auseinandersetzungspunkte überhandnehmen, das Fass also überläuft, »explodieren« Menschen mit diesem Persönlichkeitszug. Für das Gegenüber kommt die heftige Reaktion dann häufig überraschend. Versuchen Sie sie in solchen Momenten auf den Boden der Tatsachen zurückzuführen: Welche Aspekte (detaillierte Aufzählung) missfallen Ihrem Interaktionspartner schon länger? Am besten verhindern Sie den Emotionsschwall schon im Vorfeld, indem Sie gezielt darauf achten, stille Kollegen oder Mitarbeiter zu aktivieren und nach deren Meinung zu fragen. Sie können die Problemansprache auch institutionalisieren, indem Sie zum Beispiel sogenannte 3+3-Runden in Ihren Teambesprechungen einführen.

Dabei wird jeder Mitarbeiter aufgefordert, drei Minuten über Dinge zu reden, die nicht gut laufen. Im Anschluss haben die übrigen Teammitglieder drei Minuten lang Zeit, Lösungen für die vorgebrachten Probleme zu entwickeln.

- Der analytische Typ ist rational veranlagt und wagt es, Konflikte direkt anzusprechen. Seine Lösungsorientierung wird begleitet von dem Wunsch, die zu berücksichtigenden Aspekte des Konflikts systematisch zu erfassen und mit Zahlen, Daten und Fakten zu hinterlegen. Er hat einen ausgeprägten Gerechtigkeitssinn und versucht entsprechend, für alle Interaktionspartner maximal positive Effekte zu erzielen. Dieser Konflikttyp ist in jedem Team eine konstruktive Ressource; einzig und allein die Perspektivenübernahme fällt ihm manchmal schwer. Sie können diesen Persönlichkeitstyp vor der Abneigung des Teams schützen, indem Sie seine Neigung zur offenen Aussprache von Kritik konstruktiv nutzen. Geben Sie ihm beispielsweise die Rolle des bereits beschriebenen Gruppen-Sokrates, der die institutionalisierte Aufgabe hat, den Prozess der Lösungsfindung systematisch zu hinterfragen.
- Detailorientierte Persönlichkeiten sind ebenfalls rational veranlagte Individuen. Sie zeichnen sich durch hohe Gewissenhaftigkeit aus und wollen die Konfliktlösung bis ins letzte Detail ausdiskutieren. Dabei bleiben sie auf der Sachebene, was für aufgebrachte Teamdynamiken äußerst förderlich sein kann. Problematisch wird es, wenn eher emotional veranlagte Teammitglieder auf den detailfokussierten Typ treffen. An dieser Stelle müssen Sie als Mediator auftreten: Nehmen Sie beide Arten von Argumenten – sachliche und emotionale – ernst, indem Sie beispielsweise einen Themenspeicher bilden. Nach dem Vorbringen aller Argumente lassen Sie jedes Thema durch die Gruppe in konstruktiver Art und Weise bearbeiten, etwa unter Verwendung der sokratischen Methode. Bremsen Sie Individuen dieses Persönlichkeitstyps rechtzeitig sanft, aber bestimmt, wenn sie sich in Details zu verlieren drohen.
- Intuitiv veranlagte Persönlichkeiten sind das Gegenstück zu rationalen Konflikttypen. Sie versuchen die impliziten Motive hinter Auseinandersetzungen zu verstehen. Aufgrund ihrer Abneigung gegenüber detaillierten Sachanalysen neigen sie entweder zu zügigen Entscheidungen, worunter jedoch die fundierte Abwägung von Argumenten leidet. Alternativ verlieren sie sich in umfassenden Interpretationen des Konflikts, was eine objektive Situationsanalyse erschweren und den Entscheidungsprozess unnötig verlängern kann. Auch hier hilft der be-

reits angesprochene Themenspeicher, in dem sowohl sachbezogene als auch emotionale Aspekte der Problemlösung gesammelt werden. Anstatt Diskussionen durch intuitive Typen vorschnell beenden zu lassen, ermuntern Sie zum Vorbringen objektiver Argumente.

Menschen sind natürlich nicht immer eindeutig einem der genannten Konflikt- und Persönlichkeitstyp zuzuordnen. Je nach Stimmung, Situation und Umweltfaktoren treten verschiedene Mischtypen auf. Um die konstruktive Konfliktlösung zu fördern, ist es hilfreich, die (momentane) Rollenverteilung in neu zusammengesetzten Gruppen zu identifizieren. Die zuvor erläuterte Klassifizierung lässt sich beispielsweise für eine Teamentwicklung nutzen, in der die Teammitglieder ihre eigenen Verhaltenstendenzen analysieren. Transparenz über die verschiedenen Persönlichkeitstypen im Team verhindert Missverständnisse und steigert die Vorhersehbarkeit sowie Nachvollziehbarkeit des Verhaltens von Gruppenmitgliedern.

Nicht nur Individuen, auch ganze Teams unterscheiden sich in Bezug auf verschiedene Konflikttypen auf der Teamebene. Während manche Teams dem idealtypischen Modell von Tuckman entsprechen und zu Beginn der Zusammenarbeitsphase ihre Konflikte intensiv austragen (Storming-Teams), fangen andere Teams harmonisch an und geraten im Projektverlauf immer mehr aneinander (Eskalationsteams). Wieder andere Gruppen streiten sich direkt beim Kennenlernen heftig und arbeiten danach mit linear abnehmenden Konfliktmengen zusammen (Harmonieteams). Auch eine anhaltend mittlere Konfliktmenge ist denkbar (Konsistenzteams). Nicht zuletzt gibt es Teams, die sich am Anfang intensiv aneinander reiben, dann in eine Art Sommerloch ohne besondere Ereignisse fallen, und kurz vor der Deadline wieder ein höheres Ausmaß an Unstimmigkeiten erleben (Sommerlochteams). Die möglichen Verläufe der Konfliktquantität sind in Abbildung 11 illustriert.[19]

Bei der Betrachtung von Abbildung 11 werden Sie sich vermutlich die Frage stellen, welcher Konfliktverlauf für ein positives Projektergebnis am ehesten wünschenswert ist. In einer Untersuchung von 42 Teams über den Verlauf eines Projekts fanden wir Hinweise für eine Antwort: Die kontinuierliche Abnahme von Konflikten wie in den Harmonieteams scheint am wenigsten förderlich für die Leistungsfähigkeit von Gruppen zu sein. So wie der kompromissorientierte Typ auf individueller Ebene einigen sich diese Teams zu früh auf einen Lösungsweg und erreichen damit nicht mehr die maximale Wirksamkeit des positiven Effekts konstruktiver Konflikte. Alternativ kommt es auch vor, dass derartige Gruppen – analog zum Vermeider auf individueller Ebene – weiteren Konflikten aus dem Weg gehen wollen. Deswegen verfolgen sie den Weg des geringsten Widerstands. Anstatt sich weiter aneinander zu reiben, wird die Aufgabe einfach irgendwie gelöst. Diese (scheinbare) Harmonie in den Teams stellt jedoch eine potenzielle Gefahr dar: Konflikte müssen offen diskutiert werden, um mögliche »Dealbreaker« rechtzeitig entdecken und gegensteuern zu können. Auf diese Problematik macht auch der amerikanische Autor Peter Economy aufmerksam, wenn er betont, dass Unternehmen sich oft stark bemühen, Fachkräfte zu gewinnen, deren Werte und Überzeugungen mit denen der Firmenphilosophie übereinstimmen.[20] Auf diese Art und Weise bilden sich zwar durchaus Arbeitsteams mit harmonischer Atmosphäre und ähnlichen Denkmustern und Meinungen. Allerdings ist durch die Stromlinienförmigkeit der Ideen in homogenen Teams auch das Kreativitätspotenzial gefährdet, sodass es schnell zu einem Entwicklungsstillstand kommen kann.

Kommen wir zurück zu unserer Untersuchung von 42 Teams über den Projektverlauf. Welches Team schnitt am besten ab? Die vorteilhaftesten Werte in der abschließenden Leistungsbewertung erreichten die Stor-

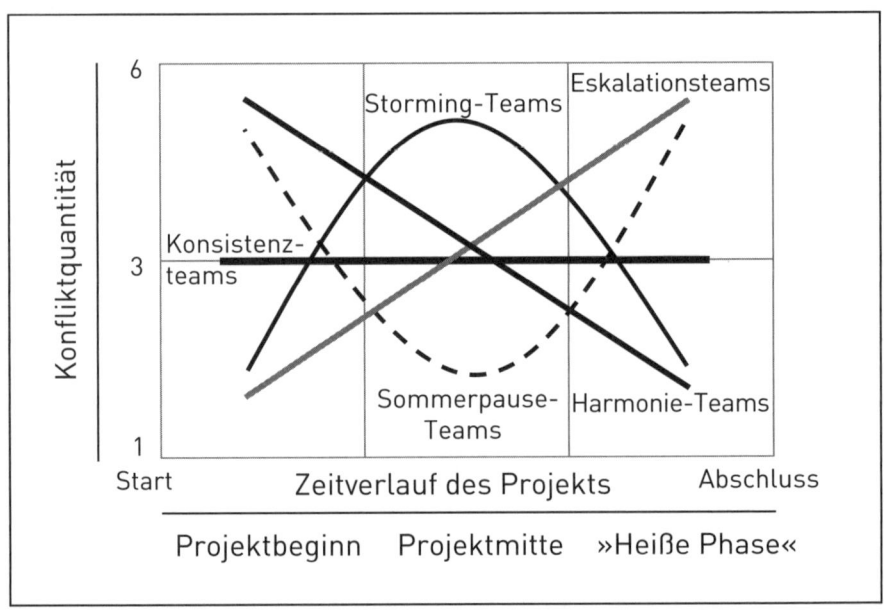

Abbildung 11: Teamkonflikte im Zeitverlauf

ming-Teams. Sie entsprechen dem von Tuckman vorgeschlagenen idealtypischen Verlauf der Gruppenphasen. Die Idee, sich nach einer anfänglichen Kennenlernphase intensiven Diskussionen hinzugeben, ergibt also nicht nur aus theoretischer Sicht Sinn. Auch in der Praxis sind die Konsequenzen eindeutig: Vermeiden Sie zu viel Friede, Freude, Eierkuchen in der notwendigen Storming-Phase von Teams, denn zu diesem Zeitpunkt werden die Grundsteine für qualitativ hochwertige Lösungsprozesse und innovative Ideen gelegt. Legen Sie den Fokus lieber auf die Etablierung einer positiven Konfliktkultur, statt Auseinandersetzungen zu verhindern! Hilfreich kann die Festlegung verbindlicher Gruppenregeln zur Konfliktkommunikation sein. Einige exemplarische Leitlinien finden Sie im Kasten »Allgemeine Regeln für die (Konflikt-)Kommunikation«. Lassen Sie diese durch Ihr Team erweitern und für die jeweilige Situation anpassen.

Allgemeine Regeln für die (Konflikt-)Kommunikation

1. Fühlen Sie sich persönlich für eine positive Grundstimmung im Team verantwortlich.
2. Nutzen Sie wertschätzende Kommunikation, und handeln Sie respektvoll.
3. Formulieren Sie Ich-Botschaften.
4. Vermeiden Sie Schuldzuweisungen, Spekulationen und die Verbreitung von Gerüchten.
5. Stellen Sie Nachfragen, um die Perspektive des anderen zu verstehen.
6. Verwenden Sie die »Sandwich-Taktik«: positiv anfangen, sachlich Kritik üben, positiv enden.
7. Hören Sie aktiv zu und haken Sie nach, wenn Sie etwas nicht verstanden haben.
8. Bleiben Sie konkret – beziehen Sie sich auf aktuelle Situationen und Verhalten.
9. Achten Sie darauf, dass sowohl Sie als auch das ganze Team beim Thema bleiben.
10. Stehen Sie zu Ihren Fehlern und entschuldigen Sie sich dafür.

Phase 3: Festlegung von Gruppennormen und Teamidentität

Egal ob im Kindergarten, Studium, Teamsport oder Beruf – wir sind es gewöhnt, uns an bestimmte (ausgesprochene oder unterschwellig vorhandene) Verhaltenserwartungen zu halten. Soziale Normen beschreiben Regeln und Standards, welche von allen Gruppenmitgliedern akzeptiert werden. Diese Überzeugungssysteme lenken unser Verhalten und verringern die Unsicherheit über adäquates Handeln im Gruppenkontext. Damit sind (positive) Gruppennormen essenziell für das reibungslose Funktionieren von Gruppen und eine effektive Zusammenarbeit.[21] In einer negativen Ausprägung können sie allerdings auch das Gegenteil – geringere Leistungen und mehr Fehlverhalten – bewirken. Denken Sie beispielsweise an Teams, bei denen eine großzügige Auslegung der Vertrauensarbeitszeit oder der Missbrauch von Reisekostenabrechnungen als Normalität gelten. Die Abwesenheit von Gruppennormen reduziert die Effizienz ebenfalls, da das Verhalten von Gruppenmitgliedern ohne gemeinsam geltende (informelle) Regeln weniger vorhersehbar und damit kaum planbar ist.

Gruppennormen sind weiterhin wichtig für unser Selbstbild. Wir definieren unsere Identität, das heißt den Kern unseres Seins beziehungsweise unser Selbstverständnisses, in ständigem Austausch mit unserer sozialen Umgebung. Unsere Identität besteht aus verschiedenen Facetten, beispielsweise unsere Identität als Familienmitglied, in unserer Arbeitsrolle oder im sportlichen Bereich. Dementsprechend hat auch die berufliche Zusammenarbeit in einem Team stets einen Einfluss auf unser Selbstverständnis. Wir können nichts dagegen tun: Manchmal mehr, manchmal weniger – aber niemals sind wir nach einer Interaktion der gleiche Mensch wie zuvor. Dieses Grundverständnis lässt sich nutzen, wenn Teams in die Phase der Festlegung von Gruppennormen eintreten. Sie wollen, dass die Teamarbeit eine positive Veränderung in den Denkstrukturen Ihres Gehirns hinterlässt? Dann sorgen Sie für ein positives Gemeinschaftsgefühl im Team!

Lassen Sie uns für das Entstehen eines Gefühls der Zusammengehörigkeit zunächst noch einmal die Bedeutung positiver Kommunikationsnormen hervorheben (siehe Phase 2). Teams, die dreimal so viele positive Ausdrücke verwenden wie negative Kommunikation, sind erfolgreicher, sowohl in Bezug auf harte Geschäftskennzahlen als auch in Bezug auf weiche Faktoren wie die Teamzufriedenheit.[22] Durch entsprechende Kommunikationsgewohnheiten kann eine Aufwärtsspirale positiver Gefühle ausgelöst werden – oder das genaue Gegenteil.

Sogenannte Jammerzirkel entstehen, wenn sich Teams in negativer, dysfunktionaler Kommunikation verlieren. Darunter verstehen wir destruktive Interaktionssequenzen, die Beschwerden über den Status quo oder Statuskämpfe zum Ausdruck bringen sowie auf beziehungsbasierten Konflikten beruhen.[23] Dazu gehören auch Killerphrasen, die sich auf die Person und nicht auf die Sache beziehen (zum Beispiel: »Für Sie als studierter Ingenieur müsste das doch leicht nachvollziehbar sein«) oder Ideen im Kern ersticken (zum Beispiel: »Das haben wir immer so gemacht«). Verschiedene Untersuchungen von Teams in Labor- und Praxissituationen belegen, dass derartige Interaktionssequenzen – ein Teammitglied beschwert sich, das nächste stimmt ein, was wiederum weitere Negativargumente der anderen nach sich zieht – sich verselbstständigen.[24] Jammerzirkel sind nicht nur nervig, sie wirken sich auch stark negativ auf die Teamleistung aus. So belegt eine Untersuchung des Kommunikationsverhaltens von 59 Teams aus 19 Unternehmen eine langfristige Verringerung des Unternehmenserfolgs und der Innovationsfähigkeit mit zunehmender destruktiver Teamkommunikation.[25] Sollten Sie also merken, dass jemand in Ihrem Team mit dem Lästern oder Meckern beginnt, intervenieren Sie! Entschärfen Sie die Aussage durch Nachfragen, schwenken Sie auf ein positiveres Thema um, fassen Sie den Zwischenstand des Meetings zusammen oder machen Sie einen Witz. Hauptsache, Sie durchbrechen die sich entwickelnde negative Eigendynamik.[26]

Die gute Nachricht ist: Auch positive Interaktionszyklen verstärken sich selbst. In einer Studie analysierte ein internationales Forscherteam 43 139 Aussagen, die Gruppenmitglieder von 43 Teams während ihrer Teammeetings von sich gaben.[27] Sie stellten zunächst fest, dass die Gesamtmenge positiver Kommunikation förderlich auf die vom Manager bewertete Teamleistung wirkte. Außerdem zeigten die Wissenschaftler, dass konstruktive Kommunikation sich selbst verstärkt: Positive sowie lösungsorientierte Aussagen erhöhen die Wahrscheinlichkeit von nachfolgenden positiven Äußerungen anderer Teammitglieder. Problemorientierte Kommunikation reduziert dagegen die Wahrscheinlichkeit von nachfolgenden positiven Aussagen. Die leistungssteigernde Wirkung optimistischer und zuversichtlicher Kommunikation kann sich vor allem dann entfalten, wenn viele Sprecherwechsel innerhalb der Gruppe stattfinden. Das bedeutet, dass Sie versuchen sollten, möglichst alle Teammitglieder aktiv in die

Lösungsentwicklung einzubinden. Mitglieder, die zu umfassenden Erläuterungen der (Problem-)Situation neigen, dürfen Sie dagegen sanft stoppen, denn sie unterbinden die Entwicklung positiver Interaktionszyklen.

Ein entscheidender Gestaltungsfaktor für ein positives Kommunikationsklima ist die sogenannte *psychologische Sicherheit* in Teams. Der 1999 durch die Harvard-Professorin Amy Edmondson geprägte Begriff beschreibt die Überzeugung jedes Teammitglieds, sich in der Gruppe äußern zu können, ohne mit Missachtung oder Vertrauensbruch gestraft zu werden. Mitarbeiter in sicheren Gruppen fühlen sich durch ihre Kollegen akzeptiert und respektiert.[28] Edmonson entdeckte die erstaunliche Wechselwirkung von psychologischer Sicherheit und Teammotivation bei einer Untersuchung von Teams in Bostoner Krankenhäusern.[29] Die Forscherin stellte bei der Analyse der erhobenen Teamdaten überrascht fest, dass ein höheres Ausmaß an identifizierten Fehlern mit einer besseren wahrgenommenen Gruppenleistung und höheren Beziehungsqualitäten innerhalb des Teams zusammenhing. Doch warum führen mehr Fehler zu für den Patienten im Endeffekt besseren Ergebnissen? Je mehr Behandlungsfehler angesprochen werden, desto eher kann gegengesteuert und Patienten geholfen werden. Und das führt am Ende zu höheren Heilungsquoten, als wenn Fehler einfach verschwiegen werden.

In welchen Teams war nun die Bereitschaft für die Äußerung von Fehlern besonders hoch? Der Schlüssel liegt im Verständnis von Gruppennormen. Teams, in denen Fehler gerügt werden oder Verbesserungsvorschläge der Ignoranz verfallen, kreieren eine Umwelt, in der kein Gruppenmitglied die eigenen Unsicherheiten eingestehen möchte. Hier herrscht eine niedrige psychologische Sicherheit; Angst regiert die Empfindungen der Teammitglieder. Schließlich möchte niemand seine Schwächen in einer Gruppe teilen und dafür belächelt werden. Teams, in denen die psychologische Sicherheit hoch ausgeprägt ist, aber keine hohen Leistungsambitionen vorhanden sind, agieren ebenfalls unter dem Performance-Maximum. In diesen Teams stellt sich ein gemütliches Kuschelklima in der Komfortzone ein: Alle fühlen sich wohl, und die Gruppenmitglieder haben sich auf ein geringes Leistungsniveau geeinigt.

Die Leistungsreduktion bei mangelnder persönlicher Rechenschaft stellt in der sozialpsychologischen Forschung ein gut belegtes Phänomen dar, den *Ringelmann-Effekt*:[30] Der französische Ingenieur Max Ringelmann führte Ende des 19. Jahrhunderts einen Versuch durch, bei dem eine variierende Zahl von Teilnehmern an einem Tau ziehen sollte. Seine Ergebnisse, gemessen mit einem Dynamometer, zeigten, dass die Probanden allein jeweils mehr Kraft aufbrachten, als wenn sie in 3er- oder gar in 10er-Teams zogen. Innerhalb eines Teams neigen Menschen also dazu, eine geringere kollektive Leistung zu erbringen, als aufgrund der Einzelstärken zu erwarten wäre. Diese Schonung der eigenen Kräfte funktioniert allerdings nur, wenn der Leistungsbeitrag des Einzelnen nicht transparent ist und in der Gruppenleistung untergeht.

Wenn beides niedrig ausgeprägt ist – sowohl die Motivation als auch die psychologische Sicherheit – befinden sich Teams in einem nahezu apathischen Zustand. Langfristig gute Leistungen erreichen Teams nur, wenn Sie sich einer Lernzone befinden (siehe Abbildung 12[31]). Hier ist sowohl die psychologische Sicherheit als auch die Motivation beziehungsweise persönliche Verantwortung für die eigenen Handlungen hoch. Die Gruppenmitglieder fühlen sich frei, Fehler anzusprechen und wollen ihre Leistung verbessern.

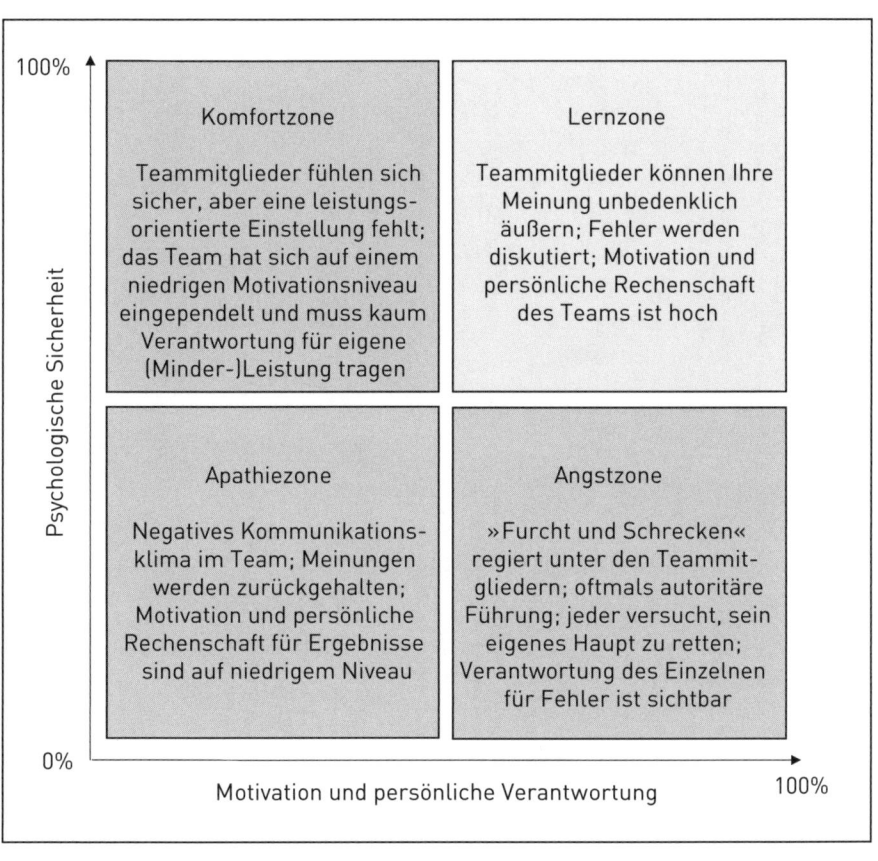

Abbildung 12: Psychologische Sicherheit und Motivation in Teams

Das Ganze ist mehr als die Summe seiner Teile **125**

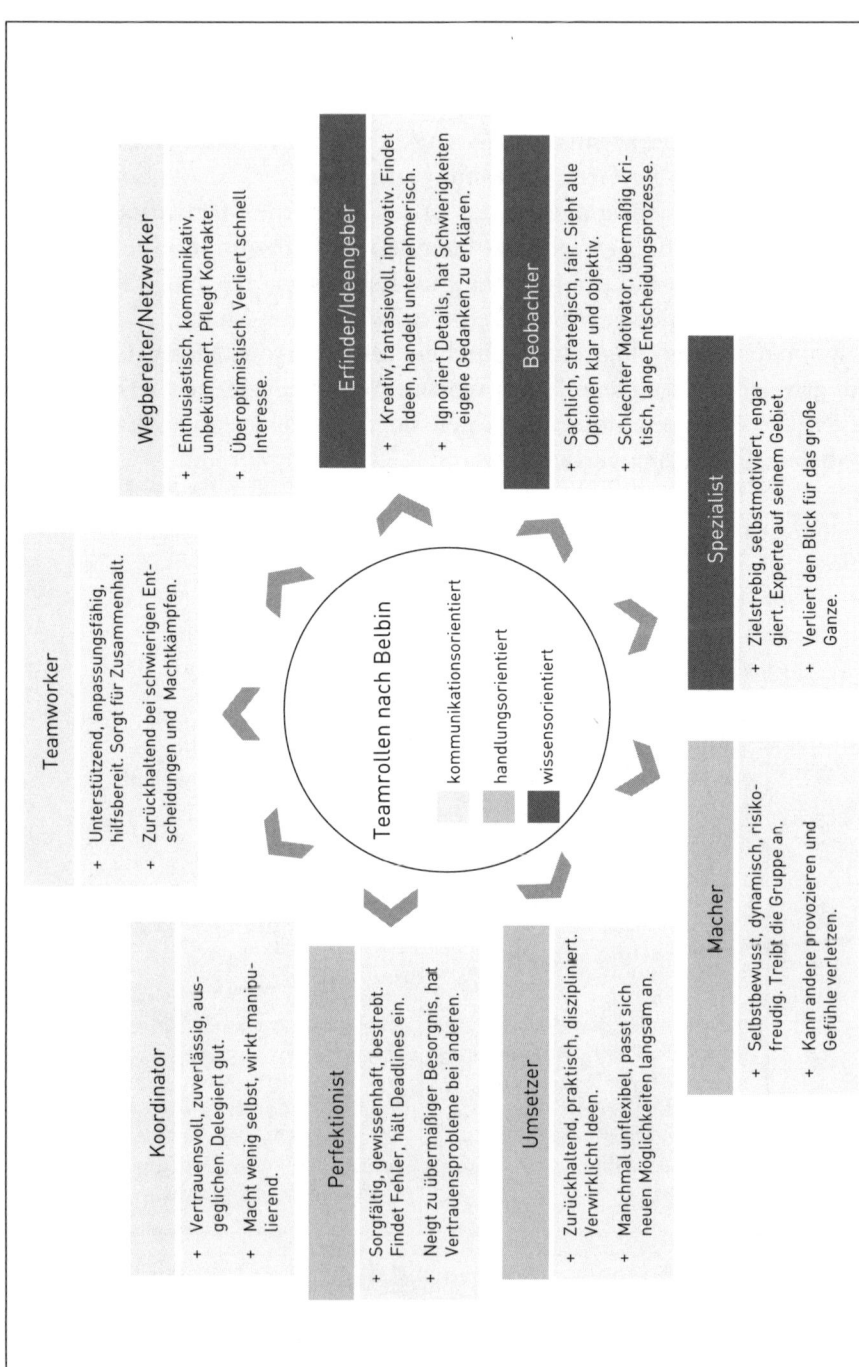

Wegbereiter/Netzwerker

+ Enthusiastisch, kommunikativ, unbekümmert. Pflegt Kontakte.
+ Überoptimistisch. Verliert schnell Interesse.

Erfinder/Ideengeber

+ Kreativ, fantasievoll, innovativ. Findet Ideen, handelt unternehmerisch.
+ Ignoriert Details, hat Schwierigkeiten eigene Gedanken zu erklären.

Beobachter

+ Sachlich, strategisch, fair. Sieht alle Optionen klar und objektiv.
+ Schlechter Motivator, übermäßig kritisch, lange Entscheidungsprozesse.

Teamworker

+ Unterstützend, anpassungsfähig, hilfsbereit. Sorgt für Zusammenhalt.
+ Zurückhaltend bei schwierigen Entscheidungen und Machtkämpfen.

Spezialist

+ Zielstrebig, selbstmotiviert, engagiert. Experte auf seinem Gebiet.
+ Verliert den Blick für das große Ganze.

Teamrollen nach Belbin

kommunikationsorientiert
handlungsorientiert
wissensorientiert

Koordinator

+ Vertrauensvoll, zuverlässig, ausgeglichen. Delegiert gut.
+ Macht wenig selbst, wirkt manipulierend.

Perfektionist

+ Sorgfältig, gewissenhaft, bestrebt. Findet Fehler, hält Deadlines ein.
+ Neigt zu übermäßiger Besorgnis, hat Vertrauensprobleme bei anderen.

Umsetzer

+ Zurückhaltend, praktisch, diszipliniert. Verwirklicht Ideen.
+ Manchmal unflexibel, passt sich neuen Möglichkeiten langsam an.

Macher

+ Selbstbewusst, dynamisch, risikofreudig. Treibt die Gruppe an.
+ Kann andere provozieren und Gefühle verletzen.

Abbildung 13: Die neun Rollen im Team

Für Ihren Managementalltag heißt das: Das Sicherheitsbedürfnis Ihrer Mitarbeiter beschränkt sich nicht nur auf ein niedriges Risiko für einen Arbeitsplatzverlust, sondern betrifft auch die psychologische Sicherheit im Team. Dieser Befund wurde inzwischen in einer groß angelegten Studie bei Google bestätigt, in der man mehr als 100 Teams über einen längeren Zeitraum genauestens analysierte und durch einen datenbasierten Ansatz zu optimieren versuchte. Am Ende stand die Erkenntnis: Egal wie intelligent die Menschen waren oder wie anregend die Umgebung war – nichts davon war von Bedeutung, wenn kein wertschätzendes Klima in Form von hoher psychologischer Sicherheit gelebt wurde.[32] Als Führungskraft ist es Ihre Aufgabe, ein solches Klima zu kreieren: Bringen Sie deutlich zum Ausdruck, dass Sie abwertende Äußerungen nicht dulden, leben Sie eine offene Fehlerkultur vor und ermuntern Sie die Mitglieder Ihres Teams zur konstruktiven Kritik.[33]

Nicht zuletzt gilt es für jedes Teammitglied in der Norming-Phase, die eigene Rolle auszugestalten. Wenn Aufgaben und Verantwortliche klar definiert sind, wird die Gefahr einer *Diffusion der Verantwortung* reduziert. Darunter ist die Tatsache zu verstehen, dass sich niemand im Team verantwortlich für Geschehnisse oder Handlungen fühlt – frei nach dem Motto: »Team? Toll, ein anderer macht's!« Um dieser Tendenz mittels Rollenklärung entgegenzuwirken, kann es Gruppenmitgliedern helfen, wenn Sie sich in einem Workshop-Setting oder individuellen Coaching mit den verschiedenen Gruppenrollen auseinandersetzen. Ohne dabei stereotyp im Sinne der Gruppenrollen handeln zu müssen, bringt dieser Abgleich von eigenen Erwartungen, Persönlichkeitsstrukturen und Verhaltensmustern mit Funktionen in der Gruppe Klarheit über die eigene Position.

Der Engländer Meredith Belbin entwickelte auf Basis von Teambeobachtungen die Idee, dass Menschen eine von neun Rollen in einer Gruppe ausfüllen.[34] Unter einer Teamrolle versteht Belbin dabei Präferenzen für bestimmte Interaktionsmuster, die beeinflussen, wie ein Individuum mit anderen Teammitgliedern kommuniziert und die Arbeit des gesamten Teams beeinflusst.[35] Die neun verschiedenen Teamrollen und ihre Charakteristika sind in Abbildung 13 illustriert. Die wissenschaftliche Fundierung dieses Modells motivierte kommerzielle Anbieter zur Entwicklung entsprechender Seminare zwecks Testung von Teamrollen; Sie können die Beschreibungen aber auch einfach als Diskussionsanregung für Ihr Team nutzen.

Wichtig ist für Sie als Manager in dieser Phase vor allem: Nutzen Sie den Positiv-Effekt, um Individuen die Definition der eigenen Rolle zu erleichtern und damit dem Team insgesamt zu einer positiven Gruppen-identität zu verhelfen. Eine hilfreiche Methode neben der Diskussion von Gruppenrollen kann das *Ressourcen-ABC* sein.[36] Jeder im Team benötigt dazu ein Blatt Papier, auf das eine Tabelle mit 3 Spalten und 26 Zeilen gemalt wird. Dann darf sich jede Person ein anderes Teammitglied aus-suchen, welches sie gern beschreiben möchte. In die erste Spalte wird pro Zeile ein Buchstabe des Alphabets eingetragen. In die zweite Spalte wer-den positive Ressourcen eingetragen, über welche die zu beschreibende Person verfügt. Dabei dürfen die Ressourcen in jeder Zeile nur mit dem jeweiligen Buchstaben beginnen. In Zeile 1, Spalte 2 steht also zum Bei-spiel aktiv, Auto, Auftragsbuch et cetera – eben alle Ressourcen, die der ausfüllenden Person über das zu beschreibende Teammitglied in den Sinn kommen: materielle Besitztümer, Eigenschaften, Fähigkeiten, Ab-schlüsse, Menschen, Visionen, Bücher und so weiter. In die dritte Spalte werden nun Beispiele, also konkrete Situationen oder Ereignisse, ange-führt, welche die in Spalte 2 angeführten Ressourcen belegen.

Das Ressourcen-ABC ist ein schönes Beispiel für positives Priming. Durch die Fokussierung auf die Stärken und Fähigkeiten von anderen fühlen sich die Teammitglieder besser und sind oftmals erstaunt über den Ressourcenreichtum, der in ihrem Team vorherrscht. Das Instrument stellt das genaue Gegenteil der Fokussierung auf Schwächen und Vor-urteile dar. Letzteres kann zu stark negativen Gefühlen und Handlungen führen, wie zum Beispiel in einer Sequenz der Fernsehshow *Die beste Show der Welt* beobachtet werden kann.[37] Dort fordert der Moderator Klaas Heufe-Umlauf freiwillige Teilnehmer auf, sich in einer »Hart-aber-unfair«-Runde gegenseitig zu bewerten: Wer ist der dümmste/unlustigste/nervigste Kandidat? Im Finale bleiben zwei Kandidaten übrig, die in einer klassischen »Gefangenendilemma-Situation« die Wahl zwischen zwei Ku-geln haben: der Risiko- und der Sicherheitskugel. Die negativ geprimten Finalisten können je nach Wahl eine nicht unerhebliche Geldsumme ge-winnen – sie sind aber von der Wahl des anderen abhängig. Wählen beide Kandidaten die Sicherheitskugel, bekommen beide 2 000 Euro. Wählt ein Finalist Risiko und der andere Sicherheit, erhält derjenige, der Risiko ge-wählt hat, 8 000 Euro, der andere geht leer aus. Entscheiden sich beide für Risiko, wird gar kein Geld ausgeschüttet. Wie wirkt sich das negative Priming wohl aus? Sie ahnen es schon: Die Wahrscheinlichkeit von un-kooperativem Verhalten steigt. Zum Glück wirkt der Effekt auch in die positive Richtung: Nutzen Sie daher lieber das Ressourcen-ABC, als das Negative überwiegen zu lassen.

Phase 4: Teamleistung und Innovationsfähigkeit fördern

Ihr Team hat sich kennen gelernt, aneinander gerieben und sich schließlich auf gemeinsame Normen sowie Rollenverteilungen geeinigt. Es wurden vielleicht bereits erste innovative Ideen entwickelt oder neue Lösungsansätze generiert. Das Team hat die besten Vorrausetzungen, um zu Höchstleistungen aufzulaufen. Wie bringen Sie nun die unterschiedlichen Stärken der Teammitglieder positiv zur Entfaltung? Indem Sie für Ruhe und Fokus im Team sorgen. In dieser Phase geht es um die Umsetzung; ausschweifende Brainstorming-Diskussionen seitens des Teams sind daher ebenso fehl am Platz wie Mikromanagementverhalten Ihrerseits. Stellen Sie sich die Leistungskurve wie das Kochen eines innovativen Mehrgängemenüs vor: Zunächst galt es, sich auf die Abstimmung der Gänge und die Zutaten zu einigen, diese einzukaufen und für den Kochprozess vorzubereiten. Jetzt liegt alles parat, jeder im Team kennt seinen Verantwortungsbereich, die Töpfe und Pfannen sind bereits erhitzt. Es leuchtet ein, dass erneute Diskussionen über Zutaten oder Zubereitungsarten in diesem Stadium kontraproduktiv sind. Breites Denken ist bei der Lösungsentwicklung wichtig, im Prozess der Leistungserstellung ist Fokus dagegen die zentrale Erfolgszutat. Im Folgenden stellen wir Ihnen (1) die Etablierung von positiven Routinen, (2) die Vermeidung einer »Zusammenarbeitsüberlastung« sowie (3) die Rolle von Humor als Maßnahme zur Erhöhung der Leistungsfähigkeit des Teams in dieser Phase vor.

Befassen wir uns zunächst mit der Etablierung von Routinen. Für das menschliche Gehirn sind feste Arbeitsabläufe, automatisch ablaufende Verhaltensmuster, Rituale und wiederkehrende Strukturen eine Entlastung. Routinen sind dabei nicht gleichzusetzen mit Unterforderung und stupider Wiederholung von Tätigkeiten. Vielmehr können auch sehr komplexe Arbeitstätigkeiten irgendwann routinierter ablaufen, wenn sie nur lange genug geübt werden. Erinnern Sie sich zum Beispiel an Ihr erstes Projekt im neuen Job: Alles war unbekannt, sie mussten die verschiedenen Schritte des Projektmanagements erst kennen lernen, sich ein Netzwerk aufbauen und sich mit den Normen Ihres Unternehmens vertraut machen. Beim zweiten Projekt ging Ihnen die Planung und Durchführung vermutlich schon leichter von der Hand: Sie waren nicht mehr ganz so nervös, hatten sich bereits einige Strategien angeeignet und ließen sich durch Abweichungen vom Plan nicht mehr so schnell aus der Ruhe bringen.

Wie in diesem Beispiel kann es Teams ebenfalls helfen, nicht jeden Tag das Rad neu zu erfinden, sondern sich positiven Routinen zu unterwerfen. Hilfreich ist es dafür, wenn das Team selbst Strukturen entwickelt. Für manche Arbeitsgruppen kann dies bedeuten, jeden Tag der Woche unter ein bestimmtes Thema zu stellen, zum Beispiel wird der Montag für interne Meetings reserviert, Dienstag als Einzelarbeitstag deklariert, am Mittwoch geht es um Kreativprojekte und so weiter. Dieses Prinzip können Sie auch für kleinere Planungseinheiten nutzen. Lassen Sie beispielsweise Ihre Meetings immer dem gleichen Ablauf folgen. Versuchen Sie Ihre Arbeitstage einem bestimmten Muster folgen zu lassen. Bauen Sie positive Rituale ein, wie den »Song des Tages«, der in der Pause von einem reihum wechselnden Teammitglied abgespielt wird, oder dem »Brain-Walk« als gemeinsamer Gang zum Café in der Nachmittagspause. Passen Sie den Positiv-Effekt an Ihre Gegebenheiten an: Geben Sie Ihren Mitarbeitern die Aufgabe, fünf positive Routinen vorzuschlagen und wählen Sie dann gemeinsam im Teammeeting drei Routinen pro Monat aus. Inspirationsquellen lassen sich dafür vielerorts finden: im Internet, in Büchern, von Ihren Kindern … Schon Aristoteles wusste: Wir sind, was wir wiederholt tun. Entscheiden Sie sich daher für die Wiederholung von positiven Routinen!

Ein widerlegtes Vorurteil ist übrigens, dass Routinen der Kreativität abträglich sind.[38] Durch die zusätzlich frei werdenden kognitiven Ressourcen können Mitarbeiter tiefer über ihre Arbeit nachdenken. Wenn weniger Kapazitäten damit verbraucht werden, zu überlegen, was wann und wie gemacht werden soll, kann diese Zeit für andere Aktivitäten genutzt werden. Die Ressourcen-Verteilungstheorie besagt dabei, dass dieser Effekt besonders stark auftritt, wenn immer wieder anfallende Tätigkeiten oder Planungsaufgaben standardisiert werden.[39] Bei selten ausgeführten Aktivitäten ist die kognitive Kapazitätseinsparung dagegen eher gering. Dies ist anhand eines Beispiels leicht nachvollziehbar. Wenn Sie eine Anfrage zu einer bestimmten Thematik nur einmal im Monat beantworten müssen, so bewirkt die Erstellung einer Standardvorlage keinen großen Zeitgewinn. Sind solche Anfragen dagegen dreimal am Tag zu beantworten, so sparen Sie mit dem einmaligen Durchdenken einer Vorlage vermutlich viel Zeit bei der künftigen Beantwortung.

Neben der Etablierung von Routinen ist Ihre Aufgabe als Manager, einer Überlastung durch Zusammenarbeit (engl. *collaborative overload*) aktiv entgegenzuwirken. Teams sollten dann zusammenkommen, wenn Sie kreative Ideen entwickeln wollen, sich abstimmen müssen oder gemeinsame Entscheidungen zu treffen sind. Effektive Teamarbeit bedeutet allerdings nicht, dass jeder über alle Handlungen der anderen ständig in Kenntnis gesetzt werden muss, vor allem wenn diese für seinen Tätigkeitsbereich völlig irrelevant sind. Je mehr Zeit wir in Teams verbringen, desto effektiver sollten wir unsere Interaktionen gestalten. Doch welche Regeln helfen Teammitgliedern, positiv aus Gesprächen zu gehen und dabei ihre Zeit bestmöglich zu nutzen?

Die Professoren Rob Cross und Peter Gray untersuchen, wie sich die Interaktionen effektiver Teamarbeiter von denen leistungsschwächerer Mitglieder unterscheiden.[40] Sie stellten fest, dass traditionell angewendete Verfahren wie die Auswertung von Prozesscharts oder interner Finanzreports sowie die Analyse von Verantwortungsbereichen und formalen Organisationsstrukturen kaum Antworten darauf gaben, warum manche Manager an Zusammenarbeitsüberlastung litten, während andere ihre Aufgaben trotz umfangreicher Verantwortungsbereiche effektiv erledigten. Deswegen nutzten sie zur Aufdeckung dysfunktionaler Interaktionsmuster die organisationale Netzwerkanalyse. Sie fanden heraus, dass weniger effiziente Manager und Teammitglieder zwei bis fünf Mal so viel Zeit von ihrem Interaktionspartner beanspruchten als Personen, die zu den effizienteren Kommunikatoren gehörten. Weniger effektive Manager verzichteten auf klare Strukturierungen ihrer Meetings, ließen zu viele Menschen unnötigerweise in Terminen herumsitzen, um sie beispielsweise Routineentscheidungen treffen zu lassen, und legten generell wenig Respekt gegenüber der Zeit anderer an den Tag. Die Wissenschaftler stellten aus den Ergebnissen ihrer Analysen und Fallstudien eine Liste von Empfehlungen gegen Zusammenarbeitsüberlastung zusammen (siehe Kasten). Lassen Sie sich inspirieren!

Zusammenarbeitsüberlastung vermeiden, die Aufwärtsspirale fördern

Strukturelle Maßnahmen

1. Identifizieren Sie Mitarbeiter am »Rande des Netzwerks«, zum Beispiel Personen mit geringer Projekteinbindung, und übertragen Sie Teile Ihrer Aufgaben an diese Kollegen.
2. Geben Sie Routineentscheidungen, wie beispielsweise Reisegenehmigungen, Einstellungs- und Beförderungsentscheidungen oder Entscheidungen über geringen Kapitaleinsatz, an wenig

überlastete Kollegen ab oder ordnen Sie diese zwischen Ihren Mitarbeitern neu zu.

3. Sammeln Sie regelmäßig benötigte Informationen an einem öffentlich zugänglichen Ort (Intranet, Team-Whiteboard, Ansprechpartner).
4. Bitten Sie den Absender von Anfragen darum, deutlich herauszustellen, warum Ihre Expertise für das Problem oder die Frage notwendig ist.
5. Sorgen Sie für Routinen (wie Kalenderregeln oder Agendarichtlinien), um Ihre Interaktionspartner zu fokussierten und effizienten Meetings zu motivieren.
6. Planen Sie lieber regelmäßige und intensive Treffen für die Entwicklung von Visionen und Koordinationsplänen, anstatt kurze und lückenhafte Begegnungen aneinanderzureihen.
7. Kommunizieren Sie vor Meetings klar, was entschieden werden muss und wer dafür anwesend sein sollte. Entlasten Sie damit Menschen, die sich verpflichtet fühlen, »für den Fall der Fälle« in jedem Meeting anwesend zu sein.

Verhaltensmaßnahmen

1. Gehen Sie respektvoll mit der Zeit anderer um.
2. Vermeiden Sie das Versenden von Signalen, dass Sie über alles auf dem Laufenden gehalten werden wollen. Ermutigen Sie Ihre Mitarbeiter stattdessen, Entscheidungen allein zu treffen.
3. Lösen Sie nicht immer Probleme für andere – geben Sie lieber Hilfe zur Selbsthilfe.
4. Halten Sie sich von Aufgaben fern, die nichts mit Ihren Kernzielen zu tun haben. Vermeiden Sie unproduktive Sitzungen. Falls unumgänglich: Nutzen Sie diese als Lernchance.
5. Wenn Sie Ihren Mitarbeitern Feedback geben, dann konzentrieren sie sich nur auf Vorschläge oder Änderungswünsche, die zu erheblichen Verbesserungen (>25 Prozent) führen.
6. Gehen Sie mit hoher Mindfulness, voller Aufmerksamkeit und positiver Veränderungsenergie in Meetings, um die Notwendigkeit weiterer Besprechungen zum gleichen Thema zu reduzieren.
7. Wechseln Sie frühzeitig von E-Mails zum direkten Kontakt, wenn erste Anzeichen von Missverständnissen auftreten.

Eine weitere Empfehlung zur Etablierung des Positiv-Effekts lautet: Verlieren Sie den Humor nicht! Der Zusammenhang zwischen humorvollen Äußerungen und Teamleistung ist inzwischen wissenschaftlich gut belegt. Ein Witz führt meist dazu, dass andere Teammitglieder lachen und mit einer weiteren humorvollen Äußerung reagieren. Diese sogenannten *Humorzirkel* verbessern nicht nur die Gruppenleistung, sondern auch das Wohlbefinden der Mitarbeiter. Außerdem fördern humorvolle Äußerungen die Generierung neuer Lösungen und »erhalten die Freundschaft«, das heißt die Gruppenkohäsion wird gestärkt.[41] Nicht zuletzt brauchen wir andere zum Lachen: In einem Gruppen-Setting ist es 30 Mal wahrscheinlicher, dass wir lachen, als wenn wir auf uns allein gestellt sind.[42] Humor in der Gruppe hilft, die Teamidentität zu stärken und sich als eine Einheit zu fühlen.

Humor kann allerdings ein zweischneidiges Schwert sein. Manche Äußerungen finden nur wir selbst lustig, während der andere sich auf den Schlips getreten fühlt. Nach den Wissenschaftlern Siegfried Dewitte und Tom Verguts lassen sich drei Klassen von Witzen unterscheiden.[43] Zuerst gibt es Witze, die kein Lachen beim Gegenüber hervorrufen, weil sie zu offensichtlich oder zu flach sind. Zweitens kennen wir erfolgreiche Witze, die durch die richtige Balance zwischen Überraschungseffekt und Inhalt ein herzliches Lachen hervorrufen. Die dritte Klasse von Witzen führt ebenfalls nur zu einem verhaltenen Schmunzeln. Hierbei handelt es sich um zu absurde oder offensive Witze, bei denen andere Personen direkt angegangen werden. Behalten Sie diese Klassifizierung im Hinterkopf: Vermeiden Sie Witze auf Kosten anderer! Nicht nur rufen Sie damit selten positive Reaktionen hervor, auch Sie werden sich nicht wohl damit fühlen. Humor soll soziale Interaktionen erleichtern, nicht erschweren. Teilen Sie lustige Geschichten oder Missgeschicke, die Sie erlebt haben, und werden Sie aktiv in der Generierung von Insider-Witzen. Auch Selbstironie wird positiv wahrgenommen: Sie lässt auf Personen mit hohem Selbstbewusstsein schließen, die sich selbst nicht zu ernst nehmen.[44] Geben Sie sich auch Mühe, selbst ein guter Empfänger von Humor zu sein: Wir alle wollen uns gern lustig und damit angenommen in einer Gruppe fühlen. Also, lachen Sie!

Zusammenfassung 💊 Die schnelle Dosis Vitamin +

- Ein Team beschreibt eine Mehrzahl von Personen, die über längere Zeit in direktem Kontakt stehen, sich dem Team zugehörig fühlen, geteilte Ziele/Normen haben und einen gemeinsamen Arbeitsauftrag verfolgen.
- Die bekanntesten Modelle der Teamentwicklung sind das Phasenmodell von Tuckman sowie das Equilibrium-Modell von Gersick. Beide nehmen an, dass sich die Qualität der Zusammenarbeit über die Zeit verändert. Der Positiv-Effekt kann je nach Phase unterschiedlich genutzt werden.
- **Zusammenfinden:** Diversität wirkt leistungssteigernd, wenn verschiedene Perspektiven wertschätzend eingebracht werden, statt Unterschiede zu betonen. Der Halo-Effekt bewirkt, dass erste Eindrücke nachfolgende Wahrnehmungen verzerren. Also, treten Sie positiv auf!
- **Auseinandersetzung:** Aufgabenbezogene Konflikte sind für maximale Teamleistungen essenziell. Sowohl auf individueller als auch auf Gruppenebene gibt es unterschiedliche Konflikttypen, die spezifische Managementimplikationen nach sich ziehen.
- **Gruppennormen:** Positive Regeln, die von allen Teammitgliedern akzeptiert werden, ersetzen Jammerzirkel und destruktives Verhalten durch Aufwärtsspiralen, psychologische Sicherheit und klare Rollen.
- **Leistungsphase:** Ruhe und Fokus sind gefragt. Teams brauchen Routinen zur Vermeidung von Zusammenarbeitsüberlastung. In Ergänzung einer Prise Humor sind positive Ergebnisse garantiert!

Kapitel 6

Weicher Faktor mit harten Folgen: Die wertschöpfende Unternehmenskultur

»Am besten lassen sich organisatorische Veränderungen erreichen,
wenn man die positiven, unterstützenden
kulturellen Elemente (Stärken) nutzt.«

Edgar H. Schein,
Organisationspsychologe

Nachdem wir uns mit den Auswirkungen des Positiv-Effekts auf individueller und Teamebene befasst haben, begeben wir uns nun auf die Ebene des Gesamtunternehmens. Die Tatsache, dass eine positive Unternehmenskultur einen zentralen Einflussfaktor für eine hohe Leistungserbringung von Unternehmen darstellt, ist mehr als umfassend belegt. Studien[1], Bücher[2] und Blog-Posts[3] berichten von der zentralen Rolle einer guten Unternehmenskultur, ungenutzten Potenzialen und der Notwendigkeit von Kulturveränderungen für die Erhöhung der Wettbewerbsfähigkeit. Eine starke Kultur kann sogar als Substitut für schlechte Führung wirken[4] – was natürlich nicht bedeutet, dass Sie den Ausbau Ihrer Führungskompetenzen vernachlässigen sollten.

Doch was genau ist eine positive Unternehmenskultur? Nehmen Sie sich drei Minuten Zeit, um Ihre eigene Antwort auf diese Frage zu formulieren. Gar nicht so einfach, oder? Seien Sie beruhigt, mit diesen Definitionsproblemen stehen Sie nicht allein da. In einer Befragung von 7 000 (Top-)Managern aus 130 Ländern — darunter 200 Entscheider aus Deutschland – waren zwar 82 Prozent der Meinung, dass die Unternehmenskultur wichtig für die Wettbewerbsfähigkeit des Unternehmens sei.[5] Gleichzeitig gab allerdings nur ein Viertel aller Befragten an, die eigene Unternehmenskultur zu verstehen. Und lediglich 19 Prozent äußern sich dahingehend zuversichtlich, dass sie tatsächlich die richtige Kultur zur Erreichung ihrer Unternehmensziele haben.

In diesem Kapitel bieten wir Ihnen Anstöße zur Messung und Gestaltung Ihrer Unternehmenskultur. Nach einer Diskussion der Merkmale einer guten Kultur befassen wir uns damit, wie Sie den Ist-Zustand in Ihrem eigenen Unternehmen ermitteln können. Sollten Sie auf Basis Ihrer Messergebnisse eine Kulturveränderung für nötig halten, bereiten wir Sie im Anschluss auf die zu erwartenden emotionalen Reaktionen der betroffenen Führungskräfte sowie Mitarbeiter auf ein solches Vorhaben vor. Dazu wenden wir den Positiv-Effekt auf die sieben emotionalen Stufen eines Veränderungsprozesses an.[6]

Merkmale einer positiven Unternehmenskultur

Die Unternehmenskultur spiegelt alle gelebten und sinnstiftenden Werte, Normen und Grundsätze eines Unternehmens wider.[7] Die gemeinsamen Vorstellungen, Erwartungen und Überzeugungen dienen dabei als eine Art Anker, an der sich Mitarbeiter und Führungskräfte festhalten und orientieren können. Gerade in Zeiten des ständigen und disruptiven Wandels stellt die Kultur deswegen ein wichtiges Bindeglied dar. Die Charakteristika der Unternehmenskultur werden zum einen bewusst und sichtbar festgelegt. Diese offiziell kommunizierten Kulturbestandteile kommen zum Beispiel in Logos, Farben oder institutionellen Ritualen, wie etwa Feiern zum Dienstjubiläum, zum Ausdruck. Die meisten Unternehmen nutzen zudem verschiedene Informationskanäle wie Internet- und Intranetseiten, Broschüren oder Poster, um ihre Werte und Grundregeln zu verdeutlichen. Damit wird die Unternehmenskultur gezielt nach außen getragen und so auch zur Neukundengewinnung sowie zur Mitarbeiterrekrutierung genutzt.

Eine positive Unternehmenskultur lässt sich auf zwei Ebenen definieren. Zunächst liegt ihr ein optimistisches Menschenbild zugrunde: Der Mitarbeiter will seine Arbeit so gut es geht erfüllen, ist grundsätzlich motiviert und vertrauenswürdig. Dementsprechend finden wir auf struktureller Ebene einer positiven Unternehmenskultur institutionell verankerte Mitspracherechte für alle Organisationsmitglieder, Freiheitsgrade in der Tätigkeitsgestaltung, gleichberechtigte Vertrags-, Vergütungs- und Arbeitszeitgestaltung, Bemühungen um eine ausgeglichene Work-Life-Balance, Initiativen zum Ideenmanagement, eine transparente Informationspolitik sowie Weiterentwicklungsmöglichkeiten.[8] Auf der weichen Ebene finden sich die nicht objektiv messbaren, unsichtbaren Faktoren des zwischenmenschlichen Miteinanders. Kim Cameron, Vorreiter der amerikanischen Bewegung »Positive Organizational Scholarship«, die sich mit der Analyse der Konsequenzen des Positiv-Effekts in Organisationen befasst, hat mit seinen Kollegen sechs »Soft Facts«, also weiche Merkmale einer positiven Unternehmenskultur identifiziert:[9]

1. Wertschätzung/Respekt,
2. Unterstützung/Freundlichkeit zwischen Mitarbeitern,
3. Fürsorge/Verantwortung im Umgang mit den Kollegen,
4. Vermeidung von Schuldzuweisungen/Fehlertoleranz,
5. Anerkennung/Sinnhaftigkeit bei der Arbeit,
6. Gegenseitige Motivation/Inspiration.

Bei allen sechs Praktiken greifen die Wirkmechanismen des Positiv-Effekts, weil sie auf dem Prinzip des Stärken-stärken-Ansatzes beruhen. Lange lag der Fokus eher auf einem Ausgleich von Schwächen, was zwar den möglichen Schaden begrenzt, aber kein weiteres Wachstum fördert. In einer positiven Unternehmenskultur helfen sich Mitarbeiter gegenseitig bei der Entfaltung ihrer individuellen Stärken und fördern so den wechselseitigen Aufbau persönlicher Ressourcen. Die sechs Praktiken unterstützen nicht nur das Auslösen einer Aufwärtsspirale persönlicher Schutzfaktoren, sondern sind auch eng mit der Unternehmensleistung verknüpft. Insbesondere kann eine Verbesserung der sechs positiven Praktiken zu einer langfristigen Steigerung der Effektivitätskennzahlen von Organisationen führen.

Über diese grundsätzlichen Ansatzpunkte hinaus ist festzuhalten, dass es nicht *die eine* gute Unternehmenskultur gibt. Gute Unternehmenskulturen zeichnen sich durch die genannten Kernmerkmale aus, aber nicht alle Aspekte sind in erfolgreichen Unternehmen immer gleich stark ausgeprägt. Die Kultur muss auch zur Historie sowie zur aktuellen Strategie passen. Wenn Ihr Unternehmen beispielsweise eine Low-Cost-Strategie verfolgt, stellt eine »Luxusmaximierungs-Kultur« der teuren Dienstreisen und pompösen Bürogebäude vermutlich keine optimal passende Unternehmenskultur dar. Um es mit einem Bild zu verdeutlichen: Die Kultur verhält sich zur Strategie wie ein Deckel zum Topf. So wie die Wärme bei zu großem Deckel entweicht, so schwinden die Potenziale einer Strategie, wenn sie nicht zur Unternehmenskultur passt. Wenn Sie ausreichend Energie zur Verfügung haben, wird die Suppe im Topf vielleicht eines Tages kochen. Der eingesetzte Ressourcenaufwand, die Dauer sowie die Qualität der Zubereitung bleibt in Ihrem Kosten-Nutzen-Verhältnis allerdings fraglich.

Ist-Zustand: Messung der Unternehmenskultur

Wie steht es um die Unternehmenskultur Ihres Unternehmens? Eine Vielzahl betriebswirtschaftlicher Kennzahlen kann leicht gemessen werden: Umsatz, Absatzmenge oder bei der Produktion entstehende Abfallmengen, um nur einige Beispiele zu nennen. Sollen die Betriebskosten gesenkt werden, so lassen sich vergleichsweise schnell sowohl die Ziele festlegen als auch mögliche Kostentreiber identifizieren. In diesen Bereichen stehen den meisten Organisationen genügend Erfahrungswerte und Messinstrumente zur Verfügung. Wenn es jedoch um die Unternehmenskultur geht, wird nicht selten Verbesserungsbedarf ausgerufen, ohne zu wissen, welche Merkmale die eigene Kultur ausmachen und welche Aspekte davon verändert werden sollen.[10]

Die Herausforderung bei der Messung liegt darin, dass es neben der offiziellen Unternehmenskultur eine Reihe informeller Kulturmerkmale gibt. Diese unsichtbaren Überzeugungen oder Muster werden aktiv gelebt, ohne dass sie in den Unternehmensleitlinien festgeschrieben sind. Deutlich wird der Unterschied zwischen formellen und informellen Kulturbestandteilen zum Beispiel, wenn die Führungsebene fest davon überzeugt ist, dass im Unternehmen eine faire Leistungskultur herrscht: Wer mehr macht, erhält auch höhere Boni. Abweichend davon kann bei den Mitarbeitern aber etwas ganz anderes ankommen: Ergebnisse zählen kaum, entscheidend ist das Verhältnis zum Chef.

Eine Studie des Instituts für Beschäftigung und Employability bestätigt diese häufig abweichende Perspektive von (Top-)Management und Belegschaft:[11] Die Auswertung der Antworten von 532 Teilnehmern verdeutlicht, dass die Geschäftsleitung ihr Unternehmen im Hinblick auf die Kultur in der Tendenz als sehr gut bis gut einschätzte. Die Bewertungen der HR-Führungskräfte und Abteilungsleiter waren dagegen deutlich verhaltener. Diese diskrepanten Bewertungen unterstreichen, warum Kenntnisse über die in einem Unternehmen tatsächlich gelebten Werte, also den Ist-Zustand der Kultur, notwendig sind, um das Verhalten von Mitarbeitern zu verstehen und mögliche Leistungshindernisse zu beseitigen.

Für die Erhebung der aktuellen Kulturausprägung gibt es verschiedene Messansätze, die sich in Bezug auf die Tiefe der Analyse, die einbezogenen Teilnehmer sowie die angewendeten Forschungsmethoden unterscheiden. Die Initiatoren beziehungsweise Verantwortlichen der Kulturerhebung sind je nach Messinstrument in unterschiedlichem Ausmaß in die Erhebung involviert. Die Rolle reicht von einer offenen Funktion mit steuernder oder unterstützender Wirkung bis zu einer verdeckten Analyse. Die vorhandenen Messinstrumente zur Kulturanalyse sind dabei vielfältig wie die Unternehmenskulturen selbst. Bei der Wahl sollten Sie darauf achten, ein für die aktuelle Situation und die Ressourcen Ihres Unternehmens passende Methode zu wählen. Im Idealfall wählen Sie das Instrument so, dass Sie in regelmäßigem Abstand eine erneute Ist-Erhebung unter Verwendung vergleichbarer Methoden/Bedingungen durchführen können. Nur so können Sie langfristige Veränderungen systematisch erfassen.

Zunächst stellt die Beobachtung ein aus der Ethnologie stammendes Erhebungsinstrument dar. Bei diesem Ansatz werden Daten über die Kultur durch die Analyse von Interaktionen zwischen Mitarbeitern, die Dokumentation von Meetings, die Hospitation bei Kundenkontakten oder das Beiwohnen jeglicher anderer, für das Unternehmen relevanter alltäglicher Prozesse gesammelt. Für die Durchführung kann eine kombinierte Zusammensetzung des Beobachterteams aus externen Wissenschaftlern oder Beratern sowie internen Führungskräften oder Mitarbeitern sinnvoll sein, um »künstliches Verhalten« zu vermeiden und verschiedene Blickwinkel einzubeziehen. Wir alle kennen das Gefühl, uns besonders vorteilhaft verhalten zu wollen, wenn wir Fremden begegnen. Oft reicht schon das Gefühl, beobachtet zu werden, um das eigene Verhalten zu beeinflussen. Dieser sogenannte *Versuchsleiter-Effekt* ist auch in der Forschung wohlbekannt. In den sogenannten *Hawthorne-Studien* interessierte sich eine Forschergruppe für den Einfluss der Arbeitsbedingungen auf die Leistungen von Mitarbeitern.[12] Sie veränderten verschiedene Aspekte wie zum Beispiel die Beleuchtung und untersuchten, wie sich dies auf die Arbeitsfähigkeit der Mitarbeiter auswirkte. Eine bessere Beleuchtung bewirkte tatsächlich eine Leistungssteigerung. Allerdings stieg die Leistung auch in der Kontrollgruppe, in der das Licht überhaupt nicht verändert wurde. Die Mitarbeiter veränderten ihr Verhalten also nur aufgrund der Tatsache, dass sie wussten, dass ihre Aktivitäten unter Beobachtung standen. Wenn externe Beobachter im Unternehmen unterwegs sind, kann also allein die Anwesenheit zu Verhaltensverzerrungen der Organisationsmitglieder führen.

Um Versuchsleitereffekte zu vermeiden, helfen neben dem Einbezug vertrauter interner Personen verdeckte Beobachtungsmethoden. Hierbei sind natürlich ethische Standards zu berücksichtigen: Die Belegschaft darf selbstverständlich nicht gegen ihren Willen ausspioniert werden. Die erhaltenen Beobachtungsdaten werden in der Anschlussphase aggregiert und übergreifende Themen beziehungsweise Kulturcharakteristika identifiziert. Ergänzend kann die Analyse von Unternehmensdokumenten zusätzliche Informationen über die offiziell kommunizierte Kultur liefern. Dazu gehört beispielsweise die Auswertung von Strategiepapieren, Ergebnisberichten, Informationsblättern sowie Newslettern. Der Abgleich zwischen beobachteter und kommunizierter Kultur kann überraschende Einsichten über existierende Unterschiede liefern.

Ein aktives Format der Kulturmessung stellt die Interviewmethode dar. Hier lenkt die interviewende Person die befragten Führungskräfte und Mitarbeiter durch ihre Fragen in hohem bis geringem Maße, je nach Strukturierungsgrad und Offenheit des verwendeten Leitfadens. Auch bei dieser Methode sollten sowohl Interviewer als auch Interviewte so gewählt werden, dass eine größtmögliche Informationsbreite gewährleistet ist. Dafür muss der Interviewte entsprechend qualifiziert sein. Für den Erhalt verschiedener Perspektiven ist es außerdem sinnvoll, Teilnehmer aus unterschiedlichen Bereichen und niedrigen, mittleren sowie hohen Hierarchiestufen zu wählen. Ein Vertrauensaufbau zwischen Interviewer und Befragungsteilnehmern ist dringend notwendig, um ehrliche Informationen über die (informelle) Unternehmenskultur erheben zu können. Die vertrauliche Behandlung der Antworten sollte deswegen eine Selbstverständlichkeit sein.

Ein noch umfassenderes Bild kann durch die Durchführung von Interviews mit Akteuren außerhalb der Organisation entstehen. Dazu gehören Kunden, Experten, Lieferanten oder weitere unternehmensrelevante Stakeholder. Die Kaffeekette Starbucks ließ beispielweise über 5 000 Einträge einer Bewertungsplattform analysieren, um herauszufinden, wie die (informelle) Unternehmenskultur in der Außenwelt wahrgenommen wird.[13]

Nicht zuletzt stellt die Durchführung von Mitarbeiterbefragungen eine Möglichkeit zur Erfassung des Status quo der Unternehmenskultur dar. Eine Vielzahl von Beratungen hat sich auf diese Thematik spezialisiert. Sollten Sie in Ihrem Unternehmen Mitarbeiter mit Grundkenntnissen der Testkonstruktion und Fragebogengestaltung sowie Auswertung beschäftigen, können diese unter Rückgriff auf die weiter oben genannten Studien zu den Merkmalen einer positiven Unternehmenskultur auch ein eigenes Befragungsinstrument entwickeln.

Verändern: Die positive Unternehmenskultur ausbauen

Egal wie der Status quo aussieht: Sie können Ihre Unternehmenskultur immer noch ein bisschen mehr in Richtung einer positiven Aufwärtsspirale entwickeln. Doch wie gelingt eine solche Veränderung? Die Gestaltung der Unternehmenskultur ist als Prozess zu verstehen, der wie eine Kaskade zur Verbreitung des Positiv-Effekts wirkt. Zunächst verändern Sie durch eine bewusste und positive Lebensweise die eigenen Gewohnheiten und programmieren damit Ihr Unterbewusstsein um. Damit wandelt sich auch Ihr Managementstil in Richtung eines stärkenorientierten Primings von Mitarbeitern und Kollegen. Die entstehenden positiven Kreise wirken sich dann über die Veränderung der Zusammenarbeit Ihrer Teams auf die Gestaltung der gesamten Organisationskultur aus.

Doch auch wenn Sie positive Absichten haben: Nicht jeder wird auf den Anstoß eines Kulturwandels positiv reagieren. Menschen lieben Beständigkeit, und eine Veränderung wird oft erst einmal als Bedrohung betrachtet oder zumindest kritisch beäugt. Im Folgenden erläutern wir daher die sieben typischen emotionalen Reaktionen[14], die während Veränderungsprozessen auftreten, und zeigen auf, wie Sie diesen unter Anwendung des Positiv-Effekts begegnen können. Wie in Abbildung 14 dargestellt, unterscheiden sich die Stadien in dem subjektiv wahrgenommenen Ausmaß der eigenen Kompetenz sowie der Menge der positiven Gefühle.

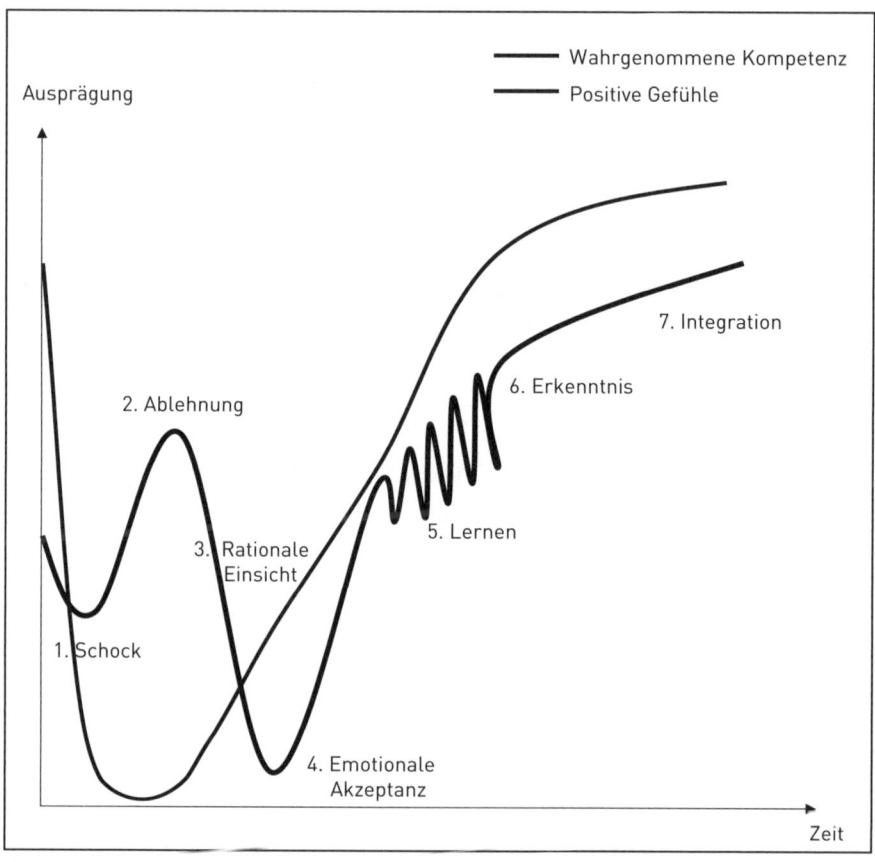

Abbildung 14: Kompetenzempfinden, positive Gefühle und die sieben Emotionen bei Veränderungen

SCHOCK. Durch die Kommunikation von anstehenden Veränderungen erleben viele Individuen zunächst einen Schock beziehungsweise eine Überraschung. Die Menge der empfundenen positiven Emotionen nimmt stark ab, die gefühlte Passung der eigenen Kompetenzen für die Bewältigung der neuen Situation sinkt ebenfalls. Die Verkündung des Wandels ruft Unsicherheiten hervor. Achten Sie in dieser Phase ganz besonders auf Transparenz im Informationsfluss. Erinnern Sie sich an die Verlustaversion des Menschen: Individuen sind stärker durch die Vermeidung

       Der Positiv-Effekt

von Verlusten motiviert als durch mögliche Gewinne. Fokussieren Sie sich also weniger auf die Betonung der Vorteile der Veränderung. Der Positiv-Effekt kommt in dieser Phase kontraintuitiv zum Tragen: Indem Sie aufzeigen, welche Verluste durch den Wandel *verhindert* werden können, reduzieren Sie negative Gefühle und kreieren gleichzeitig ein Gefühl der Dringlichkeit.

ABLEHNUNG. Sobald sich die Nachrichten der anstehenden Veränderungen gesetzt haben, treten häufig Ablehnungsgefühle auf. Manche Mitarbeiter wollen die neue Situation nicht wahrhaben: Sie versuchen einfach wie bisher weiterzumachen. Deswegen steigt auch das wahrgenommene Kompetenzgefühl wieder leicht an. Durch die Leugnung der Veränderung verdrängen die Betroffenen, dass ihre vorhandenen Fähigkeiten nicht unbedingt zur neuen Situation passen. Unterschwellig ist den Organisationsmitgliedern aber sehr wohl klar, dass eine Dissonanz zwischen der nach außen getragenen Uneinsichtigkeit und der inneren Leugnung der Situation besteht. Aus diesem Grund sinkt das Ausmaß der empfundenen positiven Emotionen weiter.

RATIONALE EINSICHT. Nach und nach gerät die unterschwellig vorhandene Dissonanz zunehmend an die Oberfläche. In der Konsequenz verstehen Individuen die Notwendigkeit der Veränderung langsam, aber stetig. Auf der einen Seite nehmen die empfundenen positiven Emotionen durch die Auflösung der rational nicht nachvollziehbaren Widersprüche leicht zu. Auf der anderen Seite wird den Betroffenen allerdings auch bewusst, dass ihre Fähigkeiten unter Umständen weiterentwickelt werden müssen. Das Kompetenzempfinden sinkt deswegen weiter, bis es in der Phase der emotionalen Akzeptanz seinen Tiefpunkt erreicht.

EMOTIONALE AKZEPTANZ. In diesem Stadium verstehen die Menschen, dass ihre Gewohnheiten nicht mehr aufrechterhalten werden können. Sie akzeptieren, dass neue Verhaltensweisen und Routinen entwickelt werden müssen. In dieser Phase ist es Ihre Aufgabe, ein Gefühl der Handlungsfähigkeit zu indizieren. Experimente zeigen: Je stärker Mitarbeiter das Gefühl haben, die Situation beherrschen oder beeinflussen zu können, desto geringer ist der wahrgenommene Stress. Wussten Sie beispielsweise, dass viele Ampelknöpfe »Bluff-Knöpfe« sind? Wenn Sie am Fußgängerübergang stehen und auf Grün warten, macht es bei solchen Placebo-Knöpfen keinen Unterschied, wie viel oder wenig Sie drücken.[15]

Die Ampel springt automatisch um, unabhängig von Ihren Bemühungen. Die Knöpfe sind nur dafür da, um Ihnen das Gefühl zu vermitteln, die Situation beeinflussen zu können. Deswegen bleiben Sie mit höherer Wahrscheinlichkeit so lange stehen, bis das rote Signal erlischt. Solche »Bluff-Knöpfe« gibt es übrigens auch in Aufzügen für das (angebliche) Schließen der Tür oder für Temperaturregler in Großraumbüros. Menschen wollen die (gefühlte) Kontrolle haben.[16] Zeigen Sie Ihren Mitarbeitern also auf, welche Gestaltungsmöglichkeiten es im Wandlungsprozess gibt. Vermeiden Sie dabei aber verbale »Bluff-Knöpfe«: Es geht um das Auffinden tatsächlich vorhandener Einbringungsmöglichkeiten, nicht um die Täuschung von Mitarbeitern.

LERNEN. Als Nächstes setzen die Mitarbeiter die Neuorientierung in proaktives Lernen um. Dadurch steigen sowohl das Kompetenzempfinden als auch die positiven Gefühle. Die Aufwärtsspirale beginnt in dieser Phase zu wirken: Erfolgserlebnisse im Zuge von Lernprozessen führen zu positiven Gefühlen, welche die Aufmerksamkeit erweitern und damit den weiteren Kompetenzerwerb erleichtern. Achten Sie darauf, in dieser Phase ausreichend Weiterbildungsmöglichkeiten zu bieten. Außerdem sollten Sie regelmäßig positive Botschaften über den Veränderungsprozess kommunizieren. Sie können zum Beispiel erste Quick Wins, also positive Zwischenergebnisse der Change-Initiative feiern. Im Gegensatz zu vorherigen Phasen sind die Mitarbeiter nun aufnahmebereit für diese Informationen. So können Sie sich den *Mere-Exposure-Effekt* zunutze machen. Dieser besagt, dass eine wiederholte Auseinandersetzung mit Objekten oder Situationen die Einstellung der Menschen zu ebendiesen über den Zeitverlauf positiv verändert. Aus diesem Grund freunden wir uns zum Beispiel erstaunlich oft mit Arbeitskollegen an: Allein durch den häufigen Kontakt gleichen wir uns an und fühlen uns ähnlicher, was wiederum das Sympathieempfinden erhöht.

ERKENNTNIS. In der Erkenntnisphase beginnen die Organisationsmitglieder, die guten Seiten der Veränderung zu sehen. Die Lernprozesse entfalten ihre volle Wirkung, sodass das Kompetenzempfinden auf deutlich gestiegenem Niveau zu vermessen ist. Das Ausmaß der in diesem Stadium empfundenen positiven Emotionen lässt sich veranschaulichen, wenn Sie an Menschen denken, die eine Trennung vom Lebenspartner zu bewältigen haben. Nach dem Durchlaufen der vorherigen fünf Phasen kommen sie irgendwann an einen Punkt, an dem der Ex-Partner nicht mehr rosarot gesehen wird. Vielmehr rücken nun die Vorteile der Trennung in den Vordergrund: Vielleicht beginnt der Betroffene ein altes Hobby wiederzuentdecken oder eine neue Partnerschaft mit besserer Passung flammt auf. Analog ist nun auch in Unternehmen der Zeitpunkt gekommen, an dem die eigenständige Weiterentwicklung von Veränderungsinitiativen durch Unternehmensmitglieder ein realistisches Unterfangen wird.

INTEGRATION. Die neuen Verhaltensweisen werden schließlich immer mehr als selbstverständlich erachtet und ihre vollständige Integration in den Alltag gelebt. Die initiierte Aufwärtsspirale hat dazu geführt, dass die empfundenen positiven Gefühle einen neuen Höchststand erreichen.

Zusammenfassung 💊 Die schnelle Dosis Vitamin +

- Die Kultur umfasst alle gelebten und sinnstiftenden Werte, Normen und Grundsätze eines Unternehmens. Eine positive Unternehmenskultur wirkt leistungssteigernd und lässt sich auf struktureller sowie weicher Ebene definieren.
- **Strukturelle Ebene:** Mitarbeiterorientierte Personalinstrumente wie umfassende Mitspracherechte für alle Organisationsmitglieder; Freiheitsgrade in der Tätigkeitsgestaltung; gleichberechtigte Vertrags-, Vergütungs- und Arbeitszeitgestaltung; Work-Life-Balance- sowie deren Ideenmanagementinitiativen; transparente Informationspolitik; Weiterbildung.
- **Weiche Ebene:** Nicht objektiv messbare, unsichtbare Faktoren des zwischenmenschlichen Miteinanders wie Wertschätzung/Respekt; Unterstützung/Freundlichkeit; Fürsorge/Verantwortung im gegenseitigen Umgang; Vermeidung von Schuldzuweisungen; Anerkennung/Sinnhaftigkeit bei der Arbeit, wechselseitige Motivation/Inspiration.
- Die offiziell kommunizierte Kultur weicht häufig von der informell gelebten Kultur ab. Verschiedene Messinstrumente wie Beobachtungen, Dokumentanalysen, Interviews oder Befragungen stehen zur Erhebung des Status quo zur Verfügung.

- Eine Veränderung der Kultur kann als Aufwärtsspirale positiver Gefühle gestaltet werden, wenn das Management die emotionalen Reaktionen der Organisationsmitglieder ernst nimmt und adäquat darauf reagiert.

Kapitel 7

Anders sein als die anderen: Positive Strategieentwicklung

»Der Wurf mag zuweilen nicht treffen,
aber die Absicht verfehlt niemals ihr Ziel.«

Jean-Jacques Rousseau,
französischer Philosoph und Schriftsteller

Die *Unternehmensstrategie* beschreibt nach Michael E. Porter eine Anordnung von Aktivitäten, die Organisationen von Wettbewerbern unterscheidet.[1] Sie bezieht sich auf die langfristige Vorstellung davon, welche durch das (Top-)Management definierten Ziele erreicht werden sollen. Während sich das operative Management damit befasst, die Dinge richtig zu tun, geht es bei der Strategieformulierung darum, die richtigen Dinge zu tun. Damit stellt die Unternehmensstrategie den zentralen Stellhebel für den künftigen Erfolg eines Unternehmens dar. Entsprechend umfassend ist auch die vorhandene Literatur zu dem Thema: Von anekdotischen Ratschlägen[2] über detaillierte Beschreibungen des Strategieprozesses[3] bis hin zu Anleitungen für die Gestaltung von Strategie-Workshops[4] lässt sich zu jedem Aspekt der Strategieformulierung eine Vielzahl von Büchern und Artikeln finden. An erfolgreich formulierten Strategien scheint es also nicht zu mangeln – und doch scheitern etwa 70 Prozent aller Strategien.[5] Sie werden nie oder nur unvollständig in die Umsetzung gebracht oder verstauben als wohlformuliertes Konzeptpapier in den Schubladen. Häufige Gründe dafür sind die Veränderungsresistenz der Führungskräfte und der Belegschaft, eine unpassende Unternehmenskultur oder ein mangelndes Gefühl der Dringlichkeit.

Im vorherigen Kapitel haben wir uns bereits damit befasst, welche emotionalen Zustände Individuen bei Veränderungsprojekten durchlaufen und wie der Positiv-Effekt für einen erfolgreichen Umgang damit genutzt werden kann. In diesem Kapitel soll es darum gehen, wie der Positiv-Effekt bei der Strategieformulierung zur Anwendung gelangt. Dafür stellen wir das Konzept der *Poised Strategy* (zu Deutsch: souveräne/ selbstsichere Strategie) vor, welches sich als Gegenentwurf zu traditionellen Strategieentwicklungsansätzen versteht. Außerdem greifen wir auf Befunde aus der Behavioral-Strategy-Forschung zurück. Diese wendet wissenschaftliche Erkenntnisse aus der Kognitions- und Sozialpsychologie auf das Management von Unternehmensstrategien an. Dahinter steht die Idee, dass Menschen auch bei der Strategieformulierung nicht streng rational agieren; vielmehr lassen sie sich durch Umwelteinflüsse positiv oder negativ beeinflussen.

Veränderungen des strategischen Managements: Poised Strategy

Der Prozess der Strategieformulierung hat sich in den letzten Jahren stark gewandelt. Abbildung 15 vergleicht den früheren Fokus von Unternehmensstrategien mit den heutigen Schwerpunktsetzungen.[6]

Unternehmen agierten in der Vergangenheit wie Maschinen, bei denen ein Zahnrad in das andere griff. Mitarbeiter stellten die schnell ersetzbaren Zahnräder dar, die als weniger wichtig als die Maschine an sich angesehen wurden. Effizienz und Kalkulierbarkeit leiteten Investitionsentscheidungen. Heute bauen Internetfirmen wie Google Autos; Privatpersonen werden zur Konkurrenz für Hotels, indem sie über Plattformen wie Airbnb ihre Wohnungen vermieten. Die alte, neoklassische Logik funktioniert nicht mehr: Entwicklungen sind weniger vorhersehbar, Investitionen müssen nach »Impact-Kriterien« und nicht mehr nur nach finanziellen Gesichtspunkten getroffen werden. Amazon-Gründer Jeff Bezos zum Beispiel priorisiert das Unternehmenswachstum konsequent höher als die Gewinnmaximierung. Erfolgreich ist, wer Einfluss auf die Kunden hat und ein Element ihres Lebens wird. Die Definition einer disruptiven Innovation hängt nicht vom Grad der Kreativität ab, sondern von der Reichweite und dem ausgeübten Einfluss auf das Marktgeschehen.[7]

Unternehmen haben eine Aufwertung von der starren Maschine zum lebenden Organismus erfahren. Damit steigt auch die Bedeutung der Mitarbeiter, die als Zellen des Organismus alle Informationen der Organisation in sich tragen. *Agilität* ist heute das leitende Prinzip der Strategieentwicklung, um auf komplexe, unsichere und nicht immer eindeutige Umweltzustände reagieren zu können. Agilität bezeichnet Reaktionsfähigkeit, Flexibilität, Schnelligkeit und eine umgehende Kompetenzanpassung an neue Umweltzustände.[8] Anstatt lange und detailliert die Ziele der Zukunft zu planen, werden im agilen Strategieentwicklungsprozess in kurzen Meetings – in der Regel dauern sie einen halben Tag bis maximal zwei Tage – mögliche Richtungen entworfen und priorisiert.[9] Um die Diskussion diverser Perspektiven zu fördern, nehmen an diesen Meetings neben dem Topmanagement auch Vertreter verschiedener Belegschaftsgruppen sowie Themenexperten teil. Im Anschluss kümmern sich Verantwortliche, welche von den Teilnehmern im Meeting bestimmt werden, um eine Prüfung der Realisierbarkeit. Bestehen die entwickelten

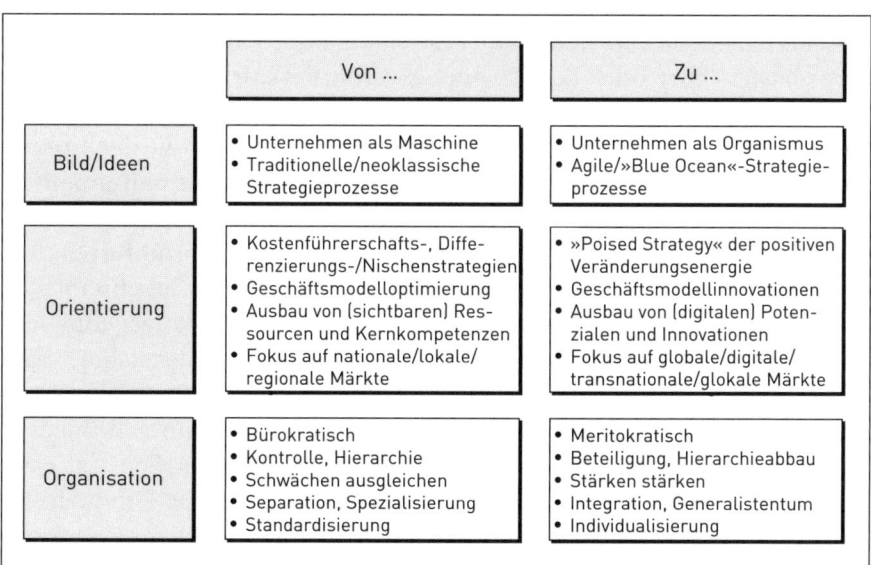

Abbildung 15: Strategieschwerpunkte – damals und heute

Anders sein als die anderen

Ziele den Check, werden sie Teil der sich ständig verändernden Strategie-Landkarte. Ein ad hoc zusammengesetztes Projektteam kümmert sich im nächsten Schritt um die unternehmensübergreifende Umsetzung. Durch die Regelmäßigkeit der kurzen Strategiemeetings (etwa alle drei Monate) bleibt die Strategie stets an aktuelle Umweltereignisse anpassbar. Gleichzeitig trägt dieser Ansatz der Tatsache Rechnung, dass Strategieentwicklung kein linearer Prozess ist, sondern Analyse-, Ausarbeitungs- und Umsetzungsaspekte parallel laufen und ineinander verwoben sind.

Der Fokus der Strategieentwicklung liegt dabei auf der Entdeckung sogenannter »Blue Oceans«. Der Ansatz wurde von den INSEAD-Wissenschaftlern W. Chan Kim und Renée Mauborgne basierend auf Fallstudien und empirischen Erhebungen vorgeschlagen.[10] Ziel einer Blue-Ocean-Strategie ist es, außerhalb der bestehenden sogenannten roten Märkte neue Industriezweige zu entdecken und damit der Konkurrenz zu entkommen. Anstatt Geschäftsmodelle weiterzuentwickeln und zu optimieren, sollen mittels Geschäftsmodellinnovationen neue Kundengruppen erschlossen werden. Kim und Mauborgne geben dem anwendungswilligen Praktiker in ihrem Buch *Der Blaue Ozean als Strategie* verschiedene Instrumente an die Hand, die bei der systematischen Erschließung neuer sogenannter blauer Märkte helfen können. Unabhängig davon mittels welcher Instrumente Unternehmen auf innovative Geschäftsmodellideen kommen: Fest steht, dass Firmen wie der Fahrdienstleister Uber oder der Wohnungsvermittler Airbnb mit derartigen Geschäftsmodellinnovationen die bestehenden Marktlogiken auf den Kopf stellen. Damit sinkt die Überlebenschance von traditionell orientierten Unternehmen, die sich nach wie vor auf Ressourcenansammlung und Kernkompetenzausbau konzentrieren.

Während sich Unternehmen früher für eine Kostenführerschafts-, Differenzierungs- oder Nischenstrategie entschieden, beschreibt der Poised-Strategy-Ansatz einen Gegenentwurf für die heutige, innovationsgetriebene Welt. »Poised« bedeutet so viel wie »selbstsicher« oder »souverän« und bezieht sich auf ein Mindset der positiven Veränderungsenergie. Das Konzept steht mit der Fokussierung auf verschiedene Geschäftsmodellinnovationen im Gegensatz zu traditionellen Ansätzen der inkrementellen Geschäftsmodelloptimierung.[11] Der Strategieentwicklungsprozess wird als nicht linearer, evolutionärer Anpassungsprozess betrachtet. Anstatt sich auf Kernkompetenzen zu konzentrieren, geht es darum, ein Portfolio neuer Businessmodelle in den verschiedensten Bereichen auszuprobieren, die sich im Grad der Radikalität unterscheiden. Ein Businessmodell umfasst dabei die Beschreibung der Architektur für ein Produkt oder einen Service inklusive der für die Umsetzung notwendigen Businessakteure. Es sagt also aus, wie eine Geschäftsidee funktionieren soll. Durch die Kombination aus inkrementellen Verbesserungen von bewährten Businessmodellen sowie im Radikalitätsgrad variierenden innovativen Businessansätzen entsteht neue organisationale Energie. Diese bezeichnet nach der Professorin Heike Bruch die Kraft, mittels derer Unternehmen arbeiten und zielgerichtet Dinge bewegen können.[12] Während die traditionelle Strategieentwicklung eher auf resignativer Energie oder angenehmer Trägheit fußt, orientiert sich der Poised-Strategy-Ansatz an der Erzeugung produktiver Energie durch einen Mix aus inkrementellen und radikalen Innovationsbemühungen.

Auch die Organisationsprinzipien, mittels derer Strategien umgesetzt werden, verändern sich. Die Tendenz geht weg von bürokratischen Kontrollsystemen hin zu meritokratischen Steuerungsprinzipien, also nach Leistung und Fähigkeiten. Es zählt weniger, wer etwas sagt, sondern vielmehr, was gesagt wird. Das Auflösen von Organisationsgrenzen führt dazu, dass Strategien immer öfter in Kooperation oder Abstimmung mit Stakeholdern außerhalb des Unternehmens entwickelt werden. Anstatt nur die Marktposition des eigenen Unternehmens zu optimieren, muss in einem solch komplexen, kooperativen Strategieentwicklungsprozess deutlich ganzheitlicher und nachhaltiger gedacht werden.

Sie ahnen sicherlich, dass eine häufige Reaktion von Unternehmensvertretern auf diese zunehmenden Herausforderungen keine sonderlich positive ist. Damit stehen diese Menschen sich selbst im Weg: Anstatt kreativ zu werden, ihre Aufmerksamkeit zu weiten und andere Menschen mit neuen Ideen anzustecken, sitzen in einem Strategiemeeting schlecht gelaunte Manager herum, die mit inkrementellen Verbesserungsvorschlägen das Unternehmen zu retten versuchen. Diese Einstellung steht in starkem Kontrast zur Reaktion von Kindern auf scheinbar unlösbare Situationen. Zur Illustration einer optimistischen Lernorientierung beschreibt Professorin Carol Dweck, wie sie in einem Experiment versuchte, den Umgang von Kindern mit Fehlern zu studieren:[13] Dazu mussten die Kinder verschiedene Puzzles lösen, angefangen von leichten Herausforderungen bis zu schier unlösbaren Puzzles. Die Wissenschaftlerin erwartete, dass die Kinder entweder gefasst oder frustriert darauf reagieren würden, wenn sie Fehler machten und die Puzzleaufgabe nicht lösen konnten. Was aber passierte, überraschte sie: Die Kinder schienen die Herausforderung zu lieben! Sie dachten nicht in einem Mindset von »Fehlern« oder »Niederlage«, sondern sahen die Situation vielmehr als ein Geschenk zum Lernen an. Die Kinder waren fest davon überzeugt, dass sie sich selbst verändern können, und dann würden sie die Situation bewältigen. Diese Einstellung steht in starkem Kontrast zu dem inneren Glaubenssatz, dass die Dinge nun einmal sind, wie sie sind, und sich auch in Zukunft kaum verändern werden. Carol Dweck nutzt dieses Beispiel, um zu verdeutlichen, wie wichtig es ist, dass Menschen mit Führungsverantwortung an ihrem Mindset arbeiten.

Verändern Sie Ihre innere Einstellung und die Ihres Unternehmens weg von einer reinen Gewinnausrichtung hin zu einer Lern- und Verbesserungsorientierung. Selbstverständlich sind wirtschaftliche Erfolgskennzahlen wichtig. Aber diese kommen von selbst, wenn Ihr Unternehmen die grundsätzlich richtige Ausrichtung hat.

Was können Sie tun, um bei der Strategieentwicklung in Ihrem Unternehmen negative Wahrnehmungsverzerrungen zu vermeiden? Wie erhöhen Sie die organisationale Energie und füllen einen Poised-Strategy-Ansatz mit Leben? Neben den grundsätzlichen Regeln des positiven Selbstmanagements (siehe Kapitel 2), des positiven Primings (siehe Kapitel 3) und der konstruktiven Kommunikation (siehe Kapitel 5) helfen Befunde aus der Behavioral-Strategy-Forschung bei der Entfaltung des Positiv-Effekts.

Aufbauend auf der hohen Versagensquote von Unternehmensstrategien haben sich die Anhänger dieser Wissenschaftsrichtung das Ziel gesetzt, das strategische Management um realistischere Annahmen über menschliche Kognition, Emotionen und soziales Verhalten zu bereichern. Ihre Annahme ist, dass Strategietheorien deshalb nicht funktionieren, weil sie die »menschliche Komponente« außer Acht lassen. Gute oder schlechte Strategien entstehen durch eine Analyse der Ist-Situation, das Abwägen künftiger Entwicklungen, die Entwicklung möglicher strategischer Richtungen und schließlich eine Entscheidung für die künftig zu verfolgende Strategie. Für jeden dieser Schritte gibt es Theorien, Konzepte und Ratgeber – und doch handeln Manager nicht immer im Einklang damit. Der Trend zu nicht linearen, multiplen Strategien missfällt ihnen, weil das menschliche Gehirn Ordnung, Klarheit und Eindeutigkeit bevorzugt. Wie jeder Mensch unterliegen auch Manager bestimmten Denkmustern, Heuristiken und erfahrungsbedingten Verhaltenstendenzen, die rationales Entscheiden verhindern können. Nutzen Sie an dieser Stelle den Positiv-Effekt! Durch Ihr eigenes zuversichtliches und reflektiertes Verhalten können Sie irrationale Entscheidungen abwenden und in eine realistische Richtung drängen. Durch das Verbreiten von Optimismus verhindern Sie zudem, dass das Managementteam unter Stress gerät – eine schlechte Grundlage für gute Entscheidungen.

Innerhalb der Behavioral-Strategy-Forschung können drei verschiedene Strömungen unterschieden werden, die sich auf unterschiedliche Ebenen des menschlichen Handelns beziehen.[14]

1. *Die Reduktionisten* konzentrieren sich auf individuelle sowie teambezogene Entscheidungsfindung, Heuristiken und Wahrnehmungsverzerrungen. Ihre Grundannahme ist, dass Unternehmensentscheidungen durch Topmanager beziehungsweise Topmanagementteams getroffen werden. Die Quelle für Fehlentwicklungen liegt darin, dass strategische Entscheidungen das Resultat subjektiver Präferenzen sind.
2. *Bei den Pluralisten* stehen Verhandlungen zwischen verschiedenen Gruppen, politische Ränkespiele, Konfliktlösungen, organisationales Lernen und Ressourcenverteilungen im Vordergrund. Sie stützen sich auf die Leitidee, dass Unternehmen aus verschiedenen Sub-Gruppierungen mit widersprüchlichen Zielen und Perspektiven bestehen. Strategien werden mittels Verhandlungen und Auflösung von Unstimmigkeiten zwischen diesen Gruppen entwickelt. Um gute Entscheidungen treffen zu können, müssen (Sub-)Gruppen und deren Interessen im Unternehmen verstanden und auf konstruktive Art und Weise integriert werden.
3. *Die Kontextualisten* konzentrieren sich dagegen auf die Analyse des strategischen Managements unter Berücksichtigung der in einem Unternehmen verwendeten Sprache, sichtbaren oder unsichtbar vorhandenen Glaubenssätzen und Ideologien, Symbolen sowie der Unternehmenskultur. Anhänger dieser Strömung halten Organisationen und deren Umwelt für sozial konstruiert. Dementsprechend sind Entscheidungen und Handlungen voneinander abgekoppelt; Organisationsmitglieder sind vor allem bemüht, Sinn und Passung mit den subjektiv empfundenen Unternehmenszielen herzustellen (»Sensemaking«-Prozess). Um realistische strategische Pläne zu entwickeln, ist es notwendig, die unsichtbare Firmenkultur und verborgene Überzeugungen zu erkennen und in der Entscheidungsfindung zu berücksichtigen beziehungsweise zu verändern.

Jede der drei Perspektiven kann für zukunftsfähige strategische Entscheidungen hilfreich sein. Im Folgenden betrachten wir aus reduktionistischem Blickwinkel die Vermeidung von Gruppendenken beim Treffen strategischer Entscheidungen. Aus der pluralistischen Strömung ziehen wir Erkenntnisse hinsichtlich der Organisation als politische Arena. Beide Ansätze helfen, sich der menschlichen Irrationalität in scheinbar objektiven Entscheidungs- und Umsetzungssituationen bewusst zu werden. Positiv daran ist, dass Sie mit einem entsprechenden Mindset die besten Seiten Ihrer Kollegen und Mitarbeitern hervorrufen können. Erinnern Sie sich noch einmal an die Botschaften aus Kapitel 2 zum Thema Selbstmanagement: Übereilen Sie strategische Entscheidungen nicht. Praktizieren Sie das Mindfulness-Konzept und stecken Sie damit den Rest des Entscheidungsteams an, ganz nach dem Motto: »Wenn du es eilig hast, gehe langsam.«

Gruppendenken vermeiden

In einer Befragung von 2 207 Managern durch die Strategieberatung McKinsey äußerten sich 12 Prozent kritisch gegenüber der Qualität der in ihrem Unternehmen getroffenen strategischen Entscheidungen: Sie waren der Meinung, dass gute Strategien eher selten anzutreffen seien.[15] Weitere 60 Prozent der Befragten sagten aus, dass gute und schlechte strategische Entscheidungen etwa gleich häufig auftraten. Damit bleiben nur 28 Prozent der Unternehmensvertreter übrig, welche die Qualität strategischer Entscheidungen in ihrem Unternehmen als generell gut beurteilen. Worin unterscheidet sich der Entscheidungsprozess für Strategien, die sich im Nachhinein als erfolgreich erweisen, von schlechten Strategieformulierungen? Neben den nur wenig beeinflussbaren Industrie- und Umweltfaktoren stellten die Studienverantwortlichen fest, dass der Erfolg vor allem von der Qualität des Entscheidungsprozesses abhing. Die Analysephase war dabei nicht unerheblich: Keine einzige gute Entscheidung wurde ohne fundierte Datengrundlage getroffen. Eine qualitativ hochwertige Analyse ist also notwendig, aber noch lange nicht hinreichend für erfolgreiches strategisches Management. Doch woran liegt es, dass manche Teams, bestehend aus hochkompetenten Managern, bei Entscheidungssituationen schlecht abschneiden – oft sogar schlechter, als wenn jedes Individuum allein eine Entscheidung treffen würde?

Das Phänomen der nachteiligen Entscheidungen von Gruppen wird in der Forschung auch unter dem Aspekt des *Gruppendenkens* (engl. *group think*) behandelt.[16] Es beschreibt die Tatsache, dass die Mitglieder von sozialen Gruppierungen aufgrund von Harmoniebestreben ihre Meinung an die angenommene Gruppenmeinung anpassen und so irrationale oder objektiv nicht nachvollziehbare Entscheidungen treffen. Ein häufig angeführtes Beispiel für dieses Phänomen stellt das Debakel der Schweinebucht-Invasion dar. Ein CIA-Team unter dem amerikanischen Präsidenten John F. Kennedy entwickelte 1961 im Zuge der Kubakrise die Idee, Exil-Kubaner auszubilden, um die Regierung des Revolutionärs Fidel Castro zu stürzen. Der vollkommen unausgegorene Plan wurde von einem kleinen, autarken Team erfahrener Experten ausgearbeitet und in die Umsetzung geführt. In der Konsequenz griffen am 17. April 1961 rund 1 300 Exil-Kubaner die Schweinebucht an, wo sie von rund 20 000 kubanischen Soldaten empfangen wurden. Die gesamte Operation entwickelte sich zu einem Debakel, bei dem über 1 000 Gefangene durch Kuba gemacht wurden. Eine Involvierung der US-Regierung ließ sich nicht mehr verheimlichen. Wie konnte solch ein abzusehendes Desaster geplant und als vielversprechend abgesegnet werden?

Der Wissenschaftler Bertram Raven führt die Invasion als prototypisches Beispiel für das Group-think-Phänomen an:[17] Eine weitestgehend selbstgesteuerte Gruppe fällt Entscheidungen, bevor sie alternative Möglichkeiten realistisch eingeschätzt hat. Typische Merkmale sind die Selbstüberschätzung der Gruppe, die kollektive Rationalisierung, der gefühlte Gruppenzwang (alle gehen davon aus, der Meinung der anderen zu folgen, ohne dass diese explizit diskutiert wird) sowie eine starke Homogenität der Gruppenmitglieder.

Das Beispiel der Schweinebucht-Invasion verdeutlicht die Gefahr von sich verselbstständigenden Gruppendynamiken. Sie haben sicher schon am eigenen Leib erfahren, wie es sich anfühlt, wenn in einem (Strategie-)Meeting das Group-think-Phänomen zuschlägt: Da ist die Bewunderung für bestimmte »Experten« im Raum, eine leichte Müdigkeit oder ein enthusiastisch erlebter Größenwahnsinn – und schon werden Entscheidungen schneller durchgewinkt, als dies in einem anderen, weniger emotional aufgeladenen Setting der Fall gewesen wäre. Zudem unterliegen auch Topmanager der Neigung, Vertrautes zu bevorzugen[18]; eine gefährliche Tendenz, wenn es um die Entwicklung zukunftsträchtiger Strategien geht.

Wie können Sie Gruppendenken vermeiden? Nutzen Sie eine abgewandelte Form des in Kapitel 1 beschriebenen Wertschöpfungsportfolios der verschiedenen Managementtypen für die Verteilung von Rollen in Entscheidungsteams. Jedes Mitglied übernimmt dabei eine der vier Rollen:

1. »Der Fähige« hat die Aufgabe, sich bei der Entscheidungsfindung auf Zahlen, Daten und Fakten zu konzentrieren. Er steht für die klassischen Instrumente der Strategieentwicklung, inkrementelle Innovationen und den Ausbau von Kernkompetenzen. Er kann sich durch unternehmensinterne oder externe Fachexperten beraten lassen oder diese als Vortragende in die Meetings holen. Seine Aufgabe ist es, die gründliche Prüfung aller aussichtsreichen Optionen sicherzustellen.
2. »Der Träumer« vertritt eine uneingeschränkt optimistische Sichtweise. Er setzt sich für disruptive Innovationen, radikale Kulturbrüche und unkonventionelle Ideen ein. Inspirationen kann er sich zum Beispiel bei Start-ups, Bloggern, radikalen Denkern, Anthropologen oder Philosophen einfangen, die er gern in die Sitzung des Entscheidungsteams einlädt. Seiner Fantasie sind keine Grenzen gesetzt; je mehr »out of the box«, desto besser!
3. »Der Wertschöpfer« befindet sich zwischen den Betrachtungsweisen des Fähigen und des Träumers. Er hat sich mit den Grundprinzipien der Poised Strategy auseinandergesetzt und sucht die Balance zwischen disruptiver und inkrementeller Innovation. Seine Aufgabe ist es, die Realitäts- und Zukunftsfähigkeit zu prüfen. Wenn er seine Funktion gut ausfüllt, stehen am Ende des Entscheidungsprozesses sowohl eher traditionell orientierte Businessmodelle als auch experimentelle Strategieideen.
4. »Der Kritische« darf offiziell zur Schwarzmalerei neigen. Er findet die Nachteile in jeder vorgeschlagenen Option; Kritik ist seine Kernkompetenz. Seine Rolle ähnelt der des Gruppen-Sokrates (siehe Kapitel 5): Durch ständiges Nachfragen deckt er Schwachstellen auf und ermöglicht so eine Verbesserung vorgeschlagener Lösungsalternativen.

Die Organisation als politische Arena

Während der strategischen Entscheidungsfindung vertritt jedes Mitglied des Topmanagements seine eigenen Interessen. Das *Carnegie-Modell der Entscheidungsfindung* – benannt nach der Carnegie-Mellon-Universität, an der die Wissenschaftler Richard M. Cyert und James G. March das Modell entwickelten – basiert auf genau diesen Annahmen: Manager haben limitierten Informationszugang, handeln nur bedingt rational und sind Mitglieder von organisationalen Sub-Gruppierungen, die sie in ihren Entscheidungen beeinflussen.[19] Unternehmensstrategien sind dementsprechend das Ergebnis von politischen Verhandlungen und vielen kleinen Entscheidungen der Vertreter von innerorganisationalen Sub-Strömungen.

Sie können diese (unterschwelligen) politischen Kämpfe in positive Energie umwandeln, indem Sie sie in Ihren Strategiemeetings transparent machen. Beauftragen Sie die Meetingteilnehmer beispielsweise, sich im Raum zu verteilen, indem sie sich nach der Zustimmung zu den verschiedenen strategischen Optionen gruppieren. Lassen sich Cluster erkennen? Wie können diese Sub-Gruppierungen benannt werden? Die verschiedenen »politischen Strömungen« sollen nun ihren Wahlkampf vorbereiten: Jede Gruppe darf drei Minuten für die eigene Position argumentieren und die Kernargumente schriftlich fixieren. Im Anschluss erfolgt eine kurze Ablösungsphase von den inhaltlich vorgebrachten Argumenten. Machen Sie eine kurze Pause und bringen Sie etwas Humor in die Runde, etwa mithilfe eines lustigen Videoclips.

Im nächsten Schritt gehen Sie weg von den Inhalten und diskutieren mit der Gruppe kognitive Verzerrungseffekte: Neigt das Team momentan zu übermäßigem Aktionismus (»Hauptsache, wir tun etwas«)? Gibt es bei einigen Sub-Gruppen Tendenzen zu Schwarz-Weiß-Denken? Überstrahlen vergangene Ereignisse die aktuelle Lösungsfindung? Verliert sich die Organisation in Jammerzirkeln? Ist das Team zu konsensorientiert? Lassen Sie sich von den online[20] und offline[21] verfügbaren Listen zu kognitiven Verzerrungstendenzen inspirieren. Hauptsache, Sie evaluieren die Perspektiven der unterschiedlichen Sub-Gruppierungen unter diesen Gesichtspunkten, bevor Sie zur endgültigen Entscheidungsfindung übergehen!

Die im Anschluss an die Entscheidung notwendige Strategieumsetzung hängt von den *emotionalen Fähigkeiten* der Organisation ab. Diese beschreiben die Fähigkeiten des Topmanagements, die unterschiedlichen Emotionen aller Organisationsmitglieder zu erkennen, zu beobachten, darauf zu reagieren und sie für die Implementierung der künftigen Vision zu nutzen.[22] So wie Menschen verschiedene Persönlichkeitsmuster haben, so haben auch Arbeitsteams und Organisationen unterschiedliche positive Wesenszüge oder pathologische und neurotische Charaktereigenschaften.[23] Neigen einzelne Teams dazu, zwanghaft, schizophren oder unbeständig zu agieren? Welche Gruppen sind charismatisch, lösungsorientiert und beliebt? Instrumente wie innovative Mitarbeiterbefragungen können an dieser Stelle helfen, die vorhandenen Emotionen im Unternehmen aufzudecken.[24] Diese basieren auf einer Kombination aus psychologisch validierten Testverfahren, Zukunftskonferenzen und Tiefeninterviews. Damit vermeiden sie die Neigung traditioneller Befragungsformate, problem- statt lösungsorientiert und damit retrospektiv ausgerichtet zu sein. Das Ziel innovativer Formate ist die Ableitung von konkreten Ansätzen für Veränderungsmaßnahmen und nächsten Schritten aus der Umfrage. Verlassen Sie sich dafür nicht auf Einheitslösungen. Bestehende Best-Practice-Befragungen werden oftmals mit minimalen Anpassungen auf andere Unternehmen übertragen, ohne die unternehmensspezifischen Wirkzusammenhänge zu berücksichtigen. Damit ist es nur schwer möglich, den »emotionalen Temperaturcheck« für Ihr Unternehmen passgenau durchzuführen. Entwickeln Sie Ihre eigene Methode, um Unterstützer für neue Strategieansätze zu identifizieren und negativ geprimte Teams in ein neues Mindset zu überführen.

Zusammenfassung 💊 Die schnelle Dosis Vitamin +

- Unternehmensstrategie = langfristig verfolgte Ziele/das Bündel von Aktivitäten, welches ein Unternehmen von anderen unterscheidet.
- Etwa 70 Prozent aller entwickelten Strategien scheitern. Der Hauptgrund: Die menschliche Komponente wird nicht ausreichend berücksichtigt.
- Das strategische Management unterliegt einem radikalen Wandel, der weg von traditionellen, linearen hin zu agilen Strategieentwicklungsprozessen geht. Eine Poised Strategy setzt auf die Erzeugung positiver Veränderungsenergie durch die Balance von inkrementellen und radikalen Geschäftsmodellen.
- Die Behavioral-Strategy-Forschung wendet Erkenntnisse aus der Kognitions- und Sozialpsychologie auf das strategische Management an, um realistische Strategien zu entwickeln und umzusetzen.
- Beim Gruppendenken passen die Teammitglieder ihre Meinung an die angenommene Gruppenmeinung an und treffen schlechte Ent-

scheidungen. Rollenzuordnungen können dieser Tendenz entgegenwirken.

- Nach dem Carnegie-Modell sind Organisationen politische Arenen, in denen Manager mit limitiertem Informationszugang bedingt rationale, durch organisationale Sub-Gruppierungen beeinflusste Entscheidungen treffen. Für gute Entscheidungen müssen diese Tendenzen transparent gemacht werden und einer kritischen Verzerrungsprüfung standhalten.
- Teams und Organisationen haben wie Menschen Persönlichkeitszüge. Entwickeln Sie Ihr Unternehmen zu einem charismatischen Charakter!

Kapitel 8

Umparken im Kopf:
In drei Monaten ein neues
Unternehmensimage kreieren

>»Um klar zu sehen reicht oft
ein Wechsel der Blickrichtung.«

Antoine de Saint-Exupéry,
französischer Schriftsteller

Eine positive Unternehmenskultur steigert das Wohlbefinden von Mitarbeitern und Führungskräften und kommt damit letztlich dem Unternehmenserfolg zugute (siehe Kapitel 6). Wenn Sie in Ihrem Unternehmen einen internen Wandel hin zu einer Unternehmenskultur geschafft haben, in der sich der Positiv-Effekt entfalten kann: Herzlichen Glückwunsch! Doch wie können Sie im nächsten Schritt sicherstellen, dass diese positiven Veränderungen auch nach außen hin wahrgenommen werden? Innerhalb Ihres Unternehmens haben Sie vielleicht bereits eine positive Kommunikationskultur etabliert; die Mitarbeiter unterstützen sich gegenseitig beim Ausbau ihrer Stärken – doch Außenstehende halten Sie immer noch für einen langweiligen, unfreundlichen Bürokratenhaufen. Wie können Sie vorgehen, um Ihr Unternehmensimage in der Marktwahrnehmung zu ändern, vor allem wenn Ihr Umfeld inklusive Ihrer

Kunden diese Veränderungen gar nicht wahrnehmen *will*? Dann stehen Sie vor der gleichen Herausforderung wie eine Vielzahl von Unternehmen, deren Fallbeispiele wir in diesem Kapitel zur Veranschaulichung verschiedener Handlungswege nutzen.

Schätzungen zufolge werden wir täglich mit bis zu 10 000 Werbebotschaften konfrontiert.[1] Wie fällt in dieser Informationsflut genau Ihre Werbebotschaft, Ihr Unternehmen, Ihr Produkt auf? In Kapitel 2 ging es bereits um die enorme Macht des Unbewussten in puncto Selbstmanagement. Diese unterschwellige positive oder negative Verhaltensbeeinflussung wirkt natürlich auch in der Wahrnehmung Ihres Unternehmensimages: Bis zu 95 Prozent der (Kauf-)Entscheidungen werden ohne bewusstes rationales Abwägen getroffen.[2] Nichtsdestotrotz basiert eine Vielzahl von Marketingansätzen nach wie vor auf der Annahme eines rational handelnden Menschen. Das ist der Grund, warum Absatzwege nicht funktionieren und Kampagnen nicht das gewünschte Ergebnis erzielen, nur kurzfristige Erfolge bringen oder sogar kontraproduktiv wirken. Sie müssen es schaffen, das Unbewusste Ihrer Kunden zu erreichen und neu zu primen – in Bezug auf Ihr verändertes, positive Unternehmensimage!

In diesem Kapitel geht es um Marketingimpulse, die bei einer Repositionierung Ihres Unternehmens am Markt, einer Außenkommunikation eines internen Kulturwandels oder einem (Re-)Launch von Produkten hilfreich sein können. Wir stellen dabei keine konkreten Verkaufsstrategien oder Preisgestaltungsmodelle vor – zu diesen Themenfeldern gibt es mehr als genug Literatur.[3] Da die Bedürfnisse, Ansprüche und Interessen Ihrer Kunden ständigen Veränderungen unterliegen, können wir Ihnen keine allgemeingültige Schritt-für-Schritt-Anleitung geben. Uns geht es um einen ganz anderen, entscheidenden Aspekt für die Veränderung Ihres Unternehmensimages: einen Perspektiven- oder Paradigmenwechsel. Dieser Veränderungsprozess im Kopf Ihres Umfelds basiert auf einer zentralen Idee: Alte, negative Bilder werden durch neue, positive Assoziationen ersetzt.

Die Markt- und Werbebedingungen für Unternehmen ändern sich rasant – was heute noch der neuste Trend ist, gilt morgen schon als uncool. Gleichzeitig steigen die Serviceansprüche der Kunden kontinuierlich an. Der alleinige Produktverkauf reicht heutzutage nicht mehr aus. Kunden wünschen sich mehr als ein Produkt oder eine Dienstleistung, sie erwarten eine umfassende, individualisierte Kundenerfahrung – im Marketingsprech: Customer-Experience – als Begleitung des Verkaufsprozesses.

Sie sehnen sich nach einer einfachen Geschäftsabwicklung mit umfangreicher Beratung, schneller Problemlösung und hoher Produktqualität. Enttäuschungen werden mit Anbieterwechsel geahndet. So entdeckte eine Verbraucherstudie mit 23 000 befragten Konsumenten, dass mehr als die Hälfte der Studienteilnehmer aufgrund eines unzureichenden Services im Jahr zuvor mindestens einen Anbieter wechselte.[4] Der Ländervergleich stellte heraus, dass die deutschen Verbraucher besonders hohe Ansprüche haben. Im Gegenzug sind die deutschen Konsumenten allerdings auch bereit, für hervorragenden Service einen höheren Preis zu zahlen. Diese Anspruchsexplosion und Marktbeschleunigung können Sie als Chance nutzen: Überzeugen Sie Kunden, die bisher noch nichts von Ihnen gehört haben, und binden Sie Ihre Stammkunden – mit einem neuen, positiven Image.

Dieses Kapitel bietet Ihnen verschiedene Unternehmensbeispiele als Anregung, wie Sie mittels Überraschungseffekten und Humor einen Perspektivenwechsel einleiten können. Gleichzeitig wollen wir Sie vor der blinden Übernahme von Best Practices warnen, auch wenn Beratungen Ihnen diese nur zu gern verkaufen wollen: Sie müssen Ihren eigenen Weg finden! Unsere Beispiele sollen Ihnen Impulse liefern und die Grundprinzipien der Unternehmenskommunikation für einen positiven Perspektivenwechsel verdeutlichen. Der Kreativitätsprozess ist dabei wenig planbar, wie der Kommunikationsexperte Luke Sullivan anschaulich zum Ausdruck bringt:[5]

»Kreativität ist wie das Waschen eines Schweins. Es ist ein Durcheinander. Es gibt keine Regeln. Keinen klaren Anfang, keine Mitte, kein Ende. Es ist unglaublich nervig, und wenn du fertig bist, weißt du nicht sicher, ob das Schwein jetzt wirklich sauber ist oder warum du überhaupt ursprünglich auf die Idee gekommen bist, ein Schwein zu waschen.«

Marketing zu betreiben ist also ein Prozess, bei dem Sie mit einer Kerze durch dunkle Räume gehen und hoffen, den richtigen Weg zu finden. Sie müssen eine grobe Vorstellung von der Richtung haben – mit etwas Glück stoßen Sie genau auf den richtigen Pfad. Vielleicht verirren Sie sich auch zunächst und müssen mehrere Versuche wagen. Um zwischen den anderen suchenden Konkurrenten im Dickicht dunkler Räume zu bestehen und aufzufallen, müssen Sie oftmals unkonventionelle Herangehensweisen wählen. Das heißt: Folgen Sie nicht den Werbekampagnen Ihrer Konkurrenten, sondern wagen Sie die Umsetzung eigener Ideen. Selbst wenn eine Kampagne nicht so erfolgreich verläuft wie erwartet, ist das noch lange kein Grund zur Resignation. Haben Sie den Mut, nicht zu lange an gescheiterten Projekten festzuhalten – verfallen Sie nicht dem *Sunk-Costs-Effekt*. Dieser verleitet uns dazu, lange an erfolglosen Aktivitäten festzuhalten, weil wir bereits so viel Zeit, Geld oder andere Ressourcen darin investiert haben. Nutzen Sie stattdessen die gewonnenen Erfahrungen und machen Sie weiter. Erinnern Sie sich an den Ausspruch von Winston Churchill: »Erfolg haben heißt, einmal mehr aufstehen, als man hingefallen ist!«

Unternehmens- oder Produktimage ändern: Die drei Ps

Zur Veränderung Ihres Unternehmensimages – egal ob im Hinblick auf Ihr Arbeitgeberbild, die bei Ihnen gelebte Kultur oder Ihre Produkte – ist das Durchlaufen eines dreistufigen Prozesses empfehlenswert (siehe Abbildung 16).[6]

Im ersten Schritt ist das Problem beziehungsweise Ihre Herausforderung zu identifizieren und zu benennen. Hierbei spielen Zahlen, Daten und Fakten eine große Rolle: Lassen Sie sich allerdings nicht vom Big-Data-Hype fehlleiten: Wer viele Informationen hat, kennt damit noch lange nicht die relevanten Herausforderungen. Nur wenn Sie das Problem Ihres Unternehmens eindeutig identifizieren und beschreiben können, lässt sich eine klare Fragestellung ableiten.

Im zweiten Schritt wird Ihr Problem in ein Phänomen überführt; Sie begeben sich also auf eine abstraktere Ebene. Sie beobachten Ihre Herausforderung aus verschiedenen Blickwinkeln, zum Beispiel aus der Perspektive der aktuellen oder potenziellen Kunden, der Mitarbeiter, der Wettbewerber – Ihrer Fantasie sind keine Grenzen gesetzt. Hauptsache, Sie betrachten das Problem durch eine andere Brille und können damit Muster entdecken, die andere Menschen in der Auseinandersetzung mit Ihrem Unternehmen oder Ihrem Produkt erleben. Dieser Schritt wird auch als *Sensemaking* bezeichnet, bei dem Sie aus den verschiedenen Informationen der Umwelt einen Sinn oder übergreifenden Zusammenhang extrahieren.

Letztlich entsteht so im dritten Schritt eine neue Perspektive, nach der Sie Ihre Kampagne, Produkte und Botschaften ausrichten können. Angelehnt an die Überschrift dieses Kapitels und unsere Erläuterungen zur Veränderung von Gewohnheiten in Kapitel 2 kann ein Paradigmenwechsel von Ihrem alten Unternehmensimage hin zu einem neuen Bild innerhalb von drei Monaten gelingen. Die Annahme dahinter ist, dass die Verankerung der neuen Perspektive in den Köpfen Ihrer Kunden und Partner so lange dauert wie die Annahme einer neuen Gewohnheit. Eine Vielzahl von Marketinginstrumenten, die sich für die Kommunikation Ihres Paradigmenwechsels eignen, basieren auf den Grundprinzipien des Positiv-Effekts. Entsprechend zeigen wir bei der Darstellung unserer Best-Practice-Beispiele auf, wie die Macht positiver Emotionen für die Einstellungsänderung der Konsumenten genutzt wird.

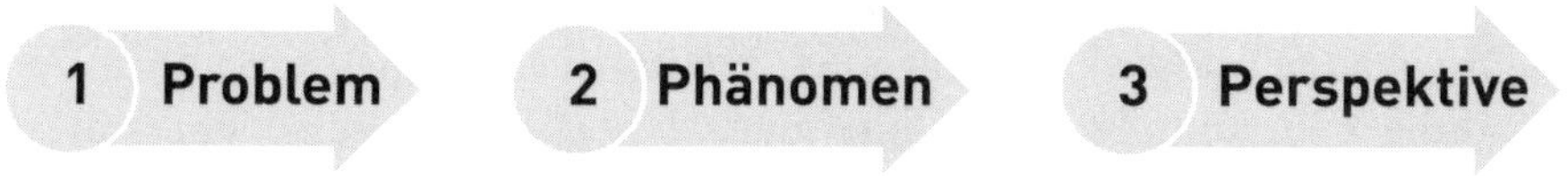

| 1 Problem | 2 Phänomen | 3 Perspektive |

Abbildung 16: Die drei Ps

Im weiteren Verlauf des Kapitels veranschaulichen wir anhand von vier Beispielen, was Sie erreichen, wenn Sie nur eines bei sich und Ihren Kunden verändern: die Perspektive. Die Kommunikation Ihres Unternehmens- oder Produktimages darf nicht zu belanglosen Botschaften verkommen, welche sofort nach dem Erscheinen weggeklickt oder ignoriert werden. Im Gegenteil: Sie wollen zum Vorweg-, Nach- und Andersdenken anregen und Gesprächsstoff liefern, der gern mit anderen geteilt wird. Sorgen Sie dafür, dass das Außenbild Ihres Unternehmens die angenehmen Emotionen hervorruft, die Sie selbst, Ihre Mitarbeiter und Führungskräfte sowie Ihre Kunden zufriedenstellt. Lassen Sie sich inspirieren, um auch für das Umfeld Ihres Unternehmens einen positiven Paradigmenwechsel einzuläuten!

Beispiel 1: Umparken im Kopf (Adam Opel AG)

Ihre Kunden konsumieren keine Produkte, sondern das Konzept dahinter – einen Lifestyle, ein Gefühl oder die Bedeutung, welche mit dem Kauf einhergeht.[7] Wenn Sie beispielsweise ein Auto kaufen, steht der primäre Nutzen des Fahrzeugs, nämlich das Fahren, oft nicht im Vordergrund. Ihre Kaufentscheidung wird durch objektive Charakteristika nur in geringem Maße beeinflusst. Vielmehr verknüpft Ihr Gehirn Produkte wie das Auto mit verschiedenen Eigenschaften (zum Beispiel wertvoll), welche wiederum bestimmte mentale Konzepte aktivieren (zum Beispiel Luxus). Vorteilhaft für Sie als Unternehmenseigentümer ist eine solche Assoziation immer dann, wenn Ihre Marke mit positiven, Ihren Unternehmenswerten entsprechenden Attributen in Verbindung gebracht wird.

1 Problem Allerdings kann dieser Mechanismus auch in umgekehrter Weise wirken, wenn Ihr Unternehmen zum Beispiel als unzuverlässig oder wenig »trendy« gilt. Mit dieser Problematik sah sich der Automobilhersteller Opel konfrontiert. Die Marke Opel wurde von vielen Konsumenten mit Attributen wie »Qualitätsmangel«, »billig«, oder »mangelnde Exklusivität« (»Jeder Popel fährt 'nen Opel«) in Verbindung gebracht. In der Konsequenz blieb das Interesse kaufstarker Konsumenten aus. Auch diejenigen, die sich einen Opel kauften, tendierten dazu, bei Einkommenssprüngen zu anderen Automobilmarken abzuwandern. Viele Jahre hintereinander verlor Opel Marktanteile. Der wirtschaftliche Druck auf das Unternehmen wurde immer größer.

2 Phänomen Die Manager bei Opel konnten das Problem vergleichsweise klar umreißen: Verlust der Marktanteile aufgrund eines schlechten Images. Sich diese Tatsache einzugestehen, erforderte allerdings einiges an Mut. So befasste sich das Management zunächst mit Schwierigkeiten innerhalb des Konzerns: Die Abstimmung zwischen der General-Motors-Zentrale (USA) und der Opel-Zentrale (Deutschland) sollte verbessert werden. Ein neues Motto – zusammenarbeiten, nicht gegeneinander arbeiten – wurde ausgerufen. Bei der Automobilherstellung standen Qualitätsverbesserungen und neue Produkt-Features auf der Agenda. Trotz der umfangreichen Bewerbung der neuen Produktmerkmale konnte allerdings keine sichtliche Besserung der Absatzzahlen festgestellt werden. Damit stand das Management an dem Punkt, an dem es sich der Frage stellen musste: »Wie können wir unser unvorteilhaftes Unternehmensimage ändern?«

Im nächsten Schritt ging es nun für die Marketingverantwortlichen von Opel darum, diese Fragestellung aus verschiedenen Perspektiven zu beleuchten: Welche Werte vertritt die Zielgruppe? Welches Phänomen hält den Verbraucher vom Kauf ab? Um auf unkonventionelle Art und Weise Antworten auf diese Fragen zu erhalten, holte das Opel-Management die branchenfremde Marketingexpertin Tina Müller an Bord. Sie brachte Erfahrung aus der Kosmetikindustrie mit und schlug vor, das Problem nicht indirekt zu umschiffen, sondern direkt anzusprechen. Wenn Konsumenten eine klassische Automobilwerbung ansehen – Szenen mit tollen Autos, hübschen Menschen und schönen Fahraufnahmen –, würde die Marke Opel trotzdem noch die unbewussten negativen Assoziationen hervorrufen. Warum also nicht das negative Image offen thematisieren, um diese gedankliche Negativverknüpfung aufzulösen? Auf einer allgemeineren Ebene betrachtet, lässt sich das Phänomen hinter dem Problem feststellen, dass jeder von uns Vorurteile hat, die beeinflussen, wie wir die Welt sehen. Oftmals halten diese Vorurteile einer Faktenprüfung nicht stand – doch diese Faktenprüfung führen wir oftmals gar nicht mehr durch.

3 Perspektive Basierend auf dieser Beschreibung des Phänomens entstand zunächst die Idee, den Überraschungseffekt bei der Aufdeckung eines eigenen Vorurteils für eine Neupositionierung der Marke zu nutzen. Zunächst plakatierte Opel Werbeflächen mit absenderlosen Sprüchen wie »Wer schwul ist, kann nicht Fußball spielen. Es sei denn, er war deutscher Meister.« Oder »68 Prozent aller Männer halten rothaarige Frauen für feuriger. 90 Prozent davon haben noch nie eine kennengelernt.« Die Plakate widerlegten Vorurteile auf indirekte, intelligente Art und Weise – und wurden erst im Nachhinein mit Opel in Verbindung gebracht.[8] In Ergänzung zu der Plakatserie engagierte Opel den Fußballtrainer Jürgen Klopp, eine authentische Persönlichkeit »mit Ecken und Kanten«, für eine Werbekampagne.[9] In dem Clip findet eine Stewardess im Flugzeug einen Autoschlüssel der Marke Opel zwischen der Business- und der Economy-Klasse. Sie dreht sich wie selbstverständlich zur Economy-Klasse um und fragt, wer der Besitzer sei. An dieser Stelle setzt Opel explizit an der Herausforderung an, dass die Marke Opel mit einem »Billigimage« assoziiert war. Im Clip meldet sich Jürgen Klopp aus der Business-Klasse und gibt sich als stolzer Opel-Besitzer zu erkennen. Die Stewardess sowie die anderen Anwesenden wirken sichtlich überrascht. Die Botschaft »Auch bekannte/reiche/coole Menschen fahren Opel« sollte dazu anregen, alte Denkmuster durch neue Assoziationen zu ersetzen.

Die Plakatserie und der Clip bildeten den Auftakt für eine ganze Reihe von Werbemaßnahmen, die den Konsumenten auf das Grundphänomen der Perspektivenverzerrung durch Vorurteile hinwies. Unter Einbeziehung verschiedener Social-Media-Kanäle setzten sich Prominente und Passanten beispielsweise in verschiedene Opel-Modelle, fuhren Probe und berichteten von ihren (Vor-)Urteilen. Ziel war es, der Marke eine neue Chance zu geben, indem die Frage in den Raum gestellt wurde, ob Opel immer noch so ist, wie die Vorstellung der Konsumenten suggeriert. Der Hashtag #umparkenimkopf verbreitete sich rasant in den sozialen Medien und die Kampagne zeigte nachhaltige Wirkung: Opel rutschte aus dem Minus in ein dickes Plus. Im ersten Halbjahr 2016 betrug der Gewinn vor Steuern und Zinsen bereits 190 Millionen Euro allein in Europa. Opel vergaß dabei nicht, die Veränderung des Unternehmensimages auch intern für Dankesgesten zu nutzen: Die Kommunikation wurde auf positive Botschaften hin ausgerichtet, die Mitarbeiter erhielten nach dem dicken Umsatzplus T-Shirts mit dem Aufdruck »We made it«.[10]

Opel nutzte den Positiv-Effekt in Reinform: Alte Assoziationen der Kunden wurden durch neue, positive Konzepte ersetzt und der externe sowie interne Kulturwandel Hand in Hand gelebt.

Beispiel 2: Supergeil (Edeka-Gruppe)

1 Problem Der Edeka um die Ecke? Viele (junge) Menschen denken dabei gleich an »verwinkelt, alt, uncool«. Wie kann es gelingen, die Perspektive der (jungen) Konsumenten zu verändern, um zu zeigen, dass Einkaufen bei Edeka schon lange nichts mehr mit dem alten, verschrobenen Tante-Emma-Laden zu tun hat? Diese Fragestellung identifzierte die Edeka-Gruppe als Kernproblem für ihre Unbeliebtheit bei den nachrückenden Generationen. In der Zielgruppe der 20- bis 39-Jährigen lagen die Marktanteile der Einzelhandelskette weit hinter Konkurrenten wie beispielsweise Rewe. In den Assoziationen junger Konsumenten war der typische Edeka-Einkäufer ein älterer Kaufmann mit Schnauzbart, in weißem Kittel und mit einem Kugelschreiber in der Tasche. Dieses Bild spiegelte sich in der Realität wider: Mehr als 60 Prozent der Kundschaft von Edeka sind über 40 Jahre alt.[11]

2 Phänomen Die Manager von Edeka erkannten hinter ihrem Problem ein Phänomen, das auch für andere Einzelhändler gefährlich wird: Junge Konsumenten drohten zu Onlineshops abzuwandern. Für sie stellt das Shopping im Lebensmitteleinzelhandel kein Erlebnis mehr dar, also bestellen sie lieber im Internet. Eine Studie mit mehr als 30 000 Konsumenten belegt, dass im internationalen Durchschnitt bereits 30 Prozent der Menschen unter 35 Jahren online einkaufen, weitere 60 Prozent denken darüber nach.[12] Warum also nicht von der klassischen Fernseh-/Radiowerbungsstrategie abweichen und vorrangig soziale Netzwerke für die Kommunikation nutzen? Noch dazu mit einem Song, der bereits online in der Zielgruppe seine Kreise zieht?

3 Perspektive Zur Zielerreichung holte sich der Edeka-Vorstand die Unterstützung der Werbeagentur Jung von Matt. Die Idee für die an eine junge Zielgruppe gerichtete Kampagne entstand spontan: Mitarbeiter der beauftragten Werbeagentur hörten den Song »Supergeil« des Sängers Friedrich Liechtenstein, als dieser über das Internet verbreitet wurde.[13] Daraus entstand die Idee, den Songinhalt auf Edeka-Produkte anzupassen. Nachdem die Texte und Bilder mit den Verantwortlichen der Edeka-Gruppe abgesprochen waren, übernahmen Agenturmitarbeiter die Regie: Der Spot »Supergeil« wurde kreiert und der Edeka-Führungsriege als Fertigprodukt vorgelegt. Die Ausstrahlung des zuvor im Lebensmittelhandel noch nicht praktizierten Formats war mit einem gewissen Risiko verbunden. Kaum zu stoppende, wütende Reaktionen von Internetusern – sogenannte Shitstorms – sind heute schließlich keine Seltenheit. Doch die Sorgen der Verantwortlichen lösten sich in Luft auf, nachdem der Spot über Nacht knapp 250 000 Klicks sammelte und die Begeisterung der Netzgemeinde auf sich zog.

Im Netz verbreitete sich der »Supergeil«-Spot viral. Nicht nur Konsumenten reagierten begeistert, auch Edeka-Mitarbeiter freuten sich über die positive Resonanz. Der Clip wurde als laut, schrill und provokativ wahrgenommen und wich damit klar von der bisherigen Werbestrategie ab. Wie bei Opels »Umparken-im-Kopf«-Kampagne setzte auch Edeka auf den Überraschungseffekt: Humorvolle Inszenierungen, unerwartete Wendungen und ein Schuss Selbstironie fordern zum Umdenken auf. Das Ziel der Ansprache junger Kaufinteressenten ist Edeka laut dem Brand-Index gelungen. Zum einen hatte nach der Brand-Index-Erhebung jeder Zweite im Alter bis 30 Jahren in letzter Zeit Edeka-Werbung wahrgenommen. Zum anderen zeigte die Kampagne mit einer Steigerung der Kaufabsicht von 37 auf 47 Prozent bei den unter 30-jährigen Konsumenten mit einem Nettoeinkommen über 1 500 Euro auch wirtschaftlich relevante Konsequenzen für die Edeka-Gruppe.[14]

Beispiel 3: Orgasmus im Kopf (Hornbach-Baumarkt AG)

1 Problem In der Baumarktbranche geht es schon seit einigen Jahren nicht sonderlich gemütlich zu: Getrieben von Preiskämpfen und Marketingdruck kämpfen die meisten Baumärkte ums Überleben.[15] Spätestens als die Praktiker-Unternehmenskette Insolvenz anmeldete, wurde der Ernst der Branchenlage deutlich. Praktiker war mit dem Werbeslogan »20 Prozent auf alles – außer Tiernahrung« bekannt geworden und belegte bis zur Insolvenzanmeldung die dritte Marktposition. Schon 2010 prognostizierten Experten, dass bis ins Jahr 2015 nur wenige Baumarktketten durchhalten würden, wenn sie sich nicht neu positionierten.[16] Standort- und Kostenoptimierungen, Überkapazitäten sowie mangelnder Kundenservice prägten das Branchenbild, einziges Ziel war die Übernahme der Preisführerschaft.

2 Phänomen Die Manager der Hornbach-Kette erkannten, dass ein Einstieg in die Rabattschlacht sich kaum zur Abgrenzung von anderen Baumärkten eignete. Doch wie konnten Kunden, die an Discount-Strategien gewöhnt waren, in Richtung des Kaufs hochwertiger Produkte »umerzogen« werden? Wie kann ein per se wenig positive Emotionen auslösender Baumarkt mit emotionalen Inhalten verbunden werden? Und was fehlte den Kunden eigentlich in Baumärkten, bei denen Sortimente von über 100 000 Einzelartikeln keine Seltenheit darstellten? Die Hornbach-Verantwortlichen nahmen die Kundenperspektive ein und stellten fest: Im Land der Heimwerker war »das Werk« – also das zu bauende Projekt – vollständig in den Hintergrund gerückt.

3 Perspektive Das Hornbach-Management beschloss, ein Umdenken weg von der Preispolitik hin zu den Herausforderungen und dem Stolz des Heimwerkers als Ansatzpunkt für kommunikative Maßnahmen zu nutzen. Die Zielgruppe wurde mittels der Konsumgründe für Baumarktprodukte definiert. Hornbach entschloss sich, auf produktbezogene Werbung und Prospekte mit Angeboten zu verzichten. Im Fokus sollten Menschen stehen, die ihr eigenes Projekt durchführen, egal ob dies ein Hausbau, ein Loch im Garten oder ein neuer Swimming-Pool ist. Das Unternehmen wollte diesen Kunden vermitteln, dass sie für ihre Projekte Unterstützung von der Idee über Material und Werkzeugbedarf bis hin zur Umsetzung in den Hornbach-Baumärkten erhalten können. Vor allem aber sollte den Kunden emotionales Verständnis entgegengebracht werden: Hornbach wollte dafür stehen, dass in seinen Baumärkten jedes Projekt des Kunden als wichtig angesehen und dessen Umsetzung ermöglicht wird. Der projektbezogene Ansatz entspricht dabei der Hornbach-Philosophie: Loslegen, Hand anlegen, selbst gestalten – jedes Projekt kann realisiert werden.

Die Hornbach-Clips nach dem Motto »Es gibt immer was zu tun« mit dem gesungenen »Yippiejaja-yippie-yippie-yeah« zeigen genau das: Menschen, die sich über ihr Projekt selbst zum Ausdruck bringen. Und sich dabei wieder daran erinnern, wie schön, einfach und echt das Leben sein kann – jenseits der Selbstdarstellung und digitalen Inszenierung. Nehmen wir zum Beispiel einen Clip aus dem Frühjahr 2016: Ein korpulenter Mann schlägt seine Spitzhacke in den Boden. *Schnitt*. Er springt nackt über einen Felsabgrund, rutscht sichtlich amüsiert den Berg hinab. *Schnitt*. Der Mann steht mit einem Spatenstich freudestrahlend in der Grube eines kleinen Gartens. Kurz vor der Abblende erscheint die Botschaft: »Du lebst. Erinnerst du dich? Fühl es auch. Jetzt hier!« Die Kernaussage: Dein Projekt, dein Lebensgefühl – Hauptsache du hast Spaß dabei.[17] Die Geräusche des Clips sind dank einer speziellen Aufnahmetechnik so realitätsnah, dass der Zuhörer unmittelbar in die Szene versetzt wird – so beabsichtigen die Kampagnenverantwortlichen, einen »Kopforgasmus« entstehen zu lassen.[18]

Ein anderes Beispiel für die emotionale Ausrichtung der Hornbach-Kommunikation ist die inzwischen über fünf Millionen Mal aufgerufene Kampagne »Sag es mit deinem Projekt«.[19] Darin ist ein Mädchen im schwarzen Gothic Style zu sehen, das in verschiedenen Alltagssituationen auf die kritischen Blicke der Umwelt stößt. Sie will anders aussehen, doch niemand steht zu ihr; alle schauen sie abschätzend an; Hunde bellen, Vögel fliegen weg. Eines Tages kommt das Mädchen nach Hause, wie immer traurig und den Blick zu Boden gesenkt. Als sie das Haus erreicht und durch das Gartentor geht, bleibt schwarze Farbe vom frisch gestrichenen Zaun an ihrer Hand zurück. Das Mädchen schaut hoch und sieht ihren Vater das Haus streichen: komplett schwarz! Mit einem berührten Lächeln im Gesicht geht sie ins Haus. Mit seinem ungewöhnlichen Projekt bringt der Vater zum Ausdruck, dass er seine Tochter liebt, so wie sie ist. Der Spot vermittelt Mitgefühl und verbindet Heimwerken mit Emotionen – eine Brancheninnovation.[20]

Der Perspektivenwechsel ermöglichte es Hornbach nicht nur, das Image einer eher langweiligen Branche durch humorvolle und ironische Kampagnen zu verändern. Auch das stetige Umsatzwachstum auf zuletzt

3,76 Milliarden Euro Ende des Geschäftsjahrs 2015/2016 bestätigt den Kurswechsel weg vom Preiskampf hin zum positiven Emotionen-Marketing.[21] Während Obi als Marktführer in Deutschland seit 2010 sinkende Kundenzahlen zu vermelden hat, steigt die Zahl bei Hornbach stetig an.[22]

Beispiel 4: Alkoholfreies Bier (Erdinger Weißbräu)

1 Problem Seit Jahren ist der Bierkonsum in Deutschland rückläufig. In den vergangenen 30 Jahren sank die Menge des jährlichen Biergenusses pro Person um fast ein Drittel.[23] Die Gründe sind vielfältig: eine alternde Gesellschaft, die weniger Bier trinkt; die Verbreitung von Biermischgetränken wie Bier mit Limonade; der Trend zu einem gesundheitsbewussten Lebensstil. Experten sind sich einig: Der Absatzrückgang wird weiter anhalten.

2 Phänomen Den Managern von Erdinger Weißbräu waren die trüben Aussichten wie jedem in der Branche bekannt. Alkoholfreies Bier schien eine Möglichkeit zu sein, dem Absatzrückgang zu trotzen, aber so richtig beliebt war das Getränk bei den Deutschen in der Vergangenheit nicht. Die beworbenen Vorteile – das alkoholfreie Getränk als praktische und gesunde Alternative etwa für Autofahrer oder Schwangere – schienen bei den Verbrauchern nicht so richtig anzukommen. Auch der Fokus vieler Hersteller, das Vorurteil des schlechten Geschmacks von alkoholfreiem Bier zu widerlegen, trug wenig zur Verbesserung des Images bei. Trotz des gesellschaftlichen Trends hin zu bewussterer Ernährung und Fitness lief es nicht so richtig für die alkoholfreie Bierbranche.[24]

Wie konnte ein Produkt, das eher als fade Notlösung für den Alkoholverzicht gesehen wurde, in ein mit positiven Assoziationen belegtes Getränk verwandelt werden?

3 Perspektive Erdinger Weißbräu sah sich die potenziellen Käufer genauer an: Menschen (typischerweise mehr Männer als Frauen), die am Feierabend oder nach dem Sport ein Bierchen zu sich nehmen. Nach dem Sport? Dieser Aspekt brachte das Unternehmen auf eine Idee: Warum nicht beliebte Sportarten nutzen, um das Image von alkoholfreiem Bier aufzupolieren? Die bayerische Brauerei entschied sich, nicht mehr den fehlenden Alkoholgehalt in den Vordergrund zu stellen. Vielmehr sollten die Zutaten und ihre positive Wirkung in den Fokus rücken. Durch wissenschaftliche Studien war die isotonische Wirkung von alkoholfreiem Bier bekannt. Diese ist für Sportler relevant, deren erhöhter Flüssigkeitsbedarf durch derartige Getränke, bei denen das Verhältnis von Nährstoffen zu Flüssigkeit dem des menschlichen Bluts entspricht, effizient gedeckt werden kann. Diese Zielgruppe sprach das Unternehmen gezielt an, indem es begann, nach Sportevents wie Laufveranstaltungen, Radrennen oder Triathlon-Events alkoholfreies Bier im Ziel auszuschenken. Die Erdinger-Verantwortlichen suchten den direkten Kontakt mit den Sportlern und wollten mit dem Produkt persönlich Überzeugungsarbeit leisten. Inzwischen sponsert das Unternehmen eine Reihe von (Profi-)Sportlern und führt auf über 400 Ausdauersportveranstaltungen jährlich Promotionsaktionen durch. Messeauftritte, TV-Spots oder Anzeigen in Sport-Fachzeitschriften komplettieren diese Kommunikationsmaßnahmen.

Die Neupositionierungsstrategie zahlte sich aus: Heute ist Erdinger Marktführer bei den alkoholfreien Weißbieren.[25] Die Werbemaßnahmen trafen die Bedürfnisse der Zielgruppe, die sich in der Freizeit oder im Leistungssport sportlich betätigen. Inzwischen assoziieren Konsumenten nicht mehr Schwäche oder Langeweile mit dem Getränk, sondern vielmehr Leistungsorientierung und Männlichkeit.[26] Der Perspektivenwechsel bescherte der gesamten Braubranche einen Durchbruch im alkoholfreien Segment, sodass alkoholfreie Getränke im Gegensatz zur Absatzentwicklung des »normalen Biers« einen steigenden Marktzuwachs erzielen.

Unternehmensimage ändern mit dem Positiv-Effekt

Was haben die vier Beispiele für eine erfolgreiche Neupositionierung eines Unternehmens oder Produktes gemeinsam? Bei Opel ging es darum, die »Proletenauto-Vorurteile« gegenüber Opel-Fahrzeugen durch ein qualitätsgeprägtes Unternehmensbild zu ersetzen: Umparken im Kopf – Opel ist jetzt anders, als mancher vielleicht denkt. Edeka wollte weg vom verstaubten Oldschool-Image hin zu einem jüngeren, trendigeren Unternehmensbild: Der Lebensmittelhändler wird »supergeil«. Die Baumarktkette Hornbach konzentrierte sich auf Emotionen und Heimwerkerstolz statt Preisschlachten und verramschtem Staubimage: Yippiejaja-yippie-yippie-yeah! Und Erdinger Weißbräu setzt auf die positive Wirkung des alkoholfreien Biers statt das Alkoholdefizit zu betonen: Erfrischend sportlich.

Die angeführten Best Practices setzen alle auf die Vermittlung positiver Gefühle – und deren verkaufssteigernde Wirkung ist durch wissenschaftliche Untersuchungen umfassend bewiesen.[27] Die Aufwärtsspirale positiver Gefühle wirkt auch bei positiven Werbebotschaften. Unsere Aufmerksamkeit wird geweitet, wir fühlen uns besser und vertrauen anderen Menschen (und Marken beziehungsweise Unternehmen) mehr. Außerdem wird in den Beispielen 1 bis 3 auf Humor gesetzt. Auch hier ist belegt, dass lustige Werbebotschaften besser im Gedächtnis hängen bleiben und förderlich auf die Kaufabsicht wirken.[28] Dieser Effekt scheint vor allem langfristig zu wirken. Ihre Kunden mögen vielleicht nicht sofort von Ihrem neuen Unternehmensimage überzeugt sein, aber wenn Sie nur lange genug dabei bleiben, dann wandeln sich humorvolle Botschaften in Verhaltensveränderungen Ihrer Kunden um.[29] Nicht zuletzt macht vor allem das Beispiel Erdinger Weißbräu deutlich, dass das Hervorheben bestimmter Produktmerkmale nur funktioniert, wenn die Qualität des Gesamtpakets stimmt: Neben der isotonischen Wirkung muss natürlich auch der Geschmack überzeugen, damit die Werbekampagne aufgeht. Ihre kommunikativen Botschaften müssen also der Wahrheit entsprechen: Bewerben Sie wirklich nur das, was Ihr Unternehmen auch halten kann.

Das entscheidende Merkmal der vorgestellten Beispiele ist allerdings, dass diese auf dem eingangs hervorgehobenen positiven Perspektivenwechsel aufbauen. Dazu braucht es mehr als die Analyse von Big Data Ihrer Kunden oder Vertriebskanäle: Sie müssen verstehen, welche Daten fehlen; wo die Bedürfnislücke Ihrer Kunden ist; an welcher Stelle Sie als Unternehmen missverstanden werden. Wenn Sie den internen Wandel zu einer positiveren Kultur geschafft haben, sollte es Ihr Ziel sein, diesen positiven Wandel auch nach außen zu tragen. Dazu braucht es oftmals nicht mehr als eine andere Perspektive auf die Dinge und gesunden Menschenverstand. In der Wissenschaft nennt man diese Methode der Untersuchung von menschlichen Lebenswelten *Phänomenologie*. Erforschen Sie die tieferen Motive, Überzeugungen und Beweggründe Ihres Unternehmensumfelds – und ersetzen Sie im nächsten Schritt negative Assoziationen durch neue, positive Bilder!

Zusammenfassung 💊 Die schnelle Dosis Vitamin +

- Externe Unternehmenskommunikation basiert auf den Grundprinzipien des Positiv-Effekts. Das Auslösen positiver Gefühle durch Humor führt zu mehr Aufmerksamkeit für die Marke sowie zu höheren Kaufabsichten.
- Egal ob sie einen internen Wandel zu einer positiveren Unternehmenskultur nach außen kommunizieren wollen, Ihr Unternehmen repositioniert werden soll oder ein (Re-)Launch von Produkten ansteht: Entscheidend ist, dass Sie Ihr Umfeld zu einem positiven Perspektiven- oder Paradigmenwechsel bringen.
- Folgen Sie für einen erfolgreichen Veränderungsprozess den drei Ps: Problemidentifikation, Phänomenüberführung, Perspektivenwechsel.
- Zunächst ist das **Problem** anhand von Zahlen, Daten und Fakten zu umreißen: Wo steht Ihr Unternehmen nicht so da, wie es sollte?
- Begeben Sie sich dann auf die Suche nach dem dahinterliegenden **Phänomen**. Nehmen Sie verschiedene Blickwinkel ein, um herauszufinden, welcher grundlegende Aspekt hinter dem Problem steht.
- So gelangen Sie schließlich zu einer neuen **Perspektive**, die Sie für Ihre Unternehmenskommunikation nutzen können.

Kapitel 9

Mission Positiv:
Die Managementrevolution
einleiten

»Das Geheimnis der Veränderung ist,
dass man sich mit all seiner Energie nicht darauf konzentriert,
das Alte zu bekämpfen,
sondern darauf, das Neue zu erbauen.«

Sokrates,
griechischer Philosoph

Erinnern Sie sich an das einleitende Beispiel, in dem es um die Verzinsungsrate Ihres Geldes ging? Wenn Sie Ihr Geld heutzutage bei der Bank anlegen, sind die Zinsen derart gering, dass Ihr Vermögen – wenn überhaupt – nur sehr langsam wächst. Nach diesem Grundprinzip funktionieren die meisten Unternehmen: In gemäßigter Geschwindigkeit wird über verschiedene hierarchische Strukturen hinweg mittels inkrementeller Verbesserungen in die Zukunft investiert.

In den vorangegangenen Kapiteln haben Sie nun einen ganz anderen Ansatz für das Management kennen gelernt, der deutlich radikaler ist und Ihre Ergebnisse um bis zu 100 Prozent verbessern kann. Das Prinzip des Positiv-Effekts beruht auf einer einzigen Grundannahme: Positive

Einstellungen, Emotionen und Handlungen verändern eigenes und fremdes Verhalten in Richtung höherer Wertschöpfung. Beispiele für dieses Phänomen finden sich in allen Disziplinen, von der Arbeitswissenschaft über die Medizin bis zur Sozialpsychologie.

Wir sind fest davon überzeugt, dass dieser positive, stärkenorientierte Managementansatz bisherige aggressive, konformitätsorientierte Konzepte ersetzen wird. In der Wissenschaft nimmt die Zahl an Theorien, die in der positiven Psychologie zu verankern sind, stetig zu. Nichts ist praktischer als gute Theorien, denn sie helfen uns, die Welt zu verstehen und konstruktiv zu gestalten. Universitäten tragen diese Theorien über ihre Publikationen und die Ausbildung ihrer Studenten in die Welt.

Zum positiven Wandlungsprozess des Managements trägt außerdem bei, dass immer mehr Menschen in leitenden Positionen bereit sind, sich mit ihrer Persönlichkeit auseinanderzusetzen. Ein verbessertes Selbstmanagement, das Aspekte wie eine optimistische Einstellung oder Mindfulness berücksichtigt, schützt nicht nur uns selbst, sondern wirkt sich positiv auf unser Umfeld aus. Wir werden ausgeglichener, berechenbarer, freundlicher und damit immer mehr zu einem Menschen, den andere gern um sich haben und der zu Höchstleistungen motivieren kann.

Ergänzt durch Managementansätze, in die der Positiv-Effekt eingebaut ist – das PLUS-Leadership-Konzept, das IMPULS-Modell des Arbeitsengagements und positive Teamsteuerung –, kann eine revolutionäre Bewegung entstehen. Langsam, aber sicher ändert sich ausgehend vom Wandel der Zusammenarbeit in einzelnen Teams »von unten nach oben« die Unternehmenskultur und schließlich sogar das Image Ihres Unternehmens als Ganzes.

Um den Positiv-Effekt zu einer nachhaltigen Managementbewegung jenseits der »Gute-Laune-Gurus« zu entwickeln, ist es wichtig, dass bestimmte, in diesem Buch erläuterte Grundideen nicht verloren gehen. Wir schließen das Buch deswegen mit drei Thesen für das Management mit dem Positiv-Effekt, die wir als Ausgangspukt für ein Umdenken betrachten.

1. *Der Positiv-Effekt ruft durch optimistische Einstellungen und Handlungen eine wertschöpfende Veränderung der eigenen Person und des (Unternehmens-)Umfelds hervor. Dies bedeutet nicht, dass negative Ereignisse ausbleiben oder schöngeredet werden sollen. Im Fokus steht nicht, was passiert, sondern vielmehr, wie Sie damit umgehen.*

Krisen gehören zu jedem Leben und zu jedem Unternehmen. Unser Alltag ist vollgestopft mit nervigen Erlebnissen und unschönen Situationen. Bei der Anwendung des Positiv-Effekts geht es nicht so sehr darum, sich darauf zu konzentrierten, wie Sie die Auftretenswahrscheinlichkeit derartiger Ereignisse reduzieren. Wie im einleitenden Sokrates-Zitat verdeutlicht, ist das Erfolgsrezept vielmehr darin zu finden, negative Vorkommnisse zu akzeptieren und die eigene Energie auf das Schaffen positiver Erlebnisse zu richten. Sie sollen jedoch keine Gefühle der Wut oder des Ärgers herunterschlucken – eine derartige Unterdrückung kann Sie sogar krank machen! Der Schlüssel liegt vielmehr in der Etablierung von Gegenmaßnahmen:

Versuchen Sie, dreimal mehr positive Erlebnisse zu schaffen als negative Erfahrungen (siehe Kapitel 2). Halten Sie neue Gewohnheiten drei Monate lang durch und etablieren Sie auf diese Art und Weise eine Routine. Nehmen Sie sich täglich drei Minuten Zeit, um die Aufmerksamkeit auf die Reflexion positiver Ereignisse zu richten. Führen Sie in Ihrem Arbeitsalltag positive Rituale mit Ihrem Team oder Ihren Kollegen ein. Als Nebeneffekt werden negative Situationen mit hoher Wahrscheinlichkeit seltener auftreten – dies ist aber nicht der Fokus Ihrer Aufmerksamkeit.

Egal, was Sie tun: Setzen Sie sich selbst das Ziel, die Anzahl positiver Situationen beziehungsweise Ihre Aufmerksamkeit für ebendiese zu erhöhen. Da Sie wissen, wie gern Ihr Gehirn an altbekannten Strukturen festhält und evolutionär bedingt eine Negativorientierung bevorzugt, müssen Sie sich selbst möglichst viele Erinnerungen setzen. Egal ob Sie bei jedem positiven Ereignis eine Münze von der einen Hosentasche in die andere stecken, ein Glückstagebuch führen oder eine Smartphone-App zur Dokumentation nutzen: Machen Sie sich Ihre Intention immer wieder sichtbar.

Noch besser wirkt der »Druck von außen«. Schlagen Sie zum Beispiel Ihrem Partner oder einem guten Freund vor, sich gegenseitig jeden Abend drei positive Tageserlebnisse zu berichten. Der Fokus des Positiv-Effekts liegt nicht auf dem Nachgrübeln darüber, wie Sie Negatives vermeiden, sondern wie Sie Positives schaffen können.

2. Zentral für die Wirkungsweise des Positiv-Effekts ist das Prinzip des positiven Primings. Sie können nicht genug Zeit damit verbringen, sich selbst und andere auf Erfolg zu primen!

Das Verhalten von Menschen und damit auch von Organisationen ändert sich nicht von heute auf morgen. Vielmehr ist es die Summe vieler kleiner Reize, die langfristig zu Veränderungen führen. Aus diesem Grund ist das Priming-Prinzip so wichtig für die Entfaltung des Positiv-Effekts. Durch Priming »präparieren« Sie Ihre Mitarbeiter, Kollegen oder Kunden in Richtung positiver Verhaltensweisen. Mittels kurzer Äußerungen oder kleiner Gesten verändern Sie nachfolgendes Verhalten in eine positive Richtung. Und das am besten so oft wie möglich!

Das positive Priming steht damit im Kontrast zur verbreiteten Defizitorientierung im Arbeitskontext. Bis jetzt stellen Manager vor allem heraus, wie ein Unternehmen *trotz* bestimmter (negativer) Umstände (wie zum Beispiel höhere Diversität, verändertes Wettbewerbsumfeld) erfolgreich sein kann. Gleichermaßen ist der Umgang mit Vorurteilen in vielen Unternehmen ein Thema: Bestimmte Gruppen (junge Menschen, Frauen, Ausländer, Andersdenkende) werden tendenziell als weniger leistungsfähig angesehen als andere. Ob scherzhaft oder ernst formuliert – mit Stereotypen wurde wohl jeder schon einmal konfrontiert. Diese Negativbotschaften mögen uns erst einmal unscheinbar vorkommen. Sie haben aber ganz entscheidende Auswirkungen auf unsere Leistungsfähigkeit.

Das Management mit dem Positiv-Effekt hat zum Ziel, an so vielen Stellen wie nur irgend möglich positives Priming einzubauen – zum Beispiel im Verhalten der Führungskräfte, in den Botschaften des Topmanagements, auf den Startbildschirmen der Mitarbeiter oder in den Imagebroschüren des Unternehmens. Als Inspiration kann Ihnen die Welt der Werbung und des Marketings dienen: Hier finden Sie zahlreiche Beispiele für die Erzeugung guter Gefühle durch kleine, unterschwellige Reize. Die Botschaften müssen selbstverständlich authentisch bleiben, doch bei einer ehrlich gemeinten Positiv-Orientierung können Sie das Unterbewusstsein Ihrer Mitarbeiter langsam, aber stetig in Richtung einer überwiegenden Wahrnehmung des Positiven lenken. Der Positiv-Fokus erhöht in der Folge die Motivation, steigert die geistige Leistungsfähigkeit und verbreitert die Aufmerksamkeitsspanne – die Aufwärtsspirale positiver Gefühle ist angestoßen.

3. Positives Management bedeutet nicht, dass Sie »Kuschelgruppen« gründen: Als Manager müssen Sie die Richtung vorgeben, als Vorbild agieren und Verantwortungsbereiche übertragen. Gehen Sie in Führung!

Mit der letzten These möchten wir auf den in letzter Zeit laut gewordenen Rufen nach veränderten Führungslogiken eingehen. Begründet wird die Notwendigkeit von demokratischeren Ansätzen der Führung unter anderem mit zunehmenden Innovationsgeschwindigkeiten, veränderten Wertewelten der erwerbstätigen Bevölkerung, Auswirkungen von Digitalisierungsbestrebungen und flexibleren Beschäftigungsmodellen. Wir sind vor diesem Hintergrund der festen Überzeugung, dass mehr Mitarbeiterbeteiligung und höhere Individualisierungsgrade im Bereich Führung unerlässlich sind. Warnen wollen wir allerdings davor, die (oftmals unscharfen) Diskussionen um einen neuen Führungsstil als Legitimation für Verantwortungsdiffusion zu nehmen.

Management mit dem Positiv-Effekt heißt, dass Sie Ihre Rolle als Vorbild und Entscheidungsträger ernst nehmen. Sie tragen die Verantwortung dafür, dass die Rahmenbedingungen der Zusammenarbeit positiv gestaltet werden. Sie steuern die Wahrnehmung Ihrer Mitarbeiter und beeinflussen deren Verhalten, um sie letztlich zu mehr Eigenverantwortung zu motivieren. Ihre Mitarbeiter und Kollegen orientieren sich an Ihnen, weil Sie in einer Entscheidungsposition sitzen – treffen Sie also auch Entscheidungen! Helfen Sie Ihrem Umfeld, die Perspektive zu wechseln, indem Sie Ihre eigene Meinung deutlich darlegen, destruktiven Mitarbeitern Grenzen aufzeigen und in Ihrem Umfeld ausschließlich einen wertschätzenden Umgang miteinander akzeptieren. Leben Sie die Prinzipien des Positiv-Effekts vor: keine Spekulationen, Jammerzirkel oder unproduktiven Meetings. Achten Sie auf sich selbst und erwarten Sie Gutes von anderen. Dabei zählen weniger die großen Worte als vielmehr Ihre alltäglichen Taten. Revolutionen – auch positive – brauchen Revolutionsführer. Wir zählen auf Sie!

Anmerkungen

Vorwort

1 J. A. Turner, R. A. Deyo, J. D. Loeser, M. von Korff & W. E. Fordyce (1994). The Importance of Placebo Effects in Pain Treatment and Research. *JAMA, 271*(20), 1609–1614.

2 In unserem WISE Research Network arbeiten wir seit 13 Jahren mit DAX-30-Unternehmen, Hidden Champions und etablierten Mittelständlern zusammen, um Probleme aus der Praxis durch die Anwendung wissenschaftlicher Methoden zu lösen. Je nach den Bedürfnissen unserer Kooperationspartner führen wir betriebswirtschaftliche und psychologische Studien durch, die zentrale Wirkungstreiber des Unternehmenserfolgs aufdecken. Zudem beraten wir die Mitglieder unseres WDN-Demographie-Netzwerks in Bezug auf den Umgang mit Fragestellungen der veränderten Arbeitswelt.

3 P. Cappelli & D. Neumark (2001). Do »High-Performance« Work Practices Improve Establishment-Level Outcomes? *Industrial & Labor Relations Review, 54*(4), 737–775.

4 Die Begriffe »Manager« und »Führungskraft« verwenden wir in diesem Buch synonym, auch wenn in einer strengen Definition auf unterschiedliche Aufgabenschwerpunkte verwiesen wird. Manager konzentrieren sich im engeren Sinne mehr auf die Entwicklung und Steuerung von Organisationen, Führungskräfte dagegen auf die Mitarbeiterführung. Da in der heutigen Zeit die Aufgabenbereiche häufig ineinander übergehen und beide vom Positiv-Effekt gleichermaßen profitieren können, nutzen wir die Begrifflichkeiten in einem austauschbaren Sinn.

Kapitel 1: Der positive Effekt durch den Positiv-Effekt

1 D. J. Grelotti & T. J. Kaptchuk (2011). Placebo by proxy. *British Medical Journal, 343*(7824), 599–600.

2 Befunde aus der Framingham-Herz-Studie, http://www.framingham.com/he art.

3 A. Crum & E. Langer (2007). Mind-Set matters: Exercise and the placebo effect. *Psychological Science, 18*(2), 165–171.

4 R. Desharnais, J. Jobin, C. Côté, L. Lévesque & G. Godin (1993). Aerobic exercise and the placebo effect: A controlled study. *Psychosomatic Medicine, 55*(2), 149–154.

5 L. Bègue, B. J. Bushman, O. Zerhouni, B. Subra & M. Ourabah (2013). »Beauty is in the eye of the beer holder«: People who think they are drunk also think they are attractive. *British Journal of Psychology, 104*(2), 225–234.

6 D. H. Naftulin, J. E. Ware & F. A. Donally (1973). The Doctor Fox Lecture: A paradigm of educational seduction. *Journal of Medical Education, 48*, 630–635.

7 H. Plassmann & B. Weber (2015). Individual differences in marketing placebo effects: Evidence from brain imaging and behavioral experiments. *Journal of Marketing Research, 52*, 493–510.

8 B. Shiv, Z. Carmon & D. Ariely (2005). Placebo effects of marketing actions: Consumers may get what they pay for. *Journal of Marketing Research, 42*, 383–393.

9 R. Rosenthal & L. Jacobson (1968). *Pygmalion in the classroom: Teacher expectation and pupils' intellectual development*. Holt, Rinehart and Winston.

10 D. L. Rosenhan (1973). On being sane in insane places. *Science, 179*(4070), 250–258.

11 In unterschiedlichen Situationen können Menschen unterschiedlich handeln – Manager der einen Kategorie zeigen deswegen temporär durchaus auch »untypische« Verhaltensweisen einer der anderen drei Kategorien.

12 Scott B. Kaufman (2015) zeigt in seinem *Harvard-Business-Research*-Artikel »The emotions that make us more creative« eingängig auf, wieso ein Wechsel verschiedener Intensitätszustände von Gefühlen notwendig ist, um maximale Kreativität zu erreichen. Ein positiver Grundzustand reicht demnach für maximale Kreativitätsleistung nicht aus. Besonders kreative Menschen zeichnen sich durch ambivalente, sich abwechselnde Gefühls- und Arbeitsformen wie Fokus versus Ablenkung, Intention versus Rationalität oder Achtsamkeit versus Tagträumerei aus.

13 Adaptiert aus dem Buch *Learned Optimism* von Martin Seligman (2006). Siehe auch The Carey Group, http://www.thecareygroupinc.com/documents/Opti mism%20Test%20and%20Scoring%20Guide.pdf.

Kapitel 2: Sich selbst managen: Es kommt anders, wenn man denkt

1 B. Libet (1985). Unconscious cerebral initiative and the role of conscious will in voluntary action. *The Behavioral and Brain Sciences, 8,* 529–566.

2 C. S. Soon, M. Brass, H.-J. Heinze & J.-D. Hayne (2008). Unconscious determinants of free decisions in the human brain. *Nature Neuroscience.* doi: 10.1038/nn.2112.

3 P. Winkielman & K. C. Berridge (2004). Unconscious Emotion. *Current Directions in Psychological Science,* 13(3), 120–123.

4 A. Dijksterhuis & T. Meurs (2006). Where creativity resides: The generative power of unconscious thought. *Consciousness and Cognition,* 15(1), 135–146.

5 Zitat entnommen aus dem Film *Die Macht des Unbewussten,* siehe auch https://www.planet-schule.de/sf/filme-online.php?film=8788.

6 Vergleiche B. L. Fredrickson (2011). *Die Macht der guten Gefühle. Wie eine positive Haltung ihr Leben dauerhaft verändert.* Frankfurt a. M.: Campus Verlag.

7 P. Brickman, D. Coates & R. Janoff-Bulman (1978). Lottery winners and accident victims: Is happiness relative? *Journal of Personality and Social Psychology,* 36(8), 917–927.

8 B. L. Fredrickson & C. Branigan (2005). Positive emotions broaden the scope of attention and thought-action repertoires. *Cognition & Emotion,* 19(3), 313–332.

9 B. L. Fredrickson (2011), S. 83.

10 B. L. Fredrickson (2011), S. 82.

11 B. L. Fredrickson (2011), S. 84.

12 B. L. Fredrickson (2011), S. 84/85; siehe auch Michael Blanding (2014): The Role of Emotions in Effective Negotiations. Harvard Business School.

13 B. L. Fredrickson (2011), S. 85.

14 M. A. Adriaanse, J. M. F. Van Oosten, D. T. D. De Ridder, J. B. F. De Wit & C. Evers (2011). Planning what not to eat: Ironic effects of implementation intentions negating unhealthy habits. *Personality and Social Psychology Bulletin,* 37, 69–81.

15 L. L. Marshall & R. F. Kidd (1981). Good news or bad news first? *Social Behavior and Personality,* 9, 223–226.

16 P. Lally, C. H. M. van Jaarsveld & H. W. W. Potts (2010). How are habits formed: Modelling habit formation in the real world. *European Journal of Social Psychology,* 40(6), 998–1009.

17 J. Hennecke (2011). *Bioresonanz: Eine neue Sicht der Medizin.* Norderstedt: Books on Demand, S. 126. Siehe auch R. Milo & R. Phillips (2016). *Cell biology by the numbers.* New York: Garland Science.

18 B. L. Fredrickson (2011), S. 101.

19 G. Oettingen (2015). *Die Psychologie des Gelingens*. München: Pattloch.

20 Die Zahl von drei bis fünf Fehlern pro Stunde wird in Forschungsarbeiten wiederholt gefunden und bezieht sich auf jegliche Form von Fehlern, was von dem Danebengreifen eines Glases bis hin zu schwerwiegenden Fehlentscheidungen reichen kann. Aufschlussreich ist in diesem Kontext die Forschung von Michael Frese, der sich umfassend mit dem »Tabuthema Fehler« befasst hat.

21 E. E. Werner & R. S. Smith (1982). *Vulnerable but Invincible. A longitudinal study of resilient children and youth.* New York: McGraw Hill.

22 Der Test basiert auf verschiedenen wissenschaftlichen Messinstrumenten, die praxisnah zusammengeführt wurden. Enthalten sind zum Beispiel Elemente aus der Connor-Davidson Resilience Scale (CD-RISC; Connor & Davidson, 2003).

23 Siehe zum Beispiel G. Prati & L. Pietrantoni (2009). Optimism, social support, and coping strategies as factors contributing to posttraumatic growth: A meta-analysis. *Journal of Loss & Trauma, 14*(5), 364–388.

24 Während Forscher Persönlichkeitszüge lange Zeit als angeboren beziehungsweise im Laufe der Kindheit entwickelte, feste Eigenschaften betrachteten, hat sich dies in den letzten Jahren hin zu einer dynamischeren Sichtweise verändert. Inzwischen gibt es viele Studien, die zeigen, dass Veränderungen der Persönlichkeit auch im Erwachsenenalter auftreten. Vergleiche zum Beispiel N.W. Hudson & R. C. Fraley (2015). Volitional Personality Trait Change: Can People Choose to Change Their Personality Traits? *Journal of Personality & Social Psychology, 109*(3), 490–507.

25 Ergebnis einer Metaanalyse von T. Sitzmann & G. Yeo (2013). A meta-analytic investigation of the within-person self-efficacy domain: Is self-efficacy a product of past performance or a driver of future performance? *Personnel Psychology, 66*(3), 531–568.

26 Eine Vielzahl von (Meta-)Studien belegt die positive Wirkung sozialer Unterstützung, zum Beispiel J. Holt-Lunstad, T. B. Smith & J. B. Layton (2010). Social Relationships and Mortality Risk: A Meta-analytic Review. *PLoS Medicine, 7*(7), e1000316 doi: 10.1371/journal.pmed.1000316.

27 S. Lyubomirsky, K. M. Sheldon & D. Schkade (2005). Pursuing Happiness: The Architecture of Sustainable Change. *Review of General Psychology, 9*(2), 111–131.

28 C. Bailey & A. Madde (2016). What makes work meaningful – or meaningless? *MIT Sloan Management Review, 57* (4).

29 M. Kivimäki et al. (2015). Long working hours and risk of coronary heart disease and stroke: A systematic review and meta-analysis of published and unpublished data for 603,838 individuals. *The Lancet, 386*, 1739–1746.

30 Siehe dazu zum Beispiel den Artikel von M. Kröher (2010): Im Wachheitswahn. *Manager Magazin.*

31 Max Grundig Klinik (2016). Warum Führungskräfte schlecht schlafen. http://www.presseportal.de/pm/119575/3291663.

32 A. Keller, K. Litzelman, L. E. Wisk, T. Maddox, E. R. Cheng, P. D. Creswell & W. P. Witt (2012). Does the Perception that Stress Affects Health Matter? The Association with Health and Mortality. *Health Psychology: Official Journal of the Division of Health Psychology, American Psychological Association, 31*(5), 677–684.

33 Eine Vielzahl von Studien befasst sich mit den Auswirkungen von Mindfulness-Interventionen auf die Leistungsfähigkeit von Sportlern. Der Fokus liegt vor allem auf zwei achtsamkeitsbasierten Interventionsprogrammen: Mindfulness-Acceptance-Commitment Approach (MAC) und Mindful Sports Performance Enhancement (MSPE). Interessierte finden mehr Informationen über MAC zum Beispiel bei F. L. Gardner & Z. E. Morre (2004). A mindfulness-acceptance-commitment-based approach to athletic performance enhancement: Theoretical considerations. *Behavior Therapy, 35*(4), 707–723. Mit der MSPE-Intervention befassen sich aus wissenschaftlicher Sicht K. A. Kaufman, C. R. Glass und D. B. Arnkoff (2009). Evaluation of Mindful Sport Performance Enhancement (MSPE): A new approach to promote flow in athletes. *Journal of Clinical Sport Psychology, 25*(4), 334–356.

34 M. D. Mrazek, M. S. Franklin, D. T. Phillips, B. Baird & J. W. Schooler (2013). Mindfulness training improves working memory capacity and GRE performance while reducing mind wandering. *Psychological Science, 24*(5), 776–781.

35 S. Jain, S. L. Shapiro, S. Swanick, S. C. Roesch, P. J. Mills, I. Bell & G. E. Schwartz (2007). A randomized controlled trial of mindfulness meditation versus relaxation training: effects on distress, positive states of mind, rumination, and distraction. *Annals of Behavioral Medicine, 33*(1), 11–21.

36 R. J. Davidson und Kollegen konnten diese Effekte 2003 in ihrer Studie »Alterations in brain and immune function produced by mindfulness meditation« (*Psychosomatic Medicine, 65*, 564–570) feststellen.

37 J. S. Rubinstein, D. E. Meyer & J. E. Evans (2001). Executive Control of Cognitive Processes in Task Switching. *Journal of Experimental Psychology Human Perception & Performance, 27*(4), 763–797.

38 E. M. Altmann, J. G. Trafton & D. Z. Hambrick (2014). Momentary interruptions can derail the train of thought. *Journal of Experimental Psychology: General, 114*, 215–226.

39 Für die Beziehung zwischen veränderten Gehirnstrukturen und Multitasking siehe K. K. Loh & R. Kanai (2014). Higher Media Multi-Tasking Activity Is Associated with Smaller Gray-Matter Density in the Anterior Cingulate Cor-

tex. *PLoS ONE* 9(9). e106698. doi:10.1371/journal.pone.0106698. Die Verbindung mit negativen sozio-emotionalen Folgen wurde von M. W. Becker, R. Alzahabi und C. J. Hopwood (2013) untersucht: Media multitasking is associated with symptoms of depression and social anxiety. *Cyberpsychology, behavior and social networking, 16,* 132–135.

Kapitel 3: PLUS Leadership: Durch positives Priming in Führung gehen

1 Diese Beschreibung basiert auf einer Studie von J. A. Bargh, M. Chen & L. Burrows (1996). Direct Effects of Trait Construct and Stereotype Activation on Action. *Journal of Personality and Social Psychology, 71,* 230–244.
2 C. Kirchner, I. Völker & O. L. Bock (2015). Priming with Age Stereotypes Influences the Performance of Elderly Workers. *Psychology, 6,* 133–137.
3 Vergleiche A. J. Martin (2005). The role of positive psychology in enhancing satisfaction, motivation and productivity in the workplace. *Journal of Organizational Behavior Management, 24,* 1–2, 113–133.
4 K. J. Johnson & B. L Fredrickson (2005). »We all look the same to me«. Positive emotions eliminate the own-race bias in face recognition. *Psychological Science, 16*(11), 875–881.
5 Dem interessierten Leser sei an dieser Stelle der zum Klassiker avancierte *Harvard-Business-Review*-Artikel »Management by Whose Objectives?« von H. Levinson (Januar-Ausgabe 2003) empfohlen.
6 A. N. Kluger & A. DeNisi (1996). The effects of feedback interventions on performance: A historical review, a meta-analysis, and a preliminary feedback intervention theory. *Psychological Bulletin, 119*(2), 254–284.
7 J. A. Bargh, P. M. Gollwitzer, A. Lee-Chai, K. Barndollar & R. Trötschel (2001). The automated will: Nonconscious activation and pursuit of behavioral goals. *Journal of Personality and Social Psychology, 81,* 1014–1027.
8 A. Shantz & G. Latham (2011). The Effect of Primed Goals on Employee Performance: Implications for Human Resource Management. *Human Resource Management, 50,* 289–299.
9 Siehe auch D. C. Molden (2014). Undestanding priming effects in social psychology. What is »social priming« and how does it occur? In D. C. Molden (Hrsg.), *Understanding Priming Effects in Social Psychology,* S. 3–13. New York: The Guilford Press.
10 K. Rüter (2006). Priming. In H. Bierhoff & D. Frey (Hrsg.), *Handbuch der Sozialpsychologie und Kommunikationspsychologie,* S. 287–293. Göttingen: Hogrefe.

11 Siehe auch R. H. Fazio (2001). On the automatic activation of associated evaluations: An overview. *Cognition and Emotion, 15*(2), 115–141.

12 T. Mussweiler, K. Rüter & K. Epstude (2004). The ups and downs of social comparison: mechanisms of assimilation and contrast. *Journal of Personality and Social Psychology, 87*(6), 832–844.

13 D. Keltner, D. H. Gruendfeld & C. Anderson (2000). Power, approach, and inhibition. *Research Paper Series Stanford University,* 1669.

14 Vergleiche auch F. H. Gerpott & S. C. Voelpel (2014). Zurück auf Los! Warum ein Überdenken des transformationalen Führungsstils notwendig ist. *Personalführung, 47*(4), 17–21.

15 J. Wild (1974). Betriebswirtschaftliche Führungslehre und Führungsmodelle. In J. Wild (Hrsg.): *Unternehmensführung. Festschrift für E. Kosiol.* Berlin: Duncker & Humblot.

16 J. Weibler (2012), *Personalführung* (2. Auflage). München: Vahlen.

17 L. Smircich & G. Morgan (1982). Leadership: The Management of Meaning. *Journal of Applied Behavioral Sciences, 18,* 257–273.

18 R. Wunderer (2000), S. 19. *Führung und Zusammenarbeit. Eine unternehmerische Führungslehre* (3. Auflage). Neuwied: Luchterhand.

19 Siehe hierzu D. Baecker (2015). *Postheroische Führung. Vom Rechnen mit Komplexität.* Wiesbaden: Springer Gabler.

20 Der Ansatz geht zurück auf B. M. Bass (1985). Leadership: Good, Better, Best. *Organizational Dynamics, 13*(3), 26–40.

21 T. A. Judge & R. F. Piccolo (2004). Transformational and transactional leadership: A meta-analytic test of their relative validity. *Journal of Applied Psychology, 89*(5), 755–768.

22 Siehe F. Gerpott & S. C. Voelpel (2014). Zurück auf Los! Warum ein Überdenken des transformationalen Führungsstils notwendig ist. *Personalführung, 47*(4), 17–21. Befragt wurden 152 Arbeitnehmer unterschiedlicher Branchen (Altersdurchschnitt 33 Jahre, 51 Prozent weiblich) zu gewünschter und realer Steuerung durch die Führungskraft.

23 M. Steffel, E. F. Williams & J. Perrmann-Graham (2016). Passing the buck: Delegating choices to others to avoid responsibility and blame. *Organizational Behavior and Human Decision Processes, 135,* 32–44.

24 Siehe T. O'Donoghue & M. Rabin (1999). Doing it now or later. *The American Economic Review, 89*(1), 103–124. Vergleiche außerdem T. O'Donoghue & M. Rabin (2001). Choice and Procrastination. *The Quarterly Journal of Economics, 116*(1); 121–160.

25 D. Ariely & K. Wertenbroch (2002). Procrastination, Deadlines, and Performance: Self-Control by Precommitment. *Psychological Science, 13*(3), 219–224.

26 Vergleiche A. Ahuja & M. van Vugt (2010). *Selected. Why some people lead, why others follow, and why it matters.* London: Profile Books.

27 Eine Längsschnittuntersuchung von 101 Beratern, die entweder eine Supervisionsausbildung oder ein MBA-Studium absolvierten, zeigt den (Nicht-)Zusammenhang von fachlicher und persönlicher Weiterentwicklung deutlich auf: R. Binder (2014). *Ich-Entwicklung von Beratern und Führungskräften im Rahmen von Weiterbildungsprogrammen.* Freie Universität Berlin: Dissertationsschrift. Bei keiner der beiden Teilnehmergruppen zeigten sich nach anderthalb Jahren signifikante Veränderungen in der Persönlichkeitsentwicklung. Andere Studien belegen, dass Erfahrung allein nicht ausreicht, um zur besseren Führungskraft zu werden. Lange genug die gleichen Fehler zu begehen, macht auch nicht besser – siehe hierzu: P. Kanning & P. Fricke (2013). Führungserfahrung: Wie nützlich ist sie wirklich? *Personalführung* 46(1), 49–53.

28 E. Aronson, C. Fried & J. Stone (1991). Overcoming denial and increasing the intention to use condoms through the induction of hypocrisy. *American Journal of Public Health, 81,* 1636–1638.

29 M. H. Greenberg & D. Arakawa (2006). Optimistic Managers & their influence on productivity & employee engagement in a technology organization. *International Coaching Psychology Review,* 2(1), 78–89.

Kapitel 4: Arbeitsengagement: motivierte Mitarbeiter mit dem IMPULS-Modell

1 Vergleiche Gallup Institut Deutschland (2014). Engagement Index Deutschland 2013. http://www.inur.de/cms/wp-content/uploads/Gallup%20ENGAGEMENT %20INDEX%20DEUTSCHLAND%202013.pdf.

2 The Gallup Organization, deutsche Übersetzung nach M. Buckingham & C. Coffman (2001), S. 65. *Erfolgreiche Führung gegen alle Regeln.* Frankfurt/New York: Campus.

3 Hay Group (2016). Mitarbeiter-Engagement und -Effektivität. http://www.hay group.com/de/services/index.aspx?id=21073.

4 Vergleiche H.-W. Bierhoff, E. Rohmann & M. J. Herner (2011). Freiwilliges Arbeitsengagement. In M. Ringlstetter (Hrsg.): *Positives Management. Zentrale Konzepte und Ideen des Positive Organizational Scholarship.* Wiesbaden: Gabler, S. 13–30.

5 W. Schaufeli, M. Salanova, V. Gonzalez-Roma & A. B. Bakker (2002). The measurement of engagement and burnout: A two sample confirmatory factor analytic approach. *Journal of Happiness Studies, 3,* 71–92.

6 B. Behrens & D. Gutermann (2014). Gesundheitsmanagement im demografischen Wandel. *Innovative Verwaltung, 10,* 20–23.

7 W. B. Schaufeli & A. B. Bakker (2003). *UWES – Utrecht Work Engagement Scale. Preliminary Manual.* Utrecht University: Occupational Health Psychology Unit.

8 M. Csíkszentmihályi (1995). *Flow. Das Geheimnis des Glücks.* Stuttgart: Klett-Cotta.

9 Eigene Übersetzung nach M. Csíkszentmihályi (2003), S. 13. *Good Business. Leadership, Flow and the making of meaning.* New York: Penguin Group.

10 Eigene Übersetzung nach M. Csíkszentmihályi (2003), S. 13. *Good Business. Leadership, Flow and the making of meaning.* New York: Penguin Group.

11 W. Rivkin, S. Diestel & K.-H. Schmidt (2016). Which Daily Experiences Can Foster Well-Being at Work? A Diary Study on the Interplay Between Flow Experiences, Affective Commitment, and Self-Control Demands. *Journal of Occupational Health Psychology,* doi:10.1037/ocp0000039.

12 S. Aellig (2004). *Über den Sinn des Unsinns: Flow-Erleben und Wohlbefinden als Anreize für autotelische Tätigkeiten. Eine Untersuchung mit der Experience Sampling Method (ESM) am Beispiel des Felskletterns.* Münster: Waxmann.

13 Siehe dazu auch B. Hackl & F. Gerpott (2015). *HR 2020 – Personalmanagement der Zukunft.* München: Vahlen.

14 Eigene Übersetzung nach M. Csíkszentmihályi (2003), S. 66. *Good Business. Leadership, Flow and the making of meaning.* New York: Penguin Group.

15 S. A. Jackson & M. Csikszentmihályi (1999). *Flow in sports: The key to optimal experience and performances.* Champaign, IL: Human Kinetics.

16 Siehe M. Bernier, E. Thienot, R. Codron & J. F. Fournier (2009). Mindfulness and Acceptance Approaches in Sport Performance. *Journal of Clinical Sport Psychology, 3,* 320–33.

17 C. Aherne, A. P. Moran & C. Lonsdale (2011). The effect of mindfulness training on athletes' flow: An initial investigation. *The Sport Psychologist, 25*(2), 177–189.

18 Nach R. W. Quinn (2005), S. 617. Flow in Knowledge Work: High Performance Experience in the Design of National Security Technology. *Administrative Science Quarterly, 50*(4), 610–641.

19 Vergleiche K. Mishra, L. Boynton & A. Mishra (2014). Driving Employee Engagement: The Expanded Role of Internal Communications. *International Journal of Business Communication, 51,* 183–202.

20 Vergleiche F. Bergmann (2005). *Die Freiheit leben.* Freiamt: Arbor Verlag. Außerdem F. Bergmann & S. Friedmann (2007). *Neue Arbeit kompakt: Vision einer selbstbestimmten Gesellschaft.* Freiamt: Arbor.

21 I. M. Welpe (2016). Transparenz und Demokratie sind auf dem Vormarsch. In *Aufbruch in eine neue Arbeitswelt*, S. 24–26.

22 J. M. Wienmann (1977). Explication and test of a model of communication competence. *Human Communication Research, 3*, 195–213.

23 S. D. Johnson & C. Bechler (1998). Examining the relationship between listening effectiveness and leadership emergence: Perceptions, behaviors, and recall. *Small Group Research, 29*, 452–471.

24 D. Ames, L. B. Maissen & J. Brockner (2012). The role of listening in interpersonal influence. *Journal of Research in Personality, 46*, 345–349.

25 J. B. Bavelas, L. Coates & T. Johnson (2000). Listeners as co-narrators. *Journal of Personality and Social Psychology, 79*, 941–952.

26 Siehe zum Beispiel D. L. Cost, M. H. Bishop & E. S. Anderson (1992). Effective Listening: Teaching Students a Critical Marketing Skill. *Journal of Marketing Education, 14*(1), 41–45.

27 Vergleiche M. Daimler (2016). Listening is an overlooked leadership tool. *Harvard Business Review*, https://hbr.org/2016/05/listening-is-an-overlooked-leadership-tool.

28 Vergleich C. Hsieh & D. Wang (2015). Does supervisor-perceived authentic leadership influence employee work engagement through employee-perceived authentic leadership and employee trust? *International Journal of Human Resource Management, 26*(18), 2329–2348.

29 D. Grichnik (2016). Vom Glück, Unternehmer zu sein. *Wirtschaftswoche, 23*, 87–89.

30 Deloitte Digital (2015). *Five Insights into Intrapreneurship*. https://www2.deloitte.com/content/dam/Deloitte/de/Documents/technology/Intrapreneurship_Whitepaper_English.pdf.

31 N. Schließl (2015). *Intrapreneurship-Potenziale bei Mitarbeitern*. Wiesbaden: Springer Gabler.

32 L. K. Harju, J. J. Hakanen & W. B. Schaufeli (2016). Can job crafting reduce job boredom and increase work engagement? A three-year cross-lagged panel study. *Journal of Vocational Behavior, 95-96*, 11–20.

33 Vergleiche S. Lipkowski (2016). Leadership 4.0. *Managerseminare, 222*, 18–27.

34 R. Arnold & M. Rohs (2014). Von der Lernform zur Lebensform. In K. W. Schönherr & V. Tiberius (Hrsg.): *Lebenslanges Lernen*. Wiesbaden: Springer, S. 21–28.

35 Vergleiche T. Binder (2016). *Ich-Entwicklung für effektives Beraten*. Göttingen: Vandenhoeck & Ruprecht.

36 L. Eldor & I. Harpaz (2016). A process model of employee engagement: The learning climate and its relationship with extra-role performance behaviors. *Journal of Organizational Behavior, 37*(2), 213–235.

37 Eigene Übersetzung nach V. J. Marsick & K. E. Watkins (2003). Demonstrating the value of an organization's learning culture: The Dimensions of the Learning Organization Questionnaire. *Advances in Developing Human Resources, 5*(2), 132–151.

38 Vergleiche Z. Lifeng, S. J. Wayne & R. C. Liden (2016). Job engagement, perceived organizational support, high-performance human resource practices, and cultural value orientations: A cross-level investigation. *Journal of Organizational Behavior, 37*(6), 823–844.

39 Siehe zum Beispiel X. Yan & J. Su (2013). Core Self-Evaluations Mediators of the Influence of Social Support on Job Involvement in Hospital Nurses. *Social Indicators Research, 113*(1), 299–306.

40 G. Caesens, F. Stinglhamber & G. Luypaert (2014). The impact of work engagement and workaholism on well-being: The role of work-related social support. *Career Development International, 19*(7), 813–835.

41 B. P. Owens, W. E. Baker, D. M. Sumpter & K. S. Cameron (2016). Relational energy at work: Implications for job engagement and job performance. *Journal of Applied Psychology, 101*(1), 35–49.

Kapitel 5: Das Ganze ist mehr als die Summe seiner Teile: Gestaltung von Teamarbeit

1 L. Eichler (2016). Collaborative overload: When work gets in the way of doing your job. *The Globe and Mail*, http://www.theglobeandmail.com/report-on-business/careers/career-advice/life-at-work/collaborative-overload-when-work-gets-in-the-way-of-doing-your-job/article30821954.

2 Siehe C. H. Antoni & W. Bungard (2004). Arbeitsgruppen. In H. Schuler (Hrsg.), *Organisationspsychologie – Gruppe und Organisation. Enzyklopädie der Psychologie*, Bd. D, III(4). Göttingen: Hogrefe, S. 129–191.

3 B. W. Tuckman (1965). Developmental sequence in small groups. *Psychological Bulletin, 63*, 384–399.

4 C. J. Gersick (1988). Time and transition in work teams: Toward a new model of group development. *Academy of Management Journal, 31*, 1–41. Vergleich außerdem C. J. Gersick (1989). Marking time: Predictable transitions in task groups. *Academy of Management Journal, 32*, 247–309.

5 A. Chang & P. B. J. Duck (2003). Punctuated equilibrium and linear progression: Toward a new understanding of group development. *Academy of Management Journal, 46*(1), 106–117.

6 In Ergänzung zu der Arbeit von Tuckman gibt es einige ähnliche Phasenmodelle

der Teamarbeit, die alle auf der Idee beruhen, dass Gruppen eine Reihe von qualitativ unterschiedlichen Abschnitten durchlaufen.

7 B. W. Tuckman & M. A. Jensen (1977). Stages of small-group development revisited. *Group Organizational Studies 2*, 419–427.

8 Für einen Vergleich der beiden Perspektiven siehe auch F. Gerpott & N. Lehmann-Willenbrock (2015). Differences that make a difference: The role of team diversity in meeting processes and out-comes. In J. A. Allen, N. Lehmann-Willenbrock & S. G. Rogelberg (Hrsg.), *The Cambridge Handbook of Meeting Science*, S. 93–118. New York, NY: Cambridge University Press.

9 Siehe J. Willis & A. Todorov (2006). First Impressions: Making Up Your Mind After a 100-Ms Exposure to a Face. *Psychological Science, 17*(7), 592–598.

10 P. Rosenzweig (2008). *Der Halo-Effekt: Wie Manager sich täuschen lassen.* Offenbach: Gabal.

11 Siehe zum Beispiel D. Wagner & B. Friedrich-Vogt (2007). *Diversity-Management als Leitbild von Personalpolitik.* Wiesbaden: Deutscher Universitäts-Verlag. Ein komprimierter Überblick findet sich auch bei D. Gutting (2015). *Diversity Management als Führungsaufgabe.* Wiesbaden: Springer Gabler.

12 Z. Soldan & A. Nankervis (2014). Employee Perceptions of the Effectiveness of Diversity Management in the Australian Public Service: Rhetoric and Reality. *Public Personnel Management, 43*(4), 543–564.

13 Vergleiche F. Gerpott, H. Niederhausen & S. Voelpel (2016). Alter ist relativ. Wie eine neue Haltung zum Alter(n) die Leistungsfähigkeit erhöhen kann. *Personalführung, 49*(7–8), 62–67.

14 Weitere Inspirationen finden sich in der Fallstudie von A. Groggins & A. M. Ryan (2013). Embracing uniqueness: The underpinnings of a positive climate for diversity. *Journal of Occupational and Organizational Psychology, 86*, 264–282.

15 Vergleiche T. Groll (2011). Wie Konflikte richtig gelöst werden. *Zeit Online*, http://www.zeit.de/karriere/beruf/2011-02/konflikte-team-loesung.

16 R. Fisher, W. Ury & B. Patton (2013). *Das Harvard-Konzept. Der Klassiker der Verhandlungstechnik*, 24. Auflage. Frankfurt a. M.: Campus.

17 In Anlehnung an T. L. Ruble & K. W. Thomas (1976), S. 145. Support for a Two-Dimensional Model of Conflict Behavior. *Organizational Behavior & Human Performance, 16*(1), 143–155.

18 Nach G. Stein (2011), in Anlehnung an Myers-Briggs-Typenindikator. *5 unterschiedliche Konflikttypen – Wie Sie jeden Konflikt konstruktiv lösen.* https://www.wirtschaftswissen.de/personal-arbeitsrecht/mitarbeiterfuehrung/fuehrungsinstrumente/5-unterschiedliche-konflikttypen-wie-sie-jeden-konflikt-konstruktiv-loesen.

19 Aus S. Schlamp, F. Gerpott & S. C. Voelpel (im Druck, 2017). Widersprechen Sie sich! Konstruktive Konfliktkulturen als Leistungstreiber. *Personalmagazin, 50*(1).

20 P. Economy (2015). *5 Things That Can Instantly Ruin Your Company's Culture.* http://www.inc.com/peter-economy/5-things-that-can-instantly-ruin-your-company-s-culture.html.

21 Vergleiche U. Alter (2016). *Teamidentität, Teamentwicklung und Führung.* Wiesbaden: Springer Gabler.

22 Vergleiche M. Losada (2008). Want to flourish? Stay in the zone. *Positive Psychology News Daily*, http://positivepsychologynews.com/news/marcial-losada/200812081289. Ergänzende Ergebnisse siehe M. Losada (2008). Work teams and the Losada line: New results. *Positive Psychology News Daily*, http://positivepsychologynews.com/news/marcial-losada/200812091298.

23 Vergleiche N. Lehmann-Willenbrock & F. Gerpott (2016). Interaktionsdynamiken in Gruppen: Wissenschaftliche Erkenntnisse für das Team-Coaching. In S. Greif, H. Möller, & W. Scholl (Hrsg.), *Handbuch Schlüsselkonzepte im Coaching*, doi:10.1007/978-3-662-45119-9_21-1. Berlin: Springer.

24 Vergleiche zum Beispiel S. Kauffeld & R. Meyers (2009). Complaint and solution-oriented circles: Interaction patterns in work group discussions. *European Journal of Work and Organizational Psychology, 18*, 267–294.

25 S. Kauffeld (2006). *Kompetenzen messen, bewerten, entwickeln.* Stuttgart: Schäffer-Poeschel.

26 Vergleiche N. Lehmann-Willenbrock, J. A. Allen & S. Kauffeld (2013). A sequential analysis of procedural meeting communication: How teams facilitate their meetings. *Journal of Applied Communication Research, 41*, 365–388.

27 N. Lehmann-Willenbrock, M. M. Chiu, Z. Lei & S. Kauffeld (2016). Understanding Positivity Within Dynamic Team Interactions: A Statistical Discourse Analysis. *Group & Organization Management.* doi: 10.1177/1059601116628720.

28 A. C. Edmondson (1999). Psychological Safety and Learning Behavior in Work Teams. *Administrative Science Quarterly, 44*(2), 350–383.

29 A. C. Edmondson (2004). Learning from mistakes is easier said than done. *Journal of Applied Behavioral Science, 40*(1), 66–90.

30 Für einen Überblick siehe D. A. Kravitz & B. Martin (1986). Ringelmann rediscovered: The original article. *Journal of Personality and Social Psychology, 50*, 936–941.

31 In Anlehnung an den TEDx-Talk von A. C. Edmondson (2014). Building a psychologically safe workplace. https://www.youtube.com/watch?v=LhoLuui9gX8.

32 Siehe zum Beispiel C. Duhigg & J. Graham (2016). What Google learned from its quest to build the perfect team. *The New York Times Magazine*, http://

www.nytimes.com/2016/02/28/magazine/what-google-learned-from-its-quest-to-build-the-perfect-team.html?_r=1.

33 Für einen vertiefenden Überblick siehe auch A. C. Edmondson & Z. Lei (2014). Psychological Safety: The history, renaissance, and future of an interpersonal construct. *Annual Review of Organizational Psychology and Organizational Behavior, 1*, 23–43.

34 R. M. Belbin (1993). *Team roles at work: A strategy for Human Resource Management*. Oxford: Butterworth-Heinemann.

35 R. M. Belbin (1996). *Management Teams: Why they succeed or fail*. Oxford: Butterworth-Heinemann.

36 Vergleiche M. Sauerland (2015). *Design your mind – Denkfallen entlarven und überwinden*. Wiesbaden: Springer Gabler, S. 107–109.

37 Fernsehsendung vom 27.08.2016, siehe http://www.prosieben.de/tv/beste-show-der-welt/videos/12-klaas-hart-aber-unfair-clip.

38 S. Ohly, S. Sonnentag & F. Pluntke (2006). Routinization, work charactersictis and their relationships with creative and proactive behaviors. *Journal of Organizational Behavior, 27*, 257–279.

39 R. Kanfer & P. L. Ackerman (1989). Motivation and cognitive abilities: An integrative/aptitude treatment interaction approach to skill acquisition. *Journal of Applied Psychology, 74*, 657–690.

40 R. Cross & P. Gray (2013). Where has the time gone? Addressing collaboration overload in a networked economy. *California Management Review, 56*(1), 1–17.

41 Siehe N. Lehmann-Willenbrock & J. A. Allen (2014). How fun are your meetings? Investigating the relationship between humor patterns in team interactions and team performance. *Journal of Applied Psychology, 99*(6), 1278–1287.

42 Vergleiche S. Johnson (2007). What's so friggin' funny? *Discover Magazine*, http://discovermagazine.com/2007/brain/laughter.

43 S. Dewitte & T. Verguts (2001). Being funny: A selectionist account of humor production. *Humor: International Journal of Humor Research, 14*, 37–53.

44 E. J. Romero & K. W. Cruthirds (2006). The use of humor in the workplace. *Academy of Management Perspectives, 20*(2), 58–69.

Kapitel 6: Weicher Faktor mit harten Folgen: die wertschöpfende Unternehmenskultur

1 A. S. Boyce, L. G. Nieminen, M. A. Gillespie, A. M. Ryan & D. R. Denison (2015). Which comes first, organizational culture or performance? A longitudi-

nal study of causal priority with automobile dealerships. *Journal of Organizational Behavior, 36*(3), 339–359.

2 Zum Beispiel J. L. Heskett (2011). *The Culture Cycle.* New Jersey: Financial Times Press.

3 A. Grant (2013). Givers take all: The hidden dimension of corporate culture. *McKinsey Quarterly,* http://www.mckinsey.com/business-functions/organiza tion/our-insights/givers-take-all-the-hidden-dimension-of-corporate-culture.

4 C. A. Hartnell, L. Schurer Lambert, A. J. Kinicki, M. Fugate & P. Doyle Corner (2016). Do Similarities or Differences Between CEO Leadership and Organizational Culture Have a More Positive Effect on Firm Performance? A Test of Competing Predictions. *Journal of Applied Psychology, 101*(6), 846–861.

5 Deloitte University Press (2016). Global Human Capital Trends 2016. http://www2.deloitte.com/content/dam/Deloitte/de/Documents/human-capital/gx-dup-global-human-capital-trends-2016.pdf.

6 R. K. Streich (1997). Veränderungsprozessmanagement. In M. Reiß, L. von Rosenstiel & A. Lanz (Hrsg.), *Change Management: Programme, Projekte und Prozesse,* S. 237–254. Stuttgart: Schäffer-Poeschel.

7 J. Marshall & A. McLean (1985). Exploring Organisation Culture as a Route to Organisational Change. In V. Hammond (Hrsg.), *Current Research in Management,* S. 2–20. London: Francis Pinter.

8 J. Förster (2013). Kultur ist Fundament des Erfolgs. *Wirtschaftswoche,* http://www.wiwo.de/erfolg/management/management-kultur-ist-fundament-des-er folges/8584896.html.

9 K. Cameron, C. Mora, T. Leutscher & M. Calarco (2011). Effects of Positive Practices on Organizational Effectiveness. *Journal of Applied Behavioral Science, 47,* 266–308.

10 Weitere Ausführungen dazu vergleiche G. D. Reisyan (2013). *Neuro-Organisationskultur.* Wiesbaden: Springer Gabler.

11 S. Eilers, K. Möckel, J. Rump, & F. Schabel (2016). *HR-Report 2015/2016, Schwerpunk Unternehmenskultur.* http://www.ibe-ludwigshafen.de/download/arbeitsschwerpunkte-downloads/trends-der-arbeitswelt-downloads/HR-Re port-2015-2016_Unternehmenskultur_2.pdf.

12 F. J. Roethlisberger & W. J. Dickson (1939). *Management and the worker.* Cambridge: Harvard University Press.

13 J. Stein, S. Sakellariadis & A. Cole (2015). Making Sure the Cup Stays Full at Starbucks. http://www.monitor-360.com/resources/making-sure-the-cup-stays-full-at-starbucks.

14 Nach R. K. Streich (1997). Veränderungsprozessmanagement. In M. Reiß,

L. von Rosenstiel & A. Lanz (Hrsg.), *Change Management: Programme, Projekte und Prozesse*, S. 237–254. Stuttgart: Schäffer-Poeschel.

15 Siehe C. Drösser (2013). Sind die Knöpfe an vielen Fußgängerampeln wirkungslos? *Zeit Online*, http://www.zeit.de/2013/04/Stimmts-Fussgaengerampel.

16 R. Dobelli (2013). *The Art of Thinking Clearly*, S. 55. London: Hodder & Stoughton.

Kapitel 7: Anders sein als die anderen: Positive Strategieentwicklung

1 M. E. Porter (1985). *The Competitive Advantage: Creating and Sustaining Superior Performance*. New York: Free Press.

2 Springer Fachmedien Wiesbaden (Hrsg., 2013). *Unternehmensstrategie treffend verpackt. Über 800 Zitate ausgewählter Persönlichkeiten*. Wiesbaden: Springer Gabler.

3 Siehe zum Beispiel M. Venzin, C. Rasner & V. Mahnke (2010). *Der Strategieprozess: Praxishandbuch zur Umsetzung in Unternehmen*. Frankfurt: Campus.

4 Siehe zum Beispiel M. P. Healey, G. P. Hodgkinson, R. Whittington & G. Johnson (2015). Off to plan or out to lunch? Relationships between Design Characteristics and outcomes of strategy workshops. *British Journal of Management, 26*, 50–528.

5 J. P. Kotter (2008). *A sense of urgency*. Boston: Harvard Business School Press.

6 Erweiterung von T. H. Davenport, M. Leibold & S. Voelpel (2006). *Strategic Management in the Innovation Economy*, S. 26. Erlangen: Publics Corporate Publishing.

7 W. Lipton-Dibner (2015). *Focus on Impact: The 10-Step Map to Reach Millions, Make Millions and Love Your Life Along the Way*. New York: Morgan James Publishing.

8 H. Sharifi & Z. Zhang (1999). A methodology for achieving agility in manufacturing organisations: An introduction. *International Journal of Production Economics, 62*, 7–22.

9 Vergleiche zum Beispiel Process Management Consulting (2015). Agiler Strategieprozess. *Aspect*, 2/15, 3–7.

10 W. C. Kim & R. Mauborgne (2005). *Blue Ocean Strategy*. Boston: Harvard Business School Publishing.

11 Siehe T. H. Davenport, M. Leibold & S. Voelpel (2006). *Strategic Management in the Innovation Economy*, S. 168–186. Erlangen: Publics Corporate Publishing.

12 K. Schönherr (2011). Erfolg ist eine Frage der Energie. *Zeit Online*, http://www.zeit.de/karriere/beruf/2011-01/organisationale-energie.

13 C. S. Dweck (2008). *Mindset. The New Psychology of Success.* New York: The Random House Publishing Group, S. 3–4.

14 T. C. Powell, D. Lovallo & C. R. Fox (2011). Behavioral Strategy. *Strategic Management Journal, 32*(13), 1369–1386.

15 D. Lovallo & S. Sibony (2010). The case for behavioural strategy. *McKinsey Quarterly,* http://www.mckinsey.com/business-functions/strategy-and-corporate-finance/our-insights/the-case-for-behavioral-strategy.

16 Siehe I. L. Janis (1972). *Victims of Groupthink: A psychological study of foreign-policy decisions and fiascoes.* Boston: Houghton-Mifflin.

17 B. H. Raven (1998). Groupthink, Bay of Pigs, and Watergate Reconsidered. *Organizational Behavior and Human Decision Process, 73*(2/3), 352–361.

18 T. Rosburg (2011). When the brain decides. *Psychological Science,* http://www.psychologicalscience.org/index.php/news/releases/when-the-brain-decides.html.

19 R. M. Cyert & J. G. March (1963). *A Behavioral Theory of the Firm.* Englewood-Cliffs: Prentice-Hall.

20 Siehe zum Beispiel »List of cognitive biases«, https://en.wikipedia.org/wiki/List_of_cognitive_biases.

21 Siehe zum Beispiel J. Mai & D. Rettig (2011). *Ich denke, also spinn ich. Warum wir uns oft anders verhalten, als wir wollen.* München: Deutscher Taschenbuch Verlag.

22 Vergleiche Q. N. Huy (1999). Emotional capability, emotional intelligence, and radical change. *Academy of Management Review, 24*(2), 325–345.

23 Vergleiche M. K. De Vries & D. Miller (1984). Neurotic Style and Organizational Pathology. *Strategic Management Journal, 5*(1), 35–55.

24 B. Hackl & F. Gerpott (2015). Entschlüsseln Sie Ihre Erfolgs-DNA: Innovative Mitarbeiterbefragungen nutzen. *HR Performance, 23*(4), 44–45.

Kapitel 8: Umparken im Kopf: In drei Monaten ein neues Unternehmensimage kreieren

1 T. Koch (2012). Werbung nervt! *Wirtschaftswoche,* http://www.wiwo.de/unternehmen/dienstleister/werbesprech-werbung-nervt/6519856-all.html.

2 R. Mayer de Groot (2014). Kaufentscheidungen vorhersehen. *Absatzwirtschaft, 10,* 36–38.

3 Siehe zum Beispiel H. Meffert, C. Burmann & M. Kirchgeorg (2015). *Marketing. Grundlagen marktorientierter Unternehmensführung,* 12. Auflage. Wiesbaden: Springer Gabler.

4 Accenture (2015). Accenture-Studie: Hohe Erwartungen und leicht zu enttäuschen – Deutsche Verbraucher sind extrem anspruchsvoll. https://www.accenture.com/de-de/company-newsroom-germany-consumers-extremely-demanding.

5 Eigene Übersetzung aus L. Sullivan (1997). *Hey, Whipple, Squeeze This: A Guide for Creating Great Ads*, 3. Auflage, S. 46. Hoboken, NJ: John Wiley & Sons.

6 Angelehnt an C. Madsbjerg & M. B. Rasmussen (2014). Kommt ein Anthropologe in eine Bar. *Harvard Business Manager, 36*, 34–44.

7 C. Scheier, D. Held, J. Schneider & D. Bayas-Linke (2011). *Codes: Die geheime Sprache der Produkte* (Vol 285). Freiburg: Haufe-Lexware.

8 J. Löhr (2014). Die Frau hinter der »Umparken«-Kampagne. *Frankfurter Allgemeine*, http://www.faz.net/aktuell/wirtschaft/menschen-wirtschaft/tina-mueller-die-frau-hinter-opels-umparken-im-kopf-12833321.html.

9 Siehe https://www.youtube.com/watch?v=V1q9N0e6Wa8.

10 R. Eisert, M. Seiwert & F.-W. Rother (2016). Interview mit Tina Müller (2016). »Provokanter, kantiger, mutiger«. *Wirtschaftswoche, 34*, 44–45.

11 M. Schade (2015). Online vs. TV: Die zwei Gesichter von Edeka. *Absatzwirtschaft*, http://www.absatzwirtschaft.de/online-vs-tv-die-zwei-gesichter-von-edeka-45951.

12 Nielsen Global (2016). *Think smaller for big growth*. New York: Nielsen Global.

13 U. Busch (2014). Die Geschichte hinter »Supergeil«. *W&V*, http://www.wuv.de/agenturen/die_geschichte_hinter_supergeil.

14 H. Geißler (2014). Edekas supergeiler Werbeeffekt. *Wirtschaftswoche*, http://www.wiwo.de/unternehmen/handel/brandindex-edekas-supergeiler-werbeeffekt/9616516.html.

15 C. Lichtner (2013). Krise in der Baumarktbranche? Marktperspektiven im Heimwerkparadies Deutschland. Bruchsal: GfK GeoMarketing GmbH.

16 S. Bottler (2010). Die Schlacht um die Schrauben. *Süddeutsche Zeitung*, http://www.sueddeutsche.de/wirtschaft/baumaerkte-die-schlacht-um-die-schraube-1.900473.

17 Hornbach-Clip »Du lebst. Erinnerst du dich?« https://www.youtube.com/watch?v=LGhbxv4_TkU&list=PL1M94YPGiWKkMNRseODS6y4NCT50Kjq4B.

18 W. Pohl (2015). Orgasmus im Kopf. *Extradienst,* 05/2016, 132.

19 Hornbach-Clip »Sag es mit deinem Projekt«. https://www.youtube.com/watch?v=Cmg8ghXhAt8.

20 B. Unckrich (2014). Heimat-Chef Heffels über den Viralerfolg des Gothic Girls. *Horizont online*, http://www.horizont.net/agenturen/nachrichten/Hornbach-Hei

mat-Kreativchef-Guido-Heffels-ueber-den-weltweiten-viralen-Erfolg-des-Go
thic-Girls-130446.

21 Eigene Angaben der Hornbach AG.

22 Statista (2016). Anzahl der Kunden der beliebtesten Bau- und Heimwerkermärkte. Veröffentlicht durch Verbrauchs- und Medienanalyse – VuMA.

23 Siehe N. Oberhuber (2013). Aber bitte ohne Alkohol. *Zeit Online*, http://www.
zeit.de/wirtschaft/2013-08/trend-bier-alkoholfrei.

24 Vergleiche C. Dierig (2015). Warum alkoholfreies Bier unsere neue Limonade
ist. *Welt Online*, https://www.welt.de/wirtschaft/article143509847/Warum-al
koholfreies-Bier-unsere-neue-Limonade-ist.html.

25 Eigene Angaben von Erdinger.

26 Vergleiche C. Scheier, D. Held, J. Schneider & D. Bayas-Linke (2011). *Codes:
Die geheime Sprache der Produkte*, S. 49–50. Freiburg: Haufe.

27 Vergleiche zum Beispiel S. P. Brown, P. M. Homer & J. Inman (1998). A Meta-analysis of relationships between ad-evoked feelings and advertising responses. *Journal of Marketing Research*, 35(1), 114–126. Siehe auch M. Geuens, P.
De Pelsmacker & M. Tuan Pham (2014). Do Pleasant Emotional Ads Make
Consumers Like Your Brand More? *Gfk-Marketing Intelligence Review*, 6(1),
40–45.

28 Vergleiche M. Weber (2015). Kampf ums letzte Gummibärchen. *Straubinger
Tagblatt*, S. 45.

29 Vergleiche I. Lewis, B. Watson & K. White (2008). An examination of message-relevant affect in road safety messages: Should road safety advertisements aim
to make us feel good or bad? *Transportation Research: Part F, 11*(6), 403–417.

Literatur

Accenture (2015). *Accenture-Studie: Hohe Erwartungen und leicht zu enttäuschen – Deutsche Verbraucher sind extrem anspruchsvoll.* Abgerufen unter: https://www.accenture.com/de-de/company-newsroom-germany-consumers-extremely-demanding.

Adriaanse, M. A., van Oosten, J. M., de Ridder, D. T., de Wit, J. B., & Evers, C. (2011). Planning what not to eat: Ironic effects of implementation intentions negating unhealthy habits. *Personality and Social Psychology Bulletin, 37*(1), 69–81.

Aellig, S. (2004). *Über den Sinn des Unsinns: Flow-Erleben und Wohlbefinden als Anreize für autotelische Tätigkeiten.* Waxmann Verlag.

Aherne, C., Moran, A. P., & Lonsdale, C. (2011). The effect of mindfulness training on athletes' flow: An initial investigation. *The Sport Psychologist, 25*(2), 177–189.

Ahuja, A., & Van Vugt, M. (2010). *Selected: Why some people lead, why others follow, and why it matters.* Profile Books.

Alter, U. (2016). *Teamidentität, Teamentwicklung und* Führung. Wiesbaden: Springer Gabler.

Altmann, E. M., Trafton, J. G., & Hambrick, D. Z. (2014). Momentary interruptions can derail the train of thought. *Journal of Experimental Psychology: General, 143*(1), 215–226.

Ames, D., Maissen, L. B., & Brockner, J. (2012). The role of listening in interpersonal influence. *Journal of Research in Personality, 46,* 345–349.

Antoni, C. H. & Bungard, W. (2004). Arbeitsgruppen. In H. Schuler (Eds.), *Organisationspsychologie – Gruppe und Organisation. Enzyklopädie der Psychologie, Bd. D, III(4)* (pp.129–191). Göttingen: Hogrefe.

Ariely, D., & Wertenbroch, K. (2002). Procrastination, Deadlines, and Performance: Self-Control by Precommitment. *Psychological Science, 13*(3), 219– 224.

Arnold, R., & Rohs, M. (2014). Von der Lernform zur Lebensform. In K. W. Schönherr & V. Tiberius (Eds.), *Lebenslanges Lernen* (pp.21–28). Wiesbaden: Springer.

Aronson, E., Fried, C., & Stone, J. (1991). Overcoming denial and increasing the intention to use condoms through the induction of hypocrisy. *American Journal of Public Health, 81,* 1636–1638.

Baecker, D. (2015). *Postheroische Führung. Vom Rechnen mit Komplexität.* Wiesbaden: Springer Gabler.

Bailey, C., & Madden, A. What makes work meaningful—Or meaningless. *MIT Sloan Management Review*, 1-9.

Bargh, J. A., Chen, M., & Burrows, L. (1996). Automaticity of social behavior: Direct effects of trait construct and stereotype activation on action. *Journal of Personality and Social Psychology, 71*(2), 230–244.

Bargh, J. A., Gollwitzer, P. M., Lee-Chai, A., Barndollar, K., & Trötschel, R. (2001). The automated will: nonconscious activation and pursuit of behavioral goals. *Journal of Personality and Social Psychology, 81*(6), 1014-1027.

Bass, B. M. (1985). Leadership: Good, Better, Best. *Organizational Dynamics, 13*(3), 26–40.

Bavelas, J. B., Coates, L., & Johnson, T. (2000). Listeners as co-narrators. *Journal of Personality and Social Psychology, 79*, 941–952.

Becker, M. W., Alzahabi, R., & Hopwood, C. J. (2013). Media multitasking is associated with symptoms of depression and social anxiety. *Cyberpsychology, Behavior, and Social Networking, 16*(2), 132–135.

Befunde aus der Framingham-Herz-Studie. Abgerufen unter: http://www.framing ham.com/heart.

Bègue, L., Bushman, B. J., Zerhouni, O., Subra, B., & Ourabah, M. (2013). ›Beauty is in the eye of the beer holder‹: People who think they are drunk also think they are attractive. *British Journal of Psychology, 104*(2), 225–234.

Behrens, B., & Gutermann, D. (2014). Gesundheitsmanagement im demografischen Wandel. *Innovative Verwaltung, 10*, 20–23.

Belbin, R. M. (1993). *Team roles at work: A strategy for Human Resource Management*. Oxford: Butterworth-Heinemann.

Belbin, R. M. (1996). *Management Teams: Why they succeed or fail*. Oxford: Butterworth-Heinemann.

Bergmann, F. (2005). *Die Freiheit leben*. Freiamt: Arbor Verlag.

Bergmann, F., & Friedmann, S. (2007). *Neue Arbeit kompakt: Vision einer selbstbestimmten Gesellschaft*. Freiamt: Arbor.

Bernier, M., Thienot, E., Codron, R., & Fournier, J. F. (2009). Mindfulness and acceptance approaches in sport performance. *Journal of Clinical Sport Psychology, 3*, 320–33.

Bierhoff, H.-W., Rohmann, E., & Herner, M. J. (2011). Freiwilliges Arbeitsengagement. In M. Ringlstetter (Eds.), *Positives Management. Zentrale Konzepte und Ideen des Positive Organizational Scholarship,* (pp.13-30). Wiesbaden: Gabler.

Binder, T. (2016). *Ich-Entwicklung für effektives Beraten*. Göttingen: Vandenhoeck & Ruprecht.

Blanding, M. (2014) The Role of Emotions in Effective Negotiations. *Harvard Business School*. Abgerufen unter: http://hbswk.hbs.edu/item/the-role-of-emotions-in-effective-negotiations

Bottler, S. (2010). Die Schlacht um die Schrauben. *Süddeutsche Zeitung*. Abgerufen unter: http:// www.sueddeutsche.de/wirtschaft/baumaerkte-die-schlacht-um-dies chraube-1.900473.

Boyce, A. S., Nieminen, L. G., Gillespie, M. A., Ryan, A. M., & Denison, D. R. (2015). Which comes first, organizational culture or performance? A longitudinal study of causal priority with automobile dealerships. *Journal of Organizational Behavior, 36*(3), 339–359.

Brickman, P., Coates, D., & Janoff-Bulman, R. (1978). Lottery winners and accident victims: Is happiness relative?. *Journal of personality and social psychology, 36*(8), 917–927.

Brown, S. P., Homer, P. M., & Inman, J. (1998). A Meta-analysis of relationships between ad-evoked feelings and advertising responses. *Journal of Marketing Research, 35*(1), 114–126.

Buckingham, M., & Coffman, C. (2001). Erfolgreiche Führung gegen alle Regeln. *Frankfurt/Main, 3.*

Busch, U. (2014). Die Geschichte hinter »Supergeil«. *W&V.* Abgerufen unter: http://www.wuv.de/agenturen/die_geschichte_hinter_supergeil.

Caesens, G. Stinglhamber, F., & Luypaert, G. (2014). The impact of work engagement and workaholism on well-being: The role of work-related social support. *Career Development International, 19*(7), 813–835.

Cameron, K., Mora, C., Leutscher, T., & Calarco, M. (2011). Effects of positive practices on organizational effectiveness. *Journal of Applied Behavioral Science, 47,* 266–308.

Cappelli, P., & Neumark, D. (2001). Do »high-performance« work practices improve establishment-level outcomes? *Industrial & Labor Relations Review, 54*(4), 737–775.

Chang, A., & Duck, P. B. J. (2003). Punctuated equilibrium and linear progression: Toward a new understanding of group development. *Academy of Management Journal, 46*(1), 106–117.

Connor, K. M., & Davidson, J. R. (2003). Development of a new resilience scale: The Connor Davidson resilience scale (CD RISC). *Depression and Anxiety, 18*(2), 76–82.

Cost, D. L., Bishop, M. H., & Anderson, E. S. (1992). Effective listening: Teaching students a critical marketing skill. *Journal of Marketing Education, 14*(1), 41–45.

Cross, R., & Gray, P. (2013). Where has the time gone? Addressing collaboration overload in a networked economy. *California Management Review, 56*(1), 1–17.

Crum, A. J., & Langer, E. J. (2007). Mind-set matters exercise and the placebo effect. *Psychological Science, 18*(2), 165–171.

Csíkszentmihályi, M. (1995). *Flow. Das Geheimnis des Glücks.* Stuttgart: Klett-Cotta.

Csíkszentmihályi, M. (2003). *Good business. Leadership, flow and the making of meaning.* New York: Penguin Group.

Cyert, R. M. & March, J. G. (1963). *A behavioral theory of the firm.* Englewood-Cliffs: Prentice-Hall.

Daimler, M. (2016). Listening is an overlooked leadership tool. *Harvard Business Review.* Abgerufen unter: https://hbr.org/2016/05/listening-is-an-overlooked-leadership-tool.

Davenport, T. H., Leibold, M., & Voelpel, S. (2006). *Strategic management in the innovation economy.* Erlangen: Publics Corporate Publishing.

Davidson, R. J., Kabat-Zinn, J., Schumacher, J., Rosenkranz, M., Muller, D., Santorelli, S. F., ... & Sheridan, J. F. (2003). Alterations in brain and immune function produced by mindfulness meditation. *Psychosomatic Medicine*, 65(4), 564–570.

De Vries, M. K., & Miller, D. (1984). Neurotic style and organizational pathology. *Strategic Management Journal*, 5(1), 35–55.

Deloitte Digital (2015). *Five Insights into Intrapreneurship*. Abgerufen unter: https:// www2.deloitte.com/content/dam/Deloitte/de/Documents/technology/Intrapre neurship_ Whitepaper_English.pdf.

Deloitte University Press (2016). *Global Human Capital Trends 2016*. Abgerufen unter: http:// www2.deloitte.com/content/dam/Deloitte/de/Documents/human-ca pital/gxdup-global-human-capital-trends-2016.pdf.

Desharnais, R., Jobin, J., Côté, C., Lévesque, L., & Godin, G. A. S. T. O. N. (1993). Aerobic exercise and the placebo effect: A controlled study. *Psychosomatic medicine*, 55(2), 149–154.

Dewitte, S., & Verguts, T. (2001). Being funny: A selectionist account of humor production. *Humor: International Journal of Humor Research*, 14, 37–53.

Dierig, C. (2015). Warum alkoholfreies Bier unsere neue Limonade ist. *Welt Online*. Abgerufen unter: https://www.welt.de/wirtschaft/article143509847/Warum-alko holfreies-Bier-unsere-neue-Limonade-ist.html.

Dijksterhuis, A., & Meurs, T. (2006). Where creativity resides: The generative power of unconscious thought. *Consciousness and Cognition*, 15(1), 135–146.

Dobelli, R. (2013). *The art of thinking clearly*. London: Hodder & Stoughton.

Drösser, C. (2013). Sind die Knöpfe an vielen Fußgängerampeln wirkungslos? *Zeit Online*. Abgerufen unter: http://www.zeit.de/2013/04/Stimmts-Fussgaengeram pel.

Duhigg, C., & Graham, J. (2016). What Google learned from its quest to build the perfect team. *The New York Times Magazine*. Abgerufen unter: http:// www.ny times.com/2016/02/28/magazine/what-google-learned-from-its-questto-build-the-perfect-team.html?_r=1.

Dweck, C. S. (2008). *Mindset. The new psychology of success*. New York: The Random House Publishing Group.

Economy, P. (2015). *5 Things that can instantly ruin your company's culture*. http:// www.inc.com/peter-economy/5-things-that-can-instantly-ruinyour-company-s-culture.html.

Edmondson, A. C. (1999). Psychological safety and learning behavior in work teams. *Administrative Science Quarterly*, 44(2), 350–383.

Edmondson, A. C. (2004). Learning from mistakes is easier said than done. *Journal of Applied Behavioral Science*, 40(1), 66–90.

Edmondson, A. C., & Lei, Z. (2014). Psychological Safety: The history, renaissance, and future of an interpersonal construct. *Annual Review of Organizational Psychology and Organizational Behavior*, 1, 23–43.

Eichler, L. (2016). Collaborative overload: When work gets in the way of doing your job. *The Globe and Mail*. Abgerufen unter: http://www.theglobeandmail.com/re port-on-business/careers/career-advice/life-at-work/collaborative-overload-when-workgets-in-the-way-of-doing-your-job/article30821954.

Eilers, S., Möckel, K., Rump, J., & Schabel, F. (2016). HR-Report 2015/2016. *Schwerpunk Unternehmenskultur*. Abgerufen unter: http://www.ibe-ludwigsha

fen.de/download/ arbeitsschwerpunkte-downloads/trends-der-arbeitswelt-down-loads/HR-Report-2015–2016_Unternehmenskultur_2.pdf.

Eisert, R., Seiwert, M., & Rother, F.-W. (2016). Interview mit Tina Müller (2016). »Provokanter, kantiger, mutiger«. *Wirtschaftswoche, 34*, 44–45.

Eldor, L., & Harpaz, I. (2016). A process model of employee engagement: The learning climate and its relationship with extra-role performance behaviors. *Journal of Organizational Behavior, 37*(2), 213–235.

Fazio, R. H. (2001). On the automatic activation of associated evaluations: An overview. *Cognition & Emotion, 15*(2), 115–141.

Fisher, R. Ury, W., & Patton, B. (2013). *Das Harvard-Konzept. Der Klassiker der Verhandlungstechnik.* Frankfurt a. M.: Campus.

Förster, J. (2013). Kultur ist Fundament des Erfolgs. *Wirtschaftswoche.* Abgerufen unter: http:// www.wiwo.de/erfolg/management/management-kultur-ist-fundament-des-erfolges/8584896.html.

Fredrickson, B. L. (2011). *Die Macht der guten Gefühle: wie eine positive Haltung Ihr Leben dauerhaft verändert.* Campus.

Fredrickson, B. L., & Branigan, C. (2005). Positive emotions broaden the scope of attention and thought-action repertoires. *Cognition & Emotion, 19*(3), 313-332.

Gardner, F. L., & Moore, Z. E. (2004). A mindfulness-acceptance-commitment-based approach to athletic performance enhancement: Theoretical considerations. *Behavior Therapy, 35*(4), 707-723.

Geißler, H. (2014). Edekas supergeiler Werbeeffekt. *Wirtschaftswoche.* Abgerufen unter: http:// www.wiwo.de/unternehmen/handel/brandindex-edekas-supergeiler-werbeeffekt/9616516.html.

Gerpott, F., & Lehmann-Willenbrock, N. (2015). Differences that make a difference: The role of team diversity in meeting processes and out-comes. In: J. A. Allen, N. Lehmann-Willenbrock & S. G. Rogelberg (Wds.), *The Cambridge Handbook of Meeting Science* (pp.93–118). New York, NY: Cambridge University Press.

Gerpott, F., & Voelpel, S. C. (2014). Zurück auf Los! Warum ein Überdenken des transformationalen Führungsstils notwendig ist. Personalführung, 47(4), 17–21.

Gerpott, F., Niederhausen, H., & Voelpel, S. (2016). Alter ist relativ. Wie eine neue Haltung zum Alter(n) die Leistungsfähigkeit erhöhen kann. *Personalführung, 49*(7–8), 62–67.

Gersick, C. J. (1988). Time and transition in work teams: Toward a new model of group development. *Academy of Management Journal, 31*, 1–41.

Gersick, C. J. (1989). Marking time: Predictable transitions in task groups. *Academy of Management Journal, 32*, 247–309.

Geuens, M., De Pelsmacker, P., & Tuan Pham, M. (2014). Do pleasant emotional ads make consumers like your brand more? *Gfk Marketing Intelligence Review, 6*(1), 40–45.

GOMEX Newsroom. (2013, September 16). *Der neue Opel Insignia – TV-Spot mit Jürgen Klopp.* Abgerufen unter https://www.youtube.com/watch?v=V1q9N0e6Wa8

Grant, A. (2013). Givers take all: The hidden dimension of corporate culture. *McKinsey Quarterly.* Abgerufen unter: http://www.mckinsey.com/business-functions/organization/our-insights/givers-take-all-the-hidden-dimension-of-corporate-culture.

Greenberg, M. H., & Arakawa D. (2006). Optimistic Managers & their influence on productivity & employee engagement in a technology organization. *International Coaching Psychology Review, 2*(1), 78–89.

Grelotti, D. J., & Kaptchuk, T. J. (2011). Placebo by proxy. *British Medical Journal, 343.*

Grichnik, D. (2016). Vom Glück, Unternehmer zu sein. *Wirtschaftswoche, 23,* 87–89.

Groggins, A., & Ryan, A. M. (2013). Embracing uniqueness: The underpinnings of a positive climate for diversity. *Journal of Occupational and Organizational Psychology, 86,* 264–282.

Groll, T. (2011). Wie Konflikte richtig gelöst werden. *Zeit Online.* Abgerufen unter: http://www.zeit.de/karriere/beruf/2011-02/konflikte-team-loesung.

Gutting, D. (2015). *Diversity Management als Führungsaufgabe.* Wiesbaden: Springer Gabler.

Hackl, B., & Gerpott, F. (2015). Entschlüsseln Sie Ihre Erfolgs-DNA: Innovative Mitarbeiterbefragungen nutzen. *HR Performance, 23*(4), 44–45.

Hackl, B., & Gerpott, F. (2015). *HR 2020 – Personalmanagement der Zukunft.* München: Vahlen.

Harju, L. K. Hakanen, J. J., & Schaufeli, W. B. (2016). Can job crafting reduce job boredom and increase work engagement? A three-year cross-lagged panel study. *Journal of Vocational Behavior, 95-96,* 11–20.

Hartnell, C. A., Kinicki, A. J., Lambert, L. S., Fugate, M., & Doyle Corner, P. (2016). Do similarities or differences between CEO leadership and organizational culture have a more positive effect on firm performance? A test of competing predictions. *Journal of Applied Psychology, 101*(6), 846–861.

Hay Group. (2016). Mitarbeiter-Engagement und -Effektivität. Abgerufen unter: http://www.haygroup.com/de/services/index.aspx?id=21073.

Healey, M. P., Hodgkinson, G. P. , Whittington, R., & Johnson, G. (2015). Off to plan or out to lunch? Relationships between design characteristics and outcomes of strategy workshops. *British Journal of Management, 26,* 507–528.

Hennecke, J. (2011). *Bioresonanz: Eine neue Sicht der Medizin.* Norderstedt: Books on Demand.

Heskett, J. L. (2011). *The Culture Cycle.* New Jersey: Financial Times Press.

Holt-Lunstad, J., Smith, T. B., & Layton, J. B. (2010). Social relationships and mortality risk: a meta-analytic review. *PLoS Med, 7*(7), e1000316.

Horizontnet. (2014, August 27). *Hornbach »Sag es mit deinem Projekt«.* Abgerufen unter: https://www.youtube.com/watch?- v=Cmg8ghXhAt8.

Hornbach. (2016, März 18). *HORNBACH – Du lebst. Erinnerst Du Dich?* Abgerufen unter: https://www.youtube.com/watch?v=WRSvNjDQSaM

Hsieh, C., & Wang, D. (2015). Does supervisor-perceived authentic leadership influence employee work engagement through employee-perceived authentic leadership and employee trust? *International Journal of Human Resource Management, 26*(18), 2329–2348.

Hudson, N. W., & Fraley, R. C. (2015). Volitional personality trait change: Can people choose to change their personality traits? *Journal of Personality and Social Psychology, 109*(3), 490–507.

Huy, Q. N. (1999). Emotional capability, emotional intelligence, and radical change. *Academy of Management Review, 24*(2), 325–345.

Jackson, S. A., & Csikszentmihályi, M. (1999). *Flow in sports: The key to optimal experience and performances.* Champaign, IL: Human Kinetics.

Jain, S., Shapiro, S. L., Swanick, S., Roesch, S. C., Mills, P. J., Bell, I., & Schwartz, G. E. (2007). A randomized controlled trial of mindfulness meditation versus relaxation training: effects on distress, positive states of mind, rumination, and distraction. *Annals of Behavioral Medicine, 33*(1), 11–21.

Janis, I. L. (1972). *Victims of Groupthink: A psychological study of foreign-policy decisions and fiascoes.* Boston: Houghton-Mifflin.

Johnson, K. J., & Fredrickson, B. L. (2005). »We all look the same to me« Positive emotions eliminate the own-race bias in face recognition. *Psychological science, 16*(11), 875–881.

Johnson, S. (2007). What's so friggin' funny? *Discover Magazine.* Abgerufen unter: http://discovermagazine.com/2007/brain/laughter.

Johnson, S. D., & Bechler, D. (1998). Examining the relationship between listening effectiveness and leadership emergence: Perceptions, behaviors, and recall. *Small Group Research, 29,* 452–471.

Judge, T. A., & Piccolo, R. F. (2004). Transformational and transactional leadership: A meta-analytic test of their relative validity. *Journal of Applied Psychology, 89*(5), 755–768.

Kanfer, R., & Ackerman, P. L. (1989). Motivation and cognitive abilities: An integrative/aptitude treatment interaction approach to skill acquisition. *Journal of Applied Psychology, 74,* 657–690.

Kanning, P., & Fricke, P. (2013). Führungserfahrung: Wie nützlich ist sie wirklich? *Personalführung 46*(1), 49–53.

Kauffeld, S. (2006). *Kompetenzen messen, bewerten, entwickeln.* Stuttgart: Schäffer-Poeschel.

Kauffeld, S., & Meyers, R. (2009). Complaint and solution-oriented circles: Interaction patterns in work group discussions. *European Journal of Work and Organizational Psychology, 18,* 267–294.

Kaufman, K. A., Glass, C. R., & Arnkoff, D. B. (2009). Evaluation of Mindful Sport Performance Enhancement (MSPE): A new approach to promote flow in athletes. *Journal of Clinical Sport Psychology, 25*(4), 334–356.

Kaufman, S. B. (2015). The emotions that make us more creative. *Harvard Business Research.* Abgerufen unter: https://hbr.org/2015/08/the-emotions-that-make-us-more-creative.

Keller, A., Litzelman, K., Wisk, L. E., Maddox, T., Cheng, E. R., Creswell, P. D., & Witt, W. P. (2012). Does the perception that stress affects health matter? The association with health and mortality. *Health Psychology, 31*(5), 677–684.

Keltner, D., Gruenfeld, D. H., & Anderson, C. (2000). Power, Approach, and Inhibition. Research Paper Series No. 1669. Graduate School of Business.

Kim, W. C., & Mauborgne, R. (2005). *Blue Ocean Strategy.* Boston: Harvard Business School Publishing.

Kirchner, C., Völker, I., & Bock, O. L. (2015). Priming with age stereotypes influences the performance of elderly workers. *Psychology, 6*(2), 133.

Kivimäki, M., Jokela, M., Nyberg, S. T., Singh-Manoux, A., Fransson, E. I., Alfredsson, L., ... & Clays, E. (2015). Long working hours and risk of coronary heart disease and stroke: a systematic review and meta-analysis of published and unpublished data for 603 838 individuals. *The Lancet, 386*(10005), 1739-1746.

Kluger, A. N., & DeNisi, A. (1996). The effects of feedback interventions on performance: a historical review, a meta-analysis, and a preliminary feedback intervention theory. *Psychological Bulletin, 119*(2), 254.

Koch, T. (2012). Werbung nervt! Wirtschaftswoche. Abgerufen unter: http://www.wiwo.de/unternehmen/dienstleister/werbesprech-werbung-nervt/6519856-all.html.

Kotter, J. P. (2008). *A sense of urgency.* Boston: Harvard Business School Press.

Kravitz, D. A., & Martin, B. (1986). Ringelmann rediscovered: The original article. *Journal of Personality and Social Psychology, 50,* 936–941.

Kröher, M. (2010). Im Wachheitswahn. Manager Magazin.

Lally, P., Van Jaarsveld, C. H., Potts, H. W., & Wardle, J. (2010). How are habits formed: Modelling habit formation in the real world. *European Journal of Social Psychology, 40*(6), 998-1009.

Lehmann-Willenbrock, N., & Allen, J. A. (2014). How fun are your meetings? Investigating the relationship between humor patterns in team interactions and team performance. *Journal of Applied Psychology, 99*(6), 1278–1287.

Lehmann-Willenbrock, N., & Gerpott, F. (2016). Interaktionsdynamiken in Gruppen: Wissenschaftliche Erkenntnisse für das Team-Coaching. In S. Greif, H. Möller,&W. Scholl (Hrsg.), *Handbuch Schlüsselkonzepte im Coaching.* Berlin: Springer.

Lehmann-Willenbrock, N., Allen, J. A., & Kauffeld, S. (2013). A sequential analysis of procedural meeting communication: How teams facilitate their meetings. *Journal of Applied Communication Research, 41,* 365–388.

Lehmann-Willenbrock, N., Chiu, M. M., Lei, Z., & Kauffeld, S. (2016). Understanding positivity within dynamic team interactions: A statistical discourse Analysis. *Group & Organization Management.*

Levinson, H.(2003, January). Management by whose objectives? *Harvard Business Review.* Abgerufen unter: https://hbr.org/2003/01/management-by-whose-objectives

Lewis, I., Watson, B., & White, K. (2008). An examination of message-relevant affect in road safety messages: Should road safety advertisements aim to make us feel good or bad? *Transportation Research: Part F, 11*(6), 403–417.

Libet, B. (1993). Unconscious cerebral initiative and the role of conscious will in voluntary action. In *Neurophysiology of Consciousness* (pp.269–306). Birkhäuser Boston.

Lichtner, C. (2013). *Krise in der Baumarktbranche? Marktperspektiven im Heimwerkparadies Deutschland.* Bruchsal: GfK GeoMarketing GmbH.

Lifeng, Z, Wayne, S. J., & Liden, R. C. (2016). Job engagement, perceived organizational support, high-performance human resource practices, and cultural value orientations: A cross-level investigation. *Journal of Organizational Behavior, 37*(6), 823–844.

Lipkowski, S. (2016). Leadership 4.0. *Managerseminare, 222,* 18–27.

Lipton-Dibner, W. (2015). *Focus on impact: The 10-step map to reach millions, make millions and love your life along the way.* New York: Morgan James Publishing.

List of cognitive biases. In *Wikipedia.* Retrieved August 10, 2016, from https://en.wikipedia.org/wiki/ List_of_cognitive_biases.

Loh, K. K., & Kanai, R. (2014). Higher media multi-tasking activity is associated with smaller gray-matter density in the anterior cingulate cortex. *Plos one, 9*(9), e106698.

Löhr, J. (2014). Die Frau hinter der »Umparken«-Kampagne. *Frankfurter Allgemeine.* Abgerufen unter: http://www.faz.net/aktuell/wirtschaft/menschen-wirtschaft/tina-mueller-die-frau-hinter-opels-umparken-im-kopf-12833321.html.

Losada, M. (2008). Want to flourish? Stay in the zone. *Positive Psychology News Daily.* Abgerufen unter: http://positivepsychologynews.com/news/marcial-losada/200812081289.

Losada, M. (2008). Work teams and the Losada line: New results. *Positive Psychology News Daily.* Abgerufen unter: http:// positivepsychologynews.com/news/marcial-losada/200812091298.

Lovallo, D. & Sibony, S. (2010). The case for behavioural strategy. *McKinsey Quarterly.* Abgerufen unter: http://www.mckinsey.com/business-functions/strategy-and-corporate-finance/our-insights/the-case-for-behavioral-strategy.

Lyubomirsky, S., Sheldon, K. M., & Schkade, D. (2005). Pursuing happiness: The architecture of sustainable change. *Review of General Psychology, 9*(2), 111.

Madsbjerg, C., & Rasmussen, M. B. (2014). Kommt ein Anthropologe in eine Bar. *Harvard Business Manager, 36,* 34–44.

Mai, J., & Rettig, D. (2011). *Ich denke, also spinn ich. Warum wir uns oft anders verhalten, als wir wollen.* München: Deutscher Taschenbuch Verlag.

Marshall, J., & McLean, A. (1985). Exploring organisation culture as a route to organisational change. In V. Hammond (Eds.), *Current Research in Management,* (pp.2–20). London: Francis Pinter.

Marshall, L. L., & Kidd, R. F. (1981). Good news or bad news first?.*Social Behavior and Personality: An International Journal, 9*(2), 223-226.

Marsick, V. J. & Watkins, K. E. (2003). Demonstrating the value of an organization's learning culture: The Dimensions of the Learning Organization Questionnaire. *Advances in Developing Human Resources, 5*(2), 132–151.

Martin, A. J. (2005). The role of positive psychology in enhancing satisfaction, motivation, and productivity in the workplace. *Journal of Organizational Behavior Management, 24*(1-2), 113-133.

Max Grundig Klinik (2016). *Warum Führungskräfte schlecht schlafen.* http:// www.presseportal.de/pm/119575/3291663.

Mayer de Groot, R. (2014). Kaufentscheidungen vorhersehen. *Absatzwirtschaft, 10,* 36–38.

Meffert, H., Burmann, C., & Kirchgeorg, M. (2015). *Marketing. Grundlagen marktorientierter Unternehmensführung.* Wiesbaden: Springer Gabler.

Milo, R., & Phillips, R. (2015). *Cell biology by the numbers.* Garland Science.

Mishra, K., Boynton, L., & Mishra, A. (2014). Driving employee engagement: The expanded role of internal communications. *International Journal of Business Communication, 51,* 183–202.

Molden, D. C. (2014). Understanding priming effects in social psychology: What is »social priming« and how does it occur?. *Understanding Priming Effects in Social Psychology*, 3.

Mrazek, M. D., Franklin, M. S., Phillips, D. T., Baird, B., & Schooler, J. W. (2013). Mindfulness training improves working memory capacity and GRE performance while reducing mind wandering. *Psychological Science*, 0956797612459659.

Mussweiler, T., Rüter, K., & Epstude, K. (2004). The ups and downs of social comparison: mechanisms of assimilation and contrast. *Journal of Personality and Social Psychology, 87*(6), 832.

Naftulin, D. H., Ware Jr, J. E., & Donnelly, F. A. (1973). The Doctor Fox Lecture: a paradigm of educational seduction. *Academic Medicine, 48*(7), 630–635.

Nielsen Global (2016). *Think smaller for big growth.* New York: Nielsen Global.

O'Donoghue, T., & Rabin, M. (1999). Doing it now or later. *The American Economic Review, 89*(1), 103–124.

O'Donoghue, T., & Rabin, M. (2001). Choice and Procrastination. *The Quarterly Journal of Economics, 116*(1); 121–160.

Oberhuber, N. (2013). Aber bitte ohne Alkohol. *Zeit Online.* Abgerufen unter: http://www. zeit.de/wirtschaft/2013-08/trend-bier-alkoholfrei.

Oettingen, G. (2015). *Die Psychologie des Gelingens.* Pattloch eBook.

Ohly, S., Sonnentag, S., & Pluntke, F. (2006). Routinization, work charactersictis and their relationships with creative and proactive behaviors. *Journal of Organizational Behavior, 27,* 257–279.

Owens, B. P., Baker, W. E., Sumpter, D. M., & Cameron, K. S. (2016). Relational energy at work: Implications for job engagement and job performance. *Journal of Applied Psychology, 101*(1), 35–49.

Plassmann, H., & Weber, B. (2015). Individual differences in marketing placebo effects: evidence from brain imaging and behavioral experiments. *Journal of Marketing Research, 52*(4), 493–510.

Pohl, W. (2015). Orgasmus im Kopf. *Extradienst, 05/2016,* 132.

Porter, M. E. (1985). *The competitive advantage: Creating and sustaining superior performance.* New York: Free Press.

Powell, T. C., Lovallo, D., & Fox, C. R. (2011). Behavioral strategy. *Strategic Management Journal, 32*(13), 1369–1386.

Prati, G., & Pietrantoni, L. (2009). Optimism, social support, and coping strategies as factors contributing to posttraumatic growth: A meta-analysis. *Journal of Loss and Trauma, 14*(5), 364–388.

Process Management Consulting (2015). *Agiler Strategieprozess.* Aspect, 2/15, 3–7.

Prosieben. Fernsehsendung vom 27.08.2016. Abgerufen unter: http://www.prosieben.de/tv/besteshow-der-welt/videos/12-klaas-hart-aber-unfair-clip

Quinn, R. W. (2005). Flow in knowledge work: High performance experience in the design of national security technology. *Administrative Science Quarterly, 50*(4), 610–641.

Raven, B. H. (1998). groupthink, bay of pigs, and watergate reconsidered. *Organizational Behavior and Human Decision Process, 73*(2/3), 352–361.

Reisyan, G. D. (2013). *Neuro-Organisationskultur.* Wiesbaden: Springer Gabler.

Rivkin, W.,. Diestel, S., & Schmidt, K.-H. (2016). Which daily experiences can foster well-being at work? A diary study on the interplay between flow experiences, affective commitment, and self-control demands. *Journal of Occupational Health Psychology*.

Roethlisberger, F. J., & Dickson, W. J. (1939). *Management and the worker*. Cambridge: Harvard University Press.

Romero, E. J., & Cruthirds, K. W. (2006). The use of humor in the workplace. *Academy of Management Perspectives, 20*(2), 58–69.

Rosburg, T. (2011). When the brain decides. *Psychological Science*. Abgerufen unter: http://www. psychologicalscience.org/index.php/news/releases/when-the-brain-deci des. html.

Rosenhan, D. L. (1973). On being sane in insane places. *Science, 179*(4070), 250-258.

Rosenthal, R., & Jacobson, L. (1968). *Pygmalion in the classroom: Teacher expectation and pupils' intellectual development*. Holt, Rinehart & Winston.

Rosenzweig, P. (2008). *Der Halo-Effekt: Wie Manager sich täuschen lassen*. Offenbach: Gabal.

Rubinstein, J. S., Meyer, D. E., & Evans, J. E. (2001). Executive control of cognitive processes in task switching. *Journal of Experimental Psychology: Human Perception and Performance, 27*(4), 763–797.

Ruble, T. L., & Thomas, K. W. (1976). Support for a two-dimensional model of conflict behavior. *Organizational Behavior & Human Performance, 16*(1), 143–155.

Rüter, K. (2006). Priming. In H. Bierhoff&D. Frey (Eds.), *Handbuch der Sozi-alpsychologie und Kommunikationspsychologie*, (pp. 287–293). Göttingen: Hogrefe.

Sauerland, M. (2015). *Design your mind – Denkfallen entlarven und überwinden*. Wiesbaden: Springer Gabler.

Schade, M. (2015). Online vs. TV: Die zwei Gesichter von Edeka. *Absatzwirtschaft*. Abgerufen unter: http://www.absatzwirtschaft.de/online-vs-tv-die-zwei-gesichter-vonedeka-45951.

Schaufeli, W. B., & Bakker, A. B. (2003). UWES – Utrecht Work Engagement Scale. Preliminary Manual. Utrecht University: Occupational Health Psychology Unit.

Schaufeli, W., Salanova, M., Gonzalez-Roma, V., & Bakker, A. B. (2002). The measurement of engagement and burnout: A two sample confirmatory factor analytic approach. *Journal of Happiness Studies, 3*, 71–92.

Scheier, C., Held, D., Schneider, J., & Bayas-Linke, D. (2011). *Codes: Die geheime Sprache der Produkte*. Freiburg: Haufe.

Schlamp, S., Gerpott, F., & Voelpel, S. C. (im Druck, 2017). Widersprechen Sie sich! Konstruktive Konfliktkulturen als Leistungstreiber. *Personalmagazin, 50*(1).

Schließl, N. (2015). *Intrapreneurship-Potenziale bei Mitarbeitern*. Wiesbaden: Springer Gabler.

Schneider, J., Held, D., Bayas-Linke, D., & Scheier, C. (2013). *Codes: die geheime Sprache der Produkte* (Vol. 285). Haufe-Lexware.

Schönherr, K. (2011). Erfolg ist eine frage der energie. *Zeit Online*. Abgerufen unter: http://www. zeit.de/karriere/beruf/2011-01/organisationale-energie.

Seligman, M. E. (2011). *Learned optimism: How to change your mind and your life*. Vintage.

Shantz, A., & Latham, G. (2011). The effect of primed goals on employee performance: Implications for human resource management. *Human Resource Management, 50*(2), 289–299.

Sharifi, H., & Zhang, Z. (1999). A methodology for achieving agility in manufacturing organisations: An introduction. *International Journal of Production Economics, 62*, 7–22.

Shiv, B., Carmon, Z., & Ariely, D. (2005). Placebo effects of marketing actions: Consumers may get what they pay for. *Journal of Marketing Research, 42*, 383–393.

Sitzmann, T., & Yeo, G. (2013). A Meta Analytic Investigation of the Within Person Self Efficacy Domain: Is Self Efficacy a Product of Past Performance or a Driver of Future Performance?. *Personnel Psychology, 66*(3), 531-568.

Smircich, L., & Morgan, G. (1982). Leadership: The management of meaning. *Journal of Applied Behavioral Science, 18*(3), 257–273.

Soldan, Z., & Nankervis, A. (2014). Employee perceptions of the effectiveness of diversity management in the australian public service: Rhetoric and reality. *Public Personnel Management, 43*(4), 543–564.

Soon, C. S., Brass, M., Heinze, H. J., & Haynes, J. D. (2008). Unconscious determinants of free decisions in the human brain. *Nature Neuroscience, 11*(5), 543–545.

Statista (2016). *Anzahl der Kunden der beliebtesten Bau- und Heimwerkermärkte.* Veröffentlicht durch Verbrauchs- und Medienanalyse – VuMA.

Steffel, M., Williams, E. F., & Perrmann-Graham, J. (2016). Passing the buck: Delegating choices to others to avoid responsibility and blame. *Organizational Behavior and Human Decision Processes, 135*, 32–44.

Stein, G. (2011). *5 unterschiedliche Konflikttypen – Wie Sie jeden Konflikt konstruktiv lösen.* Abgerufen unter: https:// www.wirtschaftswissen.de/personal-arbeits recht/mitarbeiterfuehrung/fuehrungsinstrumente/5-unterschiedliche-konflikt typen-wie-sie-jeden-konflikt-konstruktiv-loesen.

Stein, J., Sakellariadis, S., & Cole, A. (2015). Making sure the cup stays full at Starbucks. Abgerufen unter: http://www.monitor-360.com/resources/making-sure-the -cup-staysfull-at-starbucks.

Streich, R. K. (1997). Veränderungsprozessmanagement. In M. Reiß, L. von Rosenstiel & A. Lanz (Hrsg.), *Change Management: Programme, Projekte und Prozesse* (pp.237–254). Stuttgart: Schäffer-Poeschel.

Sullivan, L. (2003). *Hey, Whipple, Squeeze this: A Guide to Creating Great Ads* (Vol. 7). John Wiley & Sons.

TEDx-Talk von A. C. Edmondson (2014). *Building a psychologically safe workplace.* Abgerufen unter: https://www.youtube.com/watch?v=LhoLuui9gX8.

Tuckman, B. W. (1965). Developmental sequence in small groups. *Psychological Bulletin, 63*, 384–399.

Tuckman, B. W., & Jensen, M. A. (1977). Stages of small-group development revisited. *Group Organizational Studies, 2*, 419–427.

Turner, J. A., Deyo, R. A., Loeser, J. D., Von Korff, M., & Fordyce, W. E. (1994). The importance of placebo effects in pain treatment and research. *JAMA, 271*(20), 1609–1614.

Unckrich, B. (2014). Heimat-Chef Heffels über den Viralerfolg des Gothic Girls. *Horizont online.* Abgerufen unter: http://www.horizont.net/agenturen/nachrich

ten/Hornbach-Heimat-Kreativchef-Guido-Heffels-ueber-den-weltweiten-viralen-Erfolg-des-Gothic-Girls-130446.

Venzin, M., Rasner, C., & Mahnke, V. (2010). *Der Strategieprozess: Praxishandbuch zur Umsetzung in Unternehmen*. Frankfurt: Campus.

Vergleiche Gallup Institut Deutschland (2014). Engagement Index Deutschland 2013. Abgerufen unter: http://www.inur.de/cms/wp-content/uploads/Gallup%20 ENGAGEMENT%20INDEX%20DEUTSCHLAND%202013.pdf

Wagner, D., & Friedrich-Vogt, B. (2007). *Diversity-Management als Leitbild von Personalpolitik*. Wiesbaden: Deutscher Universitäts-Verlag.

Weber, M. (2015). *Kampf ums letzte Gummibärchen*. Straubinger Tagblatt.

Weibler, J. (2012). *Personalführung*. Vahlen.

Welpe, I. M. (2016). Transparenz und Demokratie sind auf dem Vormarsch. In: *Aufbruch in eine neue Arbeitswelt*, (pp.24–26).

Wemer, E. E., & Smith, R. S. (1982). Vulnerable but invincible: A study of resilient children. *New York: McGraw-Hill*.

Wienmann, J. M. (1977). Explication and test of a model of communication competence. *Human Communication Research, 3*, 195–213.

Wiesbaden, S. F. (Ed.). (2013). *Unternehmensstrategie-treffend verpackt: Über 800 Zitate ausgewählter Persönlichkeiten*. Springer-Verlag.

Wild, J. (1974) Betriebswirtschaftliche Führungslehre und Führungsmodelle. In: Wild, J. (Eds.), *Unternehmensführung*, (pp.142–179). Festschrift für Erich Kosiol, Duncker & Humblot, Berlin.

Willis, J., & Todorov, A. (2006). First impressions: Making up your mind after a 100-ms exposure to a face. *Psychological Science, 17*(7), 592–598.

Winkielman, P., & Berridge, K. C. (2004). Unconscious emotion. *Current Directions in Psychological Science*, s13(3), 120-123.

Wunderer, R. (2000). *Führung und Zusammenarbeit. Eine unternehmerische Führungslehre*. Neuwied: Luchterhand.

Yan, X., & Su, J. (2013). Core self-evaluations mediators of the influence of social support on job involvement in hospital nurses. *Social Indicators Research, 113*(1), 299–306.

Zitat entnommen aus dem Film *Die Macht des Unbewussten*. Abgerufen unter: https://www.planet-schule.de/sf/filme-online.php?film=8788

Kostenloses Coaching zum Buch

Seien Sie ehrlich zu sich selbst – wann haben Sie das letzte Mal ein Fachbuch, von dessen Titel Sie überzeugt waren, komplett durchgelesen? Wie oft haben Sie während des Lesens gute Vorsätze gefasst, diese aber nie umgesetzt?

Verändern Sie dieses negative Muster. Machen Sie das Buch, welches Sie gerade in den Händen halten, zu einem positiven Erfolgserlebnis! Wir bieten Ihnen mit dem Kauf dieses Werks ein kostenloses E-Mail-Coaching ohne weitere Verpflichtungen an – Sie müssen nur sich selbst verpflichten.

Sobald Sie sich für das E-Mail-Coaching angemeldet haben, erhalten Sie alle zwei Wochen eine E-Mail, die Sie durch das Buch führt. Arbeiten Sie kontinuierlich an der Umstellung Ihrer Einstellung. Setzten Sie Ihre ganz persönlichen Schwerpunkte zur Umsetzung des Positiv-Effekts. Lassen Sie sich durch zusätzliche Impulse anregen! Und nutzen Sie die Vorteile eines absolut flexiblen und ortsunabhängigen Programms, um die Grundprinzipien des positiven Managements jederzeit und überall zu erlernen.

Für die Anmeldung zu unserem E-Mail-Coaching besuchen Sie unsere Website: www.positiv-effekt.de. Hinterlassen Sie dort vertraulich Ihre Kontaktdaten und laden Sie ein Foto der Kaufquittung des Buches hoch, um kostenlos an dem buchbegleitenden E-Mail-Coaching teilzunehmen. Wir freuen uns auf Sie!

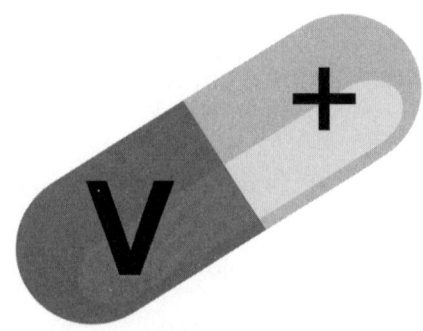

Der Positiv-Effekt: Das General Management Programm

Sie wollen neue Management-Konzepte erlernen? Den Positiv-Effekt live erleben? Ihre Leistung und Wirksamkeit grundlegend verändern? Dann investieren Sie in Ihre wichtigste Ressource: Sich selbst!

Melden Sie sich noch heute zum Zertifikats-Programm Executive General Management des FORUM Instituts für Management, Heidelberg an.

Das Programm wird von den Buchautoren Voelpel und Gerpott konzipiert und in Kooperation mit einer führenden Business School durchgeführt.

Hochrangige Praxisvertreter und Wissenschaftler präsentieren mit diesem Programm das aktuell beste Management-Wissen zu Strategie, Leadership, Finanzen, Innovation, Megatrends und Zukunft in insgesamt fünf Modulen.

Programm buchbar unter www.forum-institut.de

Nähere Informationen: j.koch@forum-institut.de

Das WDN – WISE Demografie Netzwerk
Ihr Partner zur Erzielung nachhaltiger
Wettbewerbsvorteile im demografischen Wandel

Der demografische Wandel stellt Großunternehmen zunehmend vor die Herausforderungen einer alternden Belegschaft. Im WDN – WISE Demografie Netzwerk an der Jacobs University arbeiten Wissenschaftler und Unternehmen gemeinsam an unternehmens-spezifischen, wissenschaftlich fundierten Lösungen Demografie bedingter Personalprobleme.

Der Positiv-Effekt zielt auf unseren ersten Ansatzpunkt des vom Gründungsdirektor und Autor erarbeiteten Arbeitsmodell: Die Umstellung der Einstellung.

Das WDN gründete sich 2007 aus den folgenden Unternehmen: Daimler AG, Deutsche Bahn, Deutsche Bank, EnBW, Mars, OTTO und Volkswagen. Es bietet Führungskräften und Personal-entscheidern seiner Mitgliedsunternehmen sowie Wissenschaftlern des weltweiten WISE-Forschungsnetzwerks

- Benchmarking mit Netzwerkpartnern
- Best-Practice-Transfer (inkl. Datenbank)
- Interaktiver und praxisnaher Austausch bei WDN-Treffen
- Direkter und gezielter Zugriff auf das Know-How des WDN
- Möglichkeit zur Teilnahme an praxisrelevanten Studien mit praktisch umsetzbare Handlungsempfehlungen
- Die Resultate der Studien und die entwickelten Tools stehen den Mitgliedsunternehmen exklusiv zur Verfügung.

Nähere Infos unter www.wdn-online.de

JACOBS
UNIVERSITY

Das WISE Digitalisierungs-Netzwerk
Ihr Partner zur Erzielung nachhaltiger Wettbewerbsvorteile im digitalen Wandel

Die Digitalisierung der Arbeitswelt schreitet mit großen Schritten voran. Immer unübersichtlicher wird dabei die Kommunikation zwischen den Stakeholdern. Zukunftsvisionen auf der einen Seite und einsatzfähige Methoden und technische Möglichkeiten auf der anderen Seite müssen zu einem umsetzbaren Szenario verbunden werden. Das neue Netzwerk unterstützt das Management bei der erfolgreichen Umsetzung dieser Szenarien in den Unternehmen.

Im bundesweit aktiven WISE Digitalisierungs-Netzwerk an der Jacobs University Bremen arbeiten Wissenschaftler und Unternehmen gemeinsam an daran, den Positiv-Effekt auf strategischer Ebene umzusetzen, die Zukunftsfähigkeit von Unternehmen sicher zu stellen und gleichzeitig einen Mehrwert durch Digitalisierung zu generieren. Der Mensch und eine zukunftsfähige Vision von Arbeit im digitalen Zeitalter stehen dabei im Mittelpunkt.

Das Digitalisierungs-Netzwerk bietet:

- Best-Practice Modelle, Wissensmanagement sowie ergebnisorientierte Spitzenforschung mit Handlungsempfehlungen
- Technologieübergreifender und branchenunabhängiger Austausch zum Thema Digitalisierung auf Jahrestagungen und in Arbeitsgruppen
- Direkte Hinweise für Mitglieder und Ratsuchende auf bestehende regionale Treffen und Beratungsstrukturen

Bei Interesse einer Mitgliedschaft Ihres Unternehmens wenden Sie sich bitte an Professor Sven Voelpel voelpel@jacobs-university.de